Springer-Lehrbuch

Springer
*Berlin
Heidelberg
New York
Barcelona
Budapest
Hongkong
London
Mailand
Paris
Santa Clara
Singapur
Tokio*

Heinrich Braun · Johannes Feulner
Rainer Malaka

Praktikum Neuronale Netze

Mit 34 Abbildungen und 1 Diskette

Springer

Heinrich Braun
Johannes Feulner
Rainer Malaka
Institut für Logik, Komplexität und Deduktionssysteme
Universität Karlsruhe
Postfach 6980, D-76128 Karlsruhe

Computing Reviews Classification (1991): F.1.1, C.1.3, I.2.6

Die Deutsche Bibliothek – CIP-Einheitsaufnahme
Praktikum neuronale Netze / Heinrich Braun; Johannes Feulner; Rainer Malaka. – Berlin; Heidelberg; New York; Barcelona; Budapest; Hongkong; London; Paris; Santa Clara; Singapur; Tokio:
Springer.
(Springer-Lehrbuch)
ISBN-13:978-3-540-60030-5   e-ISBN-13:978-3-642-61000-4
DOI:10.1007/978-3-642-61000-4

NE: Braun, Heinrich; Feulner, Johannes; Malaka, Rainer
Buch. – 1996
Diskette. – 1996
Systemvoraussetzungen: DOS-PC, 386er Prozessor, 4 MB Haupt- und 2 MB Speicher auf Festplatte

Additional material to this book can be downloaded from http://extras.springer.com.
ISBN-13:978-3-540-60030-5

Umschlaggestaltung: Meta Design, Berlin
Satz: Datenkonvertierung Fa. Teichmann, Meckesheim
SPIN: 10503165   45/3142 - 5 4 3 2 1 0 – Gedruckt auf säurefreiem Papier

Vorwort

Dieses Buch ist eine rechnerunterstützte Einführung in das Gebiet der neuronalen Netze. Mit Hilfe einer komfortablen Simulationsumgebung wird die Dynamik der Berechnungs- und Lernvorgänge sehr anschaulich demonstriert.

Buch und Software vermitteln dem Leser/der Leserin so eine breite Wissensbasis, die auch als Grundlage für eigene Forschungen geeignet ist. Die zusätzliche Lektüre eines Theoriebuches, z.B. der im gleichen Verlag erschienenen „Theorie der neuronalen Netze" von Raul Rojas, kann dabei nützlich sein, ist aber nicht unbedingt Voraussetzung.

Das Buch gliedert sich in zwei Teile. Im ersten Teil werden vorwärtspropagierende Netzmodelle (Perzeptron, Assoziativspeicher, Klassifikatoren, Backpropagation I/II) behandelt und im zweiten Teil die rückgekoppelten Netzwerke (Hopfieldnetz, asymmetrisches Hopfieldnetz, stochastische Netze, Optimieren mit neuronalen Netzen, Interactive Activation and Competition). Dabei beginnen wir jeweils mit dem einfachsten Modell (Perzeptron bzw. Hopfieldnetz) und präsentieren darauf aufbauend die anderen Modelle.

Die einzelnen Kapitel gliedern sich jeweils in vier Teile. Im Theorieteil wird das behandelte Modell eingeführt und unter allen wichtigen Aspekten diskutiert. Das genaue Durcharbeiten dieses Teils ist für das Verständnis der in den Versuchen gezeigten Effekte notwendig. Die im Text eingefügten Aufgaben dienen zur Kontrolle des Verständnisses. Für alle Aufgaben sind ausführliche Lösungen vorhanden, mit deren Hilfe sich der Leser/ die Leserin das Verständnis erarbeiten kann.

Im zweiten Teil wird die Versuchsumgebung beschrieben, und alle wichtigen Befehle werden tabellarisch erläutert. Um die Bedienung zu erleichtern, wurde die Bedienoberfläche möglichst kompakt und übersichtlich gestaltet, indem die Umgebung speziell auf das jeweilige Modell zugeschnitten wurde; außerdem wurde die Oberfläche für alle Modelle dadurch möglichst ähnlich gehalten, daß Operationen mit ähnlicher Bedeutung bei allen Modellen gleich zu bedienen sind.

Im Versuchsteil werden dann die einzelnen Eigenschaften des Modells ausführlich untersucht. Zu den einzelnen Modellparametern gibt es jeweils Versuche, die ihre Eigenschaften veranschaulichen. Außerdem soll anhand ausgewählter Benchmark-Probleme ein intuitives Verständnis vermittelt werden, für welche Probleme ein Modell sich eignet und für welche nicht. Beispielsweise eignen sich Hopfieldnetze für das Speichern von Zufallsbildern. Wir zeigen hierzu, wie zufällig diese Bilder sein müssen, d.h. ob dabei jedes einzelne Pixel zufällig gezogen werden muß oder ob sich eine zufällig zusammengestellte Menge von Bildern, z.B. ein paar Ziffern oder Buchstaben, ebenfalls gut abspeichern läßt. Um die Leistungsfähigkeit der Modelle untereinander vergleichen zu können, werden bei verschiedenen Modellen möglichst die gleichen oder vergleichbare Benchmark-Probleme untersucht. So wurde beispielsweise das Traveling-Salesman-

Problem mit dem Kohonen-Netz, dem Hopfield-Netz und dem Hopfield-Tank-Netz modelliert (auf die Modellierung mit der stochastischen Variante des Hopfield-Netzes, der Boltzmann-Maschine, wurde auf Grund der hohen Rechenzeit verzichtet).

Im Lösungsteil werden schließlich Lösungen für die Aufgaben angegeben und alle Versuchsergebnisse ausführlich diskutiert. Es wird jedoch dringend davon abgeraten, das Buch nur im „Trockenkurs" zu verwenden und anstatt eigener Versuche einfach die Musterlösung nachzuschlagen. Für ein tieferes Verständnis ist das Beobachten der Netzdynamik unbedingt erforderlich. Gerade darin liegt ja der Vorteil dieses Praktikums, daß man z.B. den zeitlichen Ablauf eines Lernvorgangs, der Selbstorganisation der Merkmalskarte eines Kohonen-Netzes oder der Relaxation eines rückgekoppelten Netzes in Abhängigkeit von den Modellparametern, beobachten kann.

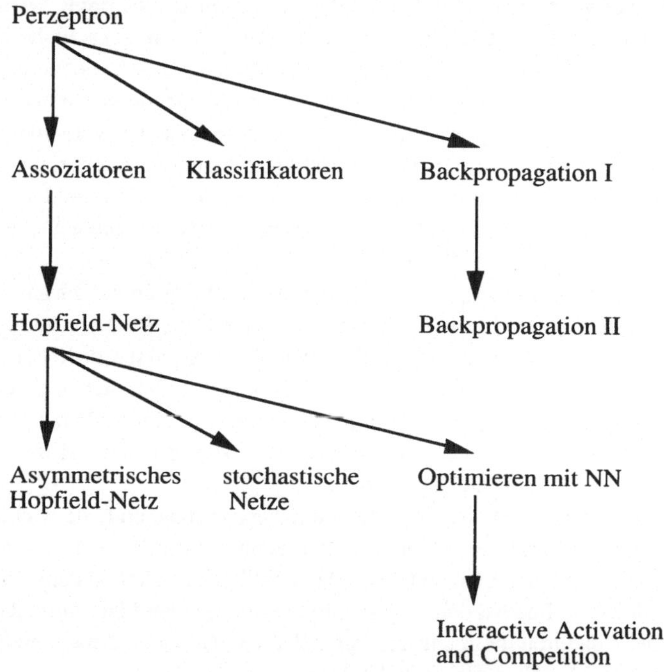

Abb.1 Inhaltliche Abhängigkeiten der Kapitel

Die einzelnen Kapitel sind so gehalten, daß jedes für sich isoliert bearbeitet werden kann. Damit kann sich der Leser/die Leserin auf die Modelle konzentrieren, die ihn/sie interessieren, und muß nicht das gesamte Buch durcharbeiten. Querverweise verdeutlichen jedoch den Zusammenhang der Modelle untereinander. Abbildung 1 gibt eine Übersicht darüber, in welcher Reihenfolge die Kapitel durchgearbeitet werden können.

Das vorliegende Buch und die Programme sind im Rahmen eines Praktikums an der Universität Karlsruhe entstanden, das die Autoren seit 1991 jedes Semester veranstalten. Das Buchkonzept ist insofern innovativ, als es über das rezeptive Verständnis des Lehrstoffs im Textteil hinaus mit Hilfe einer multimedialen Programmoberfläche ein aktives Erfahren und Begreifen der Modelleigenschaften neuronaler Netze ermöglicht.

Unser Dank geht zunächst an alle Studierenden, die durch Kritik und Anregungen zur stetigen Verbesserung beigetragen haben. Danken möchten wir auch allen Kollegen, die an der Entstehung dieses Buches mitgewirkt haben: Dr. Frank Stephan, Dr. Klaus Müller, Michael Finke und Hans Lawitzke lieferten Beiträge und Anregungen zu den Versuchen, Thomas Ragg entwarf die grafische Oberfläche und bewältigte die Portierung in den PC-Bereich. Unser besonderer Dank gilt Herrn Professor Dr. Wolfram Menzel, ohne dessen großzügige Unterstützung dieses Buch gar nicht möglich gewesen wäre. Dem Springer-Verlag, besonders Frau Barbara Gängler, Frau Ulrike Stricker und Herrn Dr. Hans Wössner, danken wir für die tatkräftige Unterstützung.

Karlsruhe, November 1995   Heinrich Braun
                                                          Johannes Feulner
                                                            Rainer Malaka

Hinweise zur Software-Installation

Die beiliegende Diskette mit der Praktikumssoftware ist lauffähig auf einem DOS-PC ab Windows 3.1. Benötigt wird mindestens ein 386er Prozessor, 4 MB Haupt- und 2 MB Speicher auf Festplatte. So installieren Sie die Software auf Ihrem Computer:

1. Starten Sie Windows.
2. Legen Sie die Diskette in das Disketten-Laufwerk ein.
3. Wählen Sie im Windows-Programmanager aus dem Menü **Datei** den Befehl **Ausführen**.
4. Geben Sie im Feld „Befehlszeile" die Laufwerksbezeichnung des Laufwerks, das die Diskette enthält, und anschließend einen Doppelpunkt, einen umgekehrten Schrägstrich sowie das Wort INSTALL ein, z.B. A:\INSTALL
5. Befolgen Sie die Anweisungen auf dem Bildschirm.

Das Programmpaket ist auch unter UNIX verfügbar und kann vom ftp-Server i11ftp.ira.uka.de (129.13.33.16) aus dem Verzeichnis pub/n-prakt abgerufen werden. Voraussetzungen sind UNIX V.4 und X-Windows (X11R5, mit X-View). Im selben Verzeichnis befindet sich auch eine aktuelle Programmversion für den DOS-PC.

Inhaltsverzeichnis

Kapitel 11. Interactive Activation and Competition

Kapitel 1

Einführung

1 Neuronale Netze

Bereits 1943 stellten W. McCulloch und W. Pitts ihr erstes Neuronenmodell vor. Die intensiven Forschungen auf dem Gebiet der neuronalen Netze in den fünfziger und sechziger Jahren wurden Ende der sechziger Jahre durch die stürmische Entwicklung auf dem Gebiet der Künstlichen Intelligenz gebremst und schließlich während der siebziger Jahre in eine Außenseiterrolle gedrängt. Seit Mitte der achtziger Jahren stehen die neuronalen Netze wieder im Brennpunkt des Interesses mit dem Anspruch, durch den Einsatz massiver Parallelität neue Lösungsansätze für die ungelösten Probleme der Künstlichen Intelligenz zu bieten. Im folgenden wollen wir kurz die wichtigsten Merkmale neuronaler Netze erläutern.

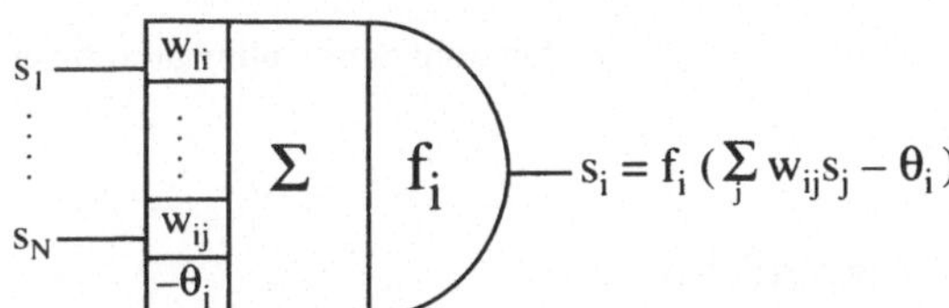

$$s_i = f_i \left(\sum_j w_{ij} s_j - \theta_i \right)$$

Abb.1. Der Grundbaustein: das Neuron

Das Neuron

Der Grundbaustein eines neuronalen Netzwerkes ist das Neuron (s. Abb. 1). Die Verbindungsstärke von Neuron s_j zu Neuron s_i wird als Gewicht w_{ij} bezeichnet, - Gewicht 0 bedeutet keine Verbindung. Zur Berechnung der Ausgabe werden die Einflüsse der anderen Neuronen gewichtet und aufsummiert, auf diese Summe wird dann eine nichtlineare Ausgabefunktion angewandt. Eine repräsentative Auswahl der Ausgabefunktionen ist in Abb. 2 zusammengestellt.

Beim analogen neuronalen Netzwerk können die Neuronen Werte zwischen 0 und 1 ausgeben, d. h. als Ausgabefunktion kommen die (stückweise) lineare Schwellenfunktion f_{lin} und die sigmoide Funktion f_{sig} in Betracht (s. Abb. 2). Arbeitet hingegen das neuronale Netzwerk nur mit binären Werten, in der Regel $\{0,1\}$, so kann als Ausgabefunktion die Stufenfunktion f_{step} oder die thermodynamische Verteilungsfunktion f_{th} verwendet werden (s. Abb. 2). Es gibt auch Mischformen, z. B. die Eingabeneuronen arbeiten analog, die Ausgabeneuronen binär. Ein neuronales Netzwerk ist nun durch die Gewichtsmatrix (w_{ij}), die Schwellenwerte (θ_i) und die Ausgabefunktionen f_i eindeutig definiert.

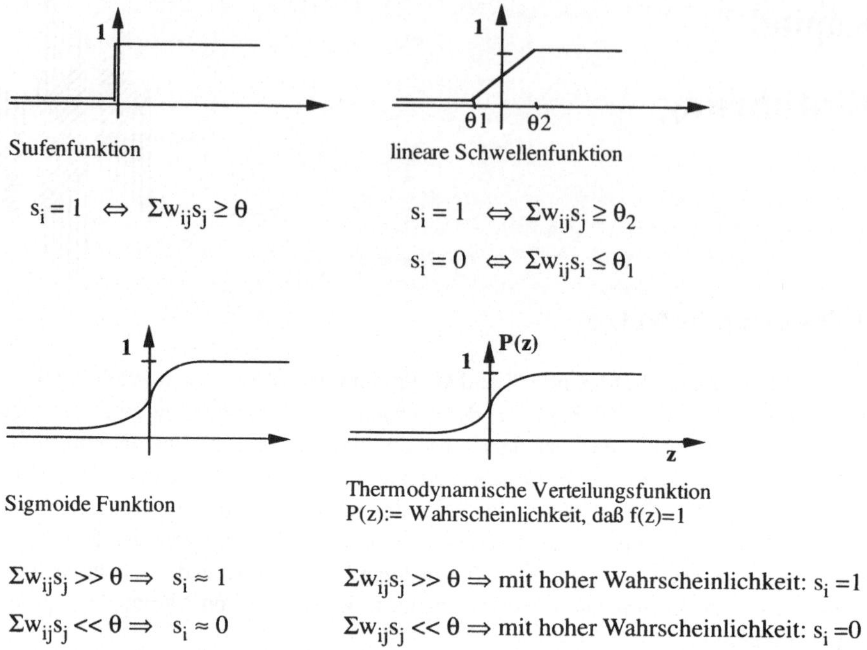

Stufenfunktion

$$s_i = 1 \iff \Sigma w_{ij} s_j \geq \theta$$

lineare Schwellenfunktion

$$s_i = 1 \iff \Sigma w_{ij} s_j \geq \theta_2$$
$$s_i = 0 \iff \Sigma w_{ij} s_i \leq \theta_1$$

Sigmoide Funktion

$$\Sigma w_{ij} s_j \gg \theta \Rightarrow s_i \approx 1$$
$$\Sigma w_{ij} s_j \ll \theta \Rightarrow s_i \approx 0$$

Thermodynamische Verteilungsfunktion
$P(z):=$ Wahrscheinlichkeit, daß $f(z)=1$

$$\Sigma w_{ij} s_j \gg \theta \Rightarrow \text{mit hoher Wahrscheinlichkeit: } s_i = 1$$
$$\Sigma w_{ij} s_j \ll \theta \Rightarrow \text{mit hoher Wahrscheinlichkeit: } s_i = 0$$

Abb. 2. Eine repräsentative Auswahl der nichtlinearen Ausgabefunktionen

Die Vernetzungsstruktur

Wir unterscheiden bei der Vernetzungsstruktur die vorwärts gerichtete, azyklische und die rückgekoppelte Vernetzungsstruktur. Bei ersterer lassen sich die Neuronen so in Schichten einteilen, daß die Neuronen einer Schicht nur mit Neuronen der nächsten Schicht verbunden sind (s. Abb. 3a). Die Zwischenschichten nennt man auch verborgene Schichten (hidden layers). Die Berechnung erfolgt schichtenweise, und bei k Schichten liegt folglich das Ergebnis nach k-1 Berechnungsschritten in der Ausgabeschicht vor. Die Ausgabefunktionen der Neuronen einer Schicht sind stets gleich.

Bei der rückgekoppelten Vernetzungsstruktur sind die Verbindungen symmetrisch oder asymmetrisch, d.h. das Gewicht w_{ij} der Verbindung von Neuron s_j zu s_i ist gleich dem Gewicht w_{ji} von s_i zu s_j im symmetrischen Fall (bzw. ungleich im asymmetrischen Fall). Es werden keine Schichten unterschieden, und die Ausgabefunktionen aller Neuronen sind gleich (s. Abb. 3b). Die Menge der Eingabe- und Ausgabeneuronen ist eine Teilmenge der Neuronen, die restlichen Neuronen nennt man, da sie von außen nicht sichtbar sind, verborgene Neuronen (hidden units). Symmetrisch rückgekoppelte Netzwerke berechnen die Ausgabe durch einen Einschwingvorgang (Relaxation), dabei ist es im allgemeinen nicht mehr möglich, die Berechnungszeit abzuschätzen. In der Praxis muß der Einschwingvorgang bei hinreichender Konvergenz, d. h. die Neuronen haben einen nahezu stabilen Zustand erreicht, abgebrochen werden.

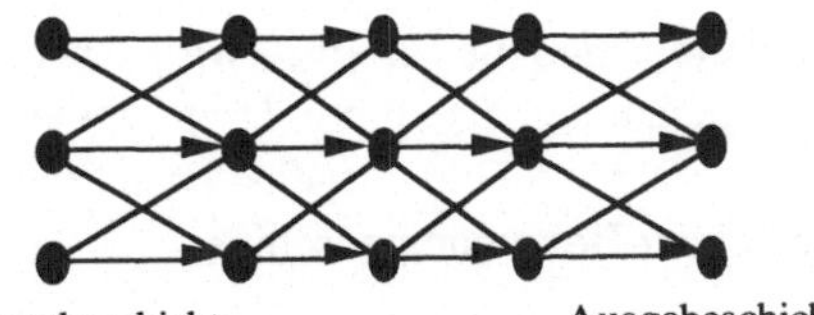
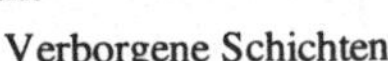

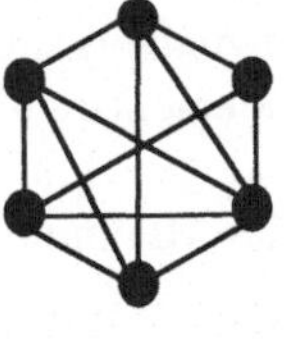

a) Schichtenmodell:
vorwärtsgerichtet, azyklisch

b) Relaxationsmodell:
rückgekoppelt, symmetrisch

Abb. 3 Vernetzungsstrukturen

Berechnungsreihenfolge

Da das menschliche Gehirn hochgradig parallel und asynchron arbeitet, sollte ein künstliches neuronales Netzwerk diese Eigenschaft ebenfalls besitzen. Die künstlichen neuronalen Netzwerke sind in der Regel auch unempfindlich gegen eine parallele und asynchrone Auswertungsreihenfolge, doch für theoretische Modelluntersuchungen wie Konvergenz und Stabilität ist es zum Teil notwendig, die Auswertungsreihenfolge festzulegen: sequentiell und indeterministisch, oder parallel und synchron.

Lernregel

Sollen mit neuronalen Netzwerken Assoziativspeicher realisiert oder Optimierungsprobleme gelöst werden, so ist es möglich, die Gewichtsmatrix konstruktiv zu bestimmen. Im allgemeinen jedoch sollen neuronale Netzwerke dann eingesetzt werden, wenn analytische Ansätze gescheitert sind. In diesem Fall kann die Gewichtsmatrix nicht konstruiert werden, sondern sie muß gelernt werden. Wir unterscheiden zwei Lernarten: überwachtes und unüberwachtes Lernen. Beim überwachten Lernen gibt ein „Lehrer", d. h. der Anwender, Eingabe und erwünschte Ausgabe vor, berechnet den Ausgabefehler (die Differenz zwischen erzielter und erwünschter Ausgabe) und verändert die Gewichte in Abhängigkeit des Ausgabefehlers derart, daß die Gewichte, deren Vergrößerung den Fehler verstärkt, verkleinert und die anderen vergrößert werden. Üblicherweise wird hierbei ein Gradientenverfahren verwandt, d.h. die Gewichte, die den stärksten Einfluß auf den Ausgabefehler haben, werden am meisten verändert.

Beim unüberwachten Lernen hingegen werden nur Eingabemuster vorgegeben, und das neuronale Netzwerk hat die Aufgabe, diese selbständig zu klassifizieren oder zu generalisieren. ·

Optimierungsprobleme

Im Gebiet der neuronalen Netzwerke treten zwei Arten von Optimierungsproblemen auf:

1. Beim Lernen: Die Einstellung der Gewichte ist so zu optimieren, daß die Fehlerfunktion, d.h. die Summe der Quadrate der Differenzen zwischen erwünschter und tatsächlicher Ausgabe zu den Eingabemustern, minimiert wird.

2. Beim Einschwingvorgang der Relaxationsmodelle. Hierbei wird entweder das nächstliegende lokale Minimum einer sogenannten Energiefunktion wie etwa beim diskreten und analogen Hopfieldmodell gesucht, oder bei festgehaltenen Eingabeneuronen ein globales Minimum wie etwa bei der Boltzmannmaschine.

Für ersteres wird in der Regel ein Gradientenabstiegsverfahren verwendet (Delta Regel, Backpropagation). Für letzteres wird beim diskreten Hopfield-Modell ein Hill-Climbing-Verfahren verwendet, beim analogen Hopfield-Modell ein Gradientenabstiegsverfahren und bei der Boltzmann-Maschine Simulated Annealing.

Umgekehrt kann man versuchen, Optimierungsprobleme so in ein neuronales Netzwerk zu kodieren, daß diese dabei gelöst werden. Genau dieses haben J.J.Hopfield und D.W.Tank vorgeschlagen. Sie kodierten quadratische Optimierungsprobleme so in ein analoge Hopfield-Netze, daß diese beim Einschwingvorgang (näherungsweise) optimiert wurden. Dabei gilt: Jede Relaxation eines (analogen bzw. diskreten) Hopfield-Netzes minimiert ein quadratisches Polynom (Energiefunktion). Und umgekehrt gibt es zu jedem quadratischen Polynom ein Hopfield-Netz, das dieses minimiert.

2 Aufbau des Buches

Das einfachste neuronale Netz ist das **Perzeptron**, das im ersten Versuch ausführlich behandelt wird. Es ist der Grundbaustein der Assoziativspeicher, die aus einer Neuronenschicht bestehen.

Im Kapitel **Assoziativspeicher** werden folgende einschichtige neuronale Netze mit allgemeiner Ausgabedimension behandelt: **Hebb-Assoziator** und **Palm-Netz** (alias **Lernmatrix**). Der Hebb-Assoziator besteht aus parallel geschalteten Perzeptronen, jedoch wird statt des Perzeptron-Lernverfahrens nur Hebbsches Lernen verwendet. Wie bereits im Kapitel zum Perzeptron gezeigt wird, ist der Vorteil hiervon, daß ein Lerndurchgang durch alle Muster der Lernmenge genügt. Dies birgt jedoch den Nachteil, daß nicht alle lernbaren Problem gelernt werden können. Die vom Hebb-Assoziator lernbaren Muster werden bipolar kodiert ($[-1,1]^m$) und sollten möglichst orthogonal sein, d.h. das Skalarprodukt paarweise möglichst klein. Das Palm-Netz basiert auf Hebbschem Lernen mit binären Verbindungsgewichten. Dies hat den Vorteil, daß sich diese durch binäre Schalter sehr einfach in Hardware realisieren lassen. Diese Variante, die sogenannte Lernmatrix, wurde deshalb bereits Anfang der sechziger Jahren unter der Leitung von Karl Steinbuch in Karlsruhe untersucht und elektronisch realisiert. Günther Palm hat diese Netze Ende der siebziger Jahre theoretisch untersucht und Ende der achtziger Jahre als hardware chips realisiert. Die vom Palm-Netz lernbaren Muster werden binär kodiert ($[0,1]^m$) und sollten ebenfalls möglichst orthogonal sein, d.h. das Skalarprodukt paarweise möglichst klein, d.h. paarweise möglichst wenig gemeinsame „1en" besitzen. Palm hat nachgewiesen, daß die Speicherkapazität für spärlich mit „1en" besetzte Muster besonders gut ist.

Im Kapitel Klassifikatoren werden ebenfalls einschichtige Netze behandelt, die in der Ausgabeschicht eine Maximumsbildung verwenden (eine einfache Variante hiervon wird bereits beim Palm-Netz untersucht). Die beiden hier behandelten Ansätze, **Adaptive Resonanz-Theorie** (ART) und **Kohonen-Netze**, haben die Eigenschaft, unüberwacht die Lernmenge in Cluster einzuteilen. Jedem Cluster wird dabei ein Neuron zugeordnet, dessen Gewichtsvektor als prototypisches Beispiel für diesen Cluster interpretiert werden kann. Beim ART-Netz ist dies der logische Durchschnitt, d.h. die Eigenschaften, die alle Elemente des Clusters besitzen, und beim Kohonen-Netz der arithmetische Mittelwert, d.h. jede Komponente gibt den durchschnittlichen Wert der zugehörigen Komponente bzgl. des Clusters an. Zusätzlich wird beim Kohonen-Netz die Lage der Neuronen berücksichtigt. Benachbarte Neuronen sollen ähnlich reagieren, d.h. ähnliche Gewichtsvektoren besitzen. Diese biologisch motivierte Eigenschaft läßt sich auch zur Optimierung verwenden. So wird in den Versuchen gezeigt, wie man mit diesem Ansatz große Travelling Salesman Probleme lösen kann.

In Kapitel **Backprogation** I und II wird schließlich der allgemeinste und gebräuchlichste vorwärtspropagierende Netztyp erläutert: Das mehrschichtige Perzeptron mit dem bekannten Lernverfahren Backpropagation. Da dieses Modell in der Praxis so wichtig ist, wird in einem zusätzlichen Kapitel (Backprogation II) eine umfangreichere Anwendung untersucht, die bei vielen „spielbegeisterten" Lesern und Leserinnen sicherlich auf großes Interesse stoßen wird: Einlernen einer Spielstrategie für das Mühlespiel.

Die zusätzliche Komplexität der Rückkopplung wird im zweiten Teil zuerst am simplen **Hopfield-Modell** studiert. Grundbaustein dieses Modells ist als Einzelbaustein das Perzeptron und als Neuronenschicht der Hebbassoziator. Aufgrund der symmetrischen Rückkopplung konvergiert beim Hopfieldnetz der Systemzustand stets in einen Fixpunkt (einen sogenannter Attraktor). Die Einschränkungen an die Lernmengen sind dieselben wie beim Hebbassoziator. Die Muster sollten möglichst orthogonal bzw. unkorreliert sein.

Im folgenden Kapitel werden asymmetrische Rückkopplungen untersucht, mit denen man Sequenzen speichern kann. Als Benchmark werden in diesem Versuch insbesondere Zahlsequenzen untersucht und das Modell so weit verallgemeinert, daß es Störsignale auf der Eingabe zählen kann.

Im Kapitel stochastische Netze wird die Berechnungsmächtigkeit durch Einführen von Thermodynamik und zusätzlichen verborgenen Neuronen verallgemeinert, so daß dieses Modell (**Boltzmann-Maschine**) dieselbe universelle Approximationsfähigkeit besitzt wie das mehrschichtige Perzeptron (Backpropagation). Da bei diesem Modell zur Relaxation das sehr rechenzeitaufwendige Optimierungsverfahren *Simulated Annealing* eingesetzt wird, konnte sich dieses Modell jedoch im Vergleich zum mehrschichtigen Perzeptron nicht durchsetzen.

Eine wesentliche Eigenschaft der symmetrisch rückgekoppelten Netze besteht darin, daß diese bei dem Berechnungsvorgang eine sogenannte Energiefunktion minimieren. Diese Eigenschaft kann man zur Optimierung verwenden. Dies ist das Thema des zweitletzten Kapitels. Hopfield/Tank haben in ihrem vielzitierten Beitrag behauptet, daß sich mit diesem Ansatz schwierige **Optimierungsprobleme** im allgemeinen und das Travelling-Salesman-Problem im speziellen lösen lassen. Diese etwas provokative These gilt inzwischen zumindest bzgl. des Travelling-Salesman-Problems aufgrund einer Vielzahl von Folgearbeiten als widerlegt. In den Versuchen kann man sich einen eigenen Eindruck über die Leistungsfähigkeit des Ansatzes verschaffen. Damit jedoch nicht der Eindruck entsteht, daß dieser Ansatz prinzipiell ungünstig ist, untersuchen wir zusätzlich ein dem Travelling-Salesman-Problem verwandtes, aber einfacheres Problem (das Assignment Problem), das sich mit diesem Ansatz optimal lösen läßt.

Das letzte Kapitel schließlich verwendet die Relaxation (bzw. Optimierung der Energiefunktion) zur Modellierung eines semantischen Netzes: Das Modell **Interactive Activation and Competition** modelliert eine unscharfe („fuzzy") Datenbank, d.h. man kann Anfragen der Art stellen „gesucht ist eine Person, die mit 80% Wahrscheinlichkeit 40 Jahre alt ist, mit 90 % W. verheiratet etc.". Die Aktivierung der Neurone repräsentiert hierbei jeweils die Wahrscheinlichkeit, daß eine Eigenschaft zutrifft. Eigenschaften, die gemeinsam auftreten, wie z.B. „graue Haare" und „alt", werden exzitatorisch verbunden, Eigenschaften hingegen, die sich ausschließen, wie z.B. „graue Haare" und „schwarze Haare", werden inhibitorisch verbunden. Der Versuch erläutert einerseits die Ungenauigkeiten des ursprünglichen Ansatzes und zeigt andererseits die prinzipiellen Probleme auf. Die Verarbeitung unscharfer Eingaben erscheint zwar sehr verlockend, aber dies wird erkauft durch eine unsichere Antwort (die Wahrscheinlichkeitswerte der Ausgabe hängen u.a. vom Zufall ab). Dieser Ansatz präzisiert die Vorstellung, die der Laie von der Verabeitung semantischer Information im menschlichen Gehirn hat. Mit Hilfe der Simulation gewinnt man einen guten Eindruck über die Tragfähigkeit dieses Ansatzes. Effekte wie Informationsvervollständigung, Fehlerunterdrückung und Generalisierung sind erkennbar, aber auch, daß die Verarbeitung so einfach nicht sein kann.

Kapitel 2

Das Perzeptron

1 Einführung

Die Untersuchung natürlicher biologischer Systeme ist aus zwei Gründen von besonderem Interesse. Zum einen finden sich Vorbilder für technische Systeme, die man nachbilden kann. Zum anderen ermöglichen vereinfachte Nachkonstruktionen oft Einsichten in die wesentlichen Wirkungsmechanismen natürlicher Vorgänge.

Seit den vierziger Jahren wird nach Modellen für die neuronale Verarbeitung von Information gesucht. Dies führte zur Definition von *Neuron* und *Perzeptron* genannten Bauelementen, deren Funktionsweise sich an Nervenzellen oder Nervenzellgruppen orientiert.

In den sechziger Jahren untersuchte Rosenblatt den Vorgang des menschlichen Sehens und benutzte als Modell das Perzeptron, dessen Kern als Neuron auch heute noch die Grundeinheit neuronaler Netze bildet. Eine wichtige und gemessen an anderen Aufgaben der Bildverarbeitung, relativ einfache Aufgabe ist das Beantworten der Frage, ob ein Bild einen bestimmten Gegenstand darstellt. Hierzu wird das Bild mit einem Muster verglichen und Übereinstimmung oder Unterschiede festgestellt. Ein solcher Erkenntnisvorgang muß sich jedoch nicht auf das Vergleichen mit Einzelmustern beschränken, es kann auch eine bestimmte Eigenschaft getestet werden, d.h. es wird überprüft, ob das Bild zu einer Gruppe von Mustern paßt, die eine bestimmte Eigenschaft haben. Dann wird das Bild nicht direkt Pixel für Pixel mit einem Muster verglichen, sondern auf einer tieferen Ebene mit einer abstrakten Repräsentation des zu erkennenden Bildtyps.

Muster, die zur Gruppe passen, bezeichnen wir als positive Muster, die anderen als negative Muster.

Rosenblatt unterschied bei der Verarbeitung von Bildern drei Stufen, Merkmalsextraktion, Merkmalsbeurteilung und Entscheidung:

1. Stufe: Vorverarbeitung des Bildes
Die Vorverarbeitung ist unabhängig davon, welche Bildtypen erkannt werden sollen, und kann daher nicht an das gegebene Problem angepaßt werden. Sie findet sozusagen noch auf der Netzhaut statt. Das Ergebnis sind eine Menge charakteristischer Kenngrößen des Bildes, die Merkmale.

2. Stufe: Beurteilung der Bildmerkmale
Die Ergebnisse der Vorverarbeitung sollen so aufbereitet werden, daß eine Entscheidung möglich wird, ob das Bild aufgrund seiner Eigenschaften zu den vorgegebenen Mustern paßt. Dieser Vorgang ist spezifisch für die zu erkennende Kombination von Mustern. Daher werden hier Parameter verwendet, die vorher eingestellt oder anhand von Beispielen

gelernt wurden. Eine solche vom Gedächtnis abhängige Verarbeitung, wird in den Sehfeldern des Gehirns vorgenommen.

3. Stufe: Entscheidung

Anhand der Beurteilung entscheidet der Klassifikator, ob das Bild den gesuchten Eigenschaften entspricht. Dieser Schritt entspricht dem Erkennen eines Gegenstands.

Diese drei Stufen hat Rosenblatt im Perzeptron so einfach realisiert, daß sie einer mathematischen Beschreibung zugänglich wurden. Die Bedeutung des Modells rührt jedoch unter anderem auch daher, daß die Parameter der zweiten Stufe mit eine Lernregel gelernt werden können.

Formal wird ein Perzeptron als dreistufige Verarbeitung von Matrizen definiert, die die Pixel eines Bildes repräsentieren.

1. Stufe: Vorverarbeitung

Auf einer Menge von Eingaben, etwa die Pixel (e_{ij}) eines Bildes, werden Prädikate $p_k(e_{ij}) \in \{0,1\}$ berechnet. Das Modell des Perzeptrons macht hier keine Vorgaben, außer daß die Vorverarbeitung durch Lernvorgänge nicht verändert wird. Man kann jedoch die Perzeptrone nach den Fähigkeiten der Vorverarbeitung in verschiedene Gruppen einteilen:

- Perzeptron der Ordnung n: Die Prädikate p_k hängen jeweils von höchstens n Eingaben e_{ij} ab.
- Perzeptron (n-) durchmesserbeschränkt: Die Prädikate p_k hängen jeweils von Eingaben e_{ij} ab, die innerhalb einer Kreisscheibe mit Durchmesser $\leq$ n liegen.

Im allgemeinen erwartet man, daß sich die Prädikate in einfacher, leicht einsichtiger Weise aus den Pixeln berechnen lassen.

2. Stufe: lineare Abbildung (Aktivierung, Polynom vom Grad 1 in $p_1,..,p_n$)

Die Prädikate werden zu einer gewichteten Summe aufaddiert und ein Schwellwert (Threshold θ) abgezogen, d.h. es wird folgende Funktion a berechnet: $a(p_1,...,p_n) = \Sigma_i w_i p_i - \theta$. Diese lineare Funktion heißt auch Aktivierungsfunktion.

Die Gewichte sind positiv, wenn Prädikate für die gesuchte Eigenschaft typisch, und negativ, wenn sie untypisch sind. Prädikate mit Gewicht 0 haben keinen Einfluß auf die Beurteilung. Die Gewichte dieser linearen Funktion und der Schwellwert sind problemspezifisch und werden eingestellt oder maschinell gelernt.

3. Stufe: Stufenfunktion (σ-Funktion)

Je nachdem, ob $a(p_1,..,p_n) \geq 0$ oder < 0 ist, wird die Eingabe akzeptiert (1 ausgegeben) oder zurückgewiesen (0 ausgegeben), d.h. $\sigma(a(\mathbf{p}))=1$ für $a(\mathbf{p}) \geq 0$ und $\sigma(a(\mathbf{p}))=0$ für $a(\mathbf{p})<0$.

Damit wurde die einfachstmögliche Form zur Entscheidungsfindung anhand der Beurteilung gewählt. Die Stufen 2 und 3 bilden den eigentlichen Kern des Perzeptrons. Ein Element mit dieser Funktionalität heißt auch Schwellwertelement oder Neuron. In den folgenden Aufgaben werden die Gewichte und der Schwellwert von Stufe 2 zunächst von Hand eingestellt und im praktischen Teil am Rechner dann maschinell gelernt.

Die Konstruktion eines Perzeptrons bzw. das Lernen seiner Gewichte läßt sich wesentlich vereinfachen, wenn die geforderte Klassifikationsleistung invariant gegenüber einer Gruppe von Transformationen ist (z.B. das Erkennen eines Buchstabens unabhängig von seiner Positionierung auf dem Eingabebild (e_{ij}) ist invariant gegenüber der Gruppe der Translationen). In diesem Fall lassen sich die Prädikate so in Gruppen einteilen, daß jeweils alle Prädikate, die sich durch die Gruppe der Transformationen ineinander überführen lassen, in einer Gruppe sind (z.B. gibt es bzgl. der Gruppe der Translationen genau zwei Gruppen von Prädikaten der Ordnung 1: $[e_{11}]$ und $[\neg e_{11}]$). Das Gruppeninvarianz-Theorem besagt nun, daß zu jeder Lösung stets eine Lösung existiert, bei der alle Prädikate einer Gruppe dieselben Gewichte besitzen („weight sharing"). Zur Konstruktion eines Perzeptrons genügt es also die Gruppen zu spezifizieren und ihre Gewichte zu lernen. Das bedeutet im allgemeinen eine wesentliche Reduktion des Parameter- bzw. Suchraumes, z.B. enthält $[e_{11}]$ bzgl. der Gruppe der Translationen auf nxn Bildern n^2 Prädikate, nämlich alle Prädikate der Form „e_{ij}" ($1 \leq i,j \leq n$).

Ein Prädikat muß deshalb nicht für jeden Ort der Retina definiert werden, sondern es reicht, ein Merkmal x_i einmal zu definieren, das zählt, wie oft das Prädikat p_i auf der Retina den Wert 1 liefert. Das Prädikat wird an jedem Ort der Retina ausgewertet und der Wert x_i des Merkmals gibt an, wie oft das Prädikat p_i auf der Retina vorkam ($\Sigma wp_i = w\Sigma p_i = wx_i$).

Im folgenden beschränken wir uns auf die Gruppe der Translationen, d.h. die folgenden Aufgaben sind so gewählt, daß die Probleme invariant sind gegen Translationen. Als Merkmale sollen dazu einfache Masken verwendet werden, bei denen gesetzte Pixel durch + und ungesetzte durch - markiert werden. So entsprechen etwa der Maske + - alle Merkmale der Form $e_{ij} \wedge \neg e_{ij+1}$. In diesem Sinne berechnet die Vorverarbeitung für die Masken Nr. 1..11:

1	2	3	4	5	6	7	8	9	10	11
++	++	+ -	- +	- -	+	+	-	-	+	-
++					+	-	+	-		

die Häufigkeit ihres Auftreten im Bild und weist diesen Wert den zugeordneten Variablen x_1 .. x_{11} zu. Die Funktionsweise dieser Masken wird anhand des folgenden Beispiels vorgeführt:

Bild auf der Retina:

```
+  +  +  -
+  +  +  -
-  -  -  -
-  -  -  -
```

x_1	x_2	x_3	x_4	x_5	x_6	x_7	x_8	x_9	x_{10}	x_{11}
2	4	2	0	6	3	3	0	6	6	10

x_{10} berechnet z.B. die Anzahl der gesetzten Pixel, x_1 die Anzahl der Quadrate aus 4 Pixeln. Man beachte, daß sich die Muster bei der Zählung auch überlappen dürfen, x_1 zählt bei Bild 1 zwei Muster, die sich jeweils um zwei Pixel überschneiden. Die Vorverarbeitung zählt nur Muster mit beschränktem Durchmesser (alle Masken sind 2×2-, 1×2-, 2×1- oder 1×1-Masken), daher ist dieses Perzeptron durchmesserbeschränkt mit Durchmesser 2 und Ordnung 4.

Die zweite Stufe des Perzeptrons berechnet aus dem Ergebnis der Vorverarbeitung die lineare Funktion $a(x_1,..,x_{11}) = \Sigma_i\, w_i\, x_i - \theta$.

Die dritte Stufe entscheidet anhand des Vorzeichens der Funktion a aus der zweiten Stufe, ob das Perzeptron ein Muster akzeptiert oder zurückweist. Liefert a einen negativen Wert, wird das Muster zurückgewiesen, sonst (positiver Wert oder 0) wird es akzeptiert.

Aufgabe 1   Pixel zählen

Wählen Sie Gewichte w_i für die 11 Masken und einen Schwellwert θ so, daß alle Bilder akzeptiert werden, auf denen mindestens 10 Pixel mehr gesetzt als nicht gesetzt sind.

Gewicht:	θ	w_1	w_2	w_3	w_4	w_5	w_6	w_7	w_8	w_9	w_{10}	w_{11}
Maske:		++	++	+ -	- +	- -	+	+	-	-	+	-
		++					+	-	+	-		
Einstellung:	___	___	___	___	___	___	___	___	___	___	___	___

Aufgabe 2   Waagerechte und senkrechte Balken

Unter einem Balken versteht man eine Reihe bzw. Spalte von gesetzten oder ungesetzten Pixels, die sich von einem Rand des Bildes bis zum anderen erstreckt.
a) Erkennen Sie alle Bilder, die nur aus senkrechten Balken bestehen.
b) Erkennen Sie alle Bilder, die nur aus waagerechten Balken bestehen.
c) Erkennen Sie alle einfarbigen Bilder (nur „+" oder nur „-").

Gewicht:	θ	w_1	w_2	w_3	w_4	w_5	w_6	w_7	w_8	w_9	w_{10}	w_{11}
Maske:		++	++	+ -	- +	- -	+	+	-	-	+	-
		++					+	-	+	-		
Einstellungen:												
a)	___	___	___	___	___	___	___	___	___	___	___	___
b)	___	___	___	___	___	___	___	___	___	___	___	___
c)	___	___	___	___	___	___	___	___	___	___	___	___

Aufgabe 3 Verarbeitung von Rechtecken aus mindestens zwei Pixeln

a) Erkennen Sie alle Rechtecke, die zwei oder mehr Pixel breiter als hoch sind.
b) Erkennen Sie alle Rechtecke, die höher als breit sind.
c) Erkennen Sie alle Rechtecke, deren Höhe und Breite jeweils mindestens 3 beträgt.

Das Perzeptron muß bei den Aufgaben a) bis c) nur auf den Bildern das richtige Ergebnis liefern, die genau ein Rechteck mit mindestens zwei Pixeln darstellen.

Gewicht:	θ	w_1	w_2	w_3	w_4	w_5	w_6	w_7	w_8	w_9	w_{10}	w_{11}
Maske:		++	++	+ -	- +	- -	+	+	-	-	+	-
		++					+	-	+	-		
Einstellungen:												
a)	___	___	___	___	___	___	___	___	___	___	___	___
b)	___	___	___	___	___	___	___	___	___	___	___	___
c)	___	___	___	___	___	___	___	___	___	___	___	___

Aufgabe 4   Umfang berechnen

Bei den Aufgaben 4a) und 4b) wird das Perzeptron nicht als Erkennungsvorrichtung benutzt, sondern es werden nur die beiden ersten Stufen verwendet und damit eine lineare Funktion $a(\mathbf{x})$ berechnet, deren Vorzeichen (≥ 0 bzw. < 0) sonst die Ausgabe des Perzeptrons bestimmt. Betrachten Sie jedes Pixel als elementares Rechteck mit 4 Kanten der Länge 1. Unter dem Umfang einer Figur versteht man die Anzahl der Kanten, die ein gesetztes Pixel von einem nicht gesetzten oder vom Rand trennen. Folgende Figur eines 3×3-Bildes hat den Umfang 8, ihr Komplement den Umfang 14:

```
Figur:  -   -   -            Komplement:  +   +   +
        +   +   -                         -   -   +
        +   -   -                         -   +   +
```

a) Geben Sie eine Belegung an, so daß die Aktivierung $a(x_1,..,x_{11}) = \Sigma_i\, w_i x_i - \theta$ den Umfang jeder Figur berechnen kann.
b) Geben Sie eine Belegung an, so daß die Aktivierung den Umfang des Komplements eines Bildes berechnen kann.
c) Stellen Sie das Perzeptron so ein, daß es genau die Bilder akzeptiert, bei denen ein Pixel des Bildrandes gesetzt ist.

Beachten Sie, daß durch den Anteil des Randes des Bildes am Umfang die durch „+" beschriebene Figur und das durch „-" beschriebene Komplement nicht den gleichen Umfang haben müssen.

Gewicht:	θ	w_1	w_2	w_3	w_4	w_5	w_6	w_7	w_8	w_9	w_{10}	w_{11}
Maske:		++	++	+ -	- +	- -	+	+	-	-	+	-
		++					+	-	+	-		
Einstellungen:												
a)	___	___	___	___	___	___	___	___	___	___	___	___
b)	___	___	___	___	___	___	___	___	___	___	___	___
c)	___	___	___	___	___	___	___	___	___	___	___	___

2   Lernregeln für das Perzeptron

Für das Perzeptron gibt es mehrere Lernregeln, von denen hier drei vorgestellt werden sollen: die Hebb-Regel, die Perzeptronregel und die Deltaregel. Alle drei sind Verfahren des überwachten Lernens, dem Perzeptron muß also vorher in Form von Beispielen mitgeteilt werden, welche Eigenschaften positiv und welche negativ bewertet werden, d.h. welche Art von Bildern zu akzeptieren und welche zurückzuweisen ist. Bei unüberwachtem Lernen dagegen sind die Lernbeispiele unklassifiziert, und die Aufgabe besteht darin, eine Klassifizierung zu finden.

Zur Vereinfachung der Lernregeln, wird die Aufgabenstellung so umformuliert, daß die Schwelle als weiteres Gewicht interpretiert wird und nur positive Muster klassifiziert werden müssen.

Beim Perzeptron wird durch das Lernverfahren die 2.Stufe, d.h. der Gewichtsvektor $\mathbf{w}$ und der Schwellwert θ, an die Klassifikationsaufgabe angepaßt. Zur Vereinfachung der Lernregel modifizieren wir die Vorverarbeitung folgendermaßen: Zur Eliminierung der Schwelle werden die vorverarbeiteten Muster $\mathbf{x}$ jeweils um die 0-te Komponente mit Wert 1 zu $(1, x_1,..,x_n)$ erweitert und ein Gewicht w_0 hinzugefügt (w_0 entspricht $-\theta$):

$$\sum_{i=1}^{n} w_i\, x_i > \theta \quad <=> \quad \sum_{i=1}^{n} w_i\, x_i + w_0 > 0 \qquad <=> \quad \sum_{i=0}^{n} w_i\, x_i > 0$$

Da nur solche Problemstellungen mit endlich vielen Mustern betrachtet werden, kann verlangt werden, daß für positive Muster $a(\mathbf{x})>0$ anstelle von $a(\mathbf{x})\geq0$ gelten soll. Falls nämlich ein Perzeptron existiert, das alle positiven Muster mit $a(\mathbf{x})\geq0$ bewertet, und alle negativen mit $a(\mathbf{x})<0$, so kann vom Schwellwert $\max\{a(\mathbf{x})|\ \mathbf{x}$ ist negatives Muster$\}/2$ abgezogen werden, womit immer noch für alle negativen Muster $a(\mathbf{x})<0$ gilt, und für alle positiven Muster $a(\mathbf{x})>0$. Das heißt, wenn es eine Lösung gibt, so gibt es immer auch eine bei der für alle Muster $a(\mathbf{x})\neq0$ gilt.

Negative Muster können nun durch Multiplikation mit -1 zu positiven Mustern invertiert werden, denn es gilt

$$\sum_{i=0}^{n} w_i\, x_i > 0 \quad <=> \quad \sum_{i=0}^{n} w_i\, (-x_i) < 0 \; .$$

Also reicht es, die Gewichte w_i so einzustellen, daß für alle Muster gilt $\Sigma_{i=0}\, w_i\, x_i > 0$.

Alle Lernregeln beruhen darauf, daß folgende Schleife solange ausgeführt wird, bis das Perzeptron die gewünschte Eigenschaft gelernt hat:

while (noch nicht alle Muster gelernt) **do**
   (1) Einlesen Muster **e**;
   (2) Vorverarbeitung:
   Vektor **x** aus Muster **e** berechnen;
   um 0-te Komponente erweitern $x_0 = 1$ ($w_0 = -\theta$)
   $\mathbf{x} := -\mathbf{x}$, falls **e** ein negatives Muster ist
   wahlweise normieren ($\mathbf{x} := \dfrac{\mathbf{x}}{\|\mathbf{x}\|}$)

   (3) **w** durch korrigierten Gewichtsvektor ersetzen:
   $\mathbf{w} := \mathbf{w} + \Delta\ \mathbf{x}$;

Dabei hängt für die einzelnen Lernregeln die Berechnung von Δ mit davon ab, ob das Ergebnis bereits richtig klassifiziert wurde. Dies ist folgender Tabelle zu entnehmen:

Δ	richtig klassifiziert	falsch klassifiziert
Hebb-Regel	1	1
Perzeptronregel	0	1
Deltaregel	0	$\varepsilon+\min(K)$

Hierbei ist $K = \{\Delta$: Gewichtsvektor $(\mathbf{w}+\Delta\ \mathbf{x})$ klassifiziert **x** richtig$\}$.

Bei der Deltaregel wird also Δ gerade so gewählt, daß einerseits die falsche Klassifikation des Beispiels **e** behoben, aber andererseits möglichst wenig am Perzeptron geändert wird. Es gilt $\Delta = -\dfrac{\mathbf{w}*\mathbf{x}}{\mathbf{x}*\mathbf{x}} + \varepsilon$. Die Wahl der Konstante $\varepsilon>0$ ist für das Lernverfahren ohne Bedeutung, sofern der Gewichtsvektor mit **0** intialisiert wird (vgl. Aufg. 5).

Die Lernalgorithmen können nur dann zum Ziel führen, wenn eine Lösung existiert, d.h. wenn es eine Hyperebene gibt, die die Mengen der Merkmalsvektoren der positiven und negativen Muster trennt. Wenn keine solche Hyperebene existiert, terminieren die Lernverfahren nicht.

Insgesamt läßt sich sagen:

Die **Hebb-Regel** korrigiert jede Perzeptroneinstellung gemäß dem vorliegenden Beispiel ohne Berücksichtigung der Qualität der Berechnung. Bei der Hebb-Regel genügt ein Durchlauf durch alle Muster (one-shot-learning, vgl. Aufgabe 6d).

Die **Perzeptronregel** beschränkt sich darauf, falsch klassifizierte Einstellungen zu korrigieren. Man kann beweisen, daß sie immer zum Ziel führt, wenn eine Lösung existiert.

Die **Deltaregel** korrigiert in denselben Fällen wie die Perzeptronregel die Gewichte des Perzeptrons; hier wird jedoch das Δ an die Erfordernisse angepaßt und dadurch sowohl eine unzureichende als auch eine übertriebene Korrektur vermieden. Wie die Perzeptronregel findet sie immer eine Lösung, sofern eine existiert.

Aufgabe 5   Deltaregel

Beweisen Sie durch Induktion, daß die Anzahl der benötigten Lernschritte bei der Deltaregel unabhängig von ε ist. Zeigen Sie hierzu, daß gilt $\mathbf{w}^\varepsilon(t) = \varepsilon\, \mathbf{w}^1(t)$, sofern $\mathbf{w}^\varepsilon(0) = \mathbf{w}^1(0) = \mathbf{0}$ ($\mathbf{w}^\varepsilon(t)$ ist der Gewichtsvektor im t-ten Schritt für $\varepsilon>0$).

Aufgabe 6   Lernbare Probleme

Zeigen Sie, daß
a)   die Hebb-Regel bei Startvektor $\mathbf{w}(0) = (0,...,0)$ orthogonale Muster in einem Durchlauf lernt,
b)   die Perzeptronregel linear unabhängige Muster stets lernt,
d)   linear unabhängige Muster existieren, die die Hebb-Regel nicht lernt,
d)   bei Startvektor $\mathbf{w}(0) = (0,...,0)$ für die Hebb-Regel gilt, daß der Gewichtsvektor $\mathbf{w}(k)$ nach k Durchläufen gleich dem k-fachen von $\mathbf{w}(k)$ ist: $\mathbf{w}(k) = k\,\mathbf{w}(1)$. Das heißt, das Perzeptron hat das gleiche Verhalten wie bereits nach einem Durchlauf.

Das Lern-Moment

Unter Momenten versteht man Modifizierungen von Lernverfahren, die bestimmte Trends bei der Korrektur erkennen und verstärken. Ein Moment hat also ein Gedächtnis über die letzten Korrekturen und verstärkt eine neue Korrektur, wenn sie in dieselbe Richtung zielt. Dies kann zu einer Verringerung des Lernaufwandes führen, muß aber nicht. Bei jeder Änderung des Gewichtsvektors wird der ermittelte Trend mit einem Parameter α multipliziert und bei der Korrektur zusätzlich auf den Vektor $(w_1,...,w_n,\theta)$ addiert wird. Der Trend wird hierbei als der letzte Update gewählt, d.h. der Schritt (3) des Lernverfahrens ist jetzt modifiziert zu:

$$(3) \qquad \mathbf{w}(t+1) := \mathbf{w}(t) + \Delta\, \mathbf{x}(t) + \alpha\, (\mathbf{w}(t) - \mathbf{w}(t-1))$$

Oft wird der Parameter α dann das Lernmoment genannt. Bei $\alpha > 0$ wird mit Moment gelernt, bei $\alpha = 0$ wird ohne Lernmoment gelernt.

Normierung der Muster

Lernverfahren wie die Perzeptronregel sind in der Konvergenzgeschwindigkeit stark abhängig davon, daß die zu lernenden Vektoren ungefähr die gleiche Größe haben. Muster, die betragsmäßig groß sind, verändern den Gewichtsvektor stark, wogegen „kleine" Muster nur kleine Änderungen in einem Lernschritt zur Folge haben. Dieses kann bis zu einem bestimmten Grad durch eine Normierung der Muster ausgeglichen werden. Dabei werden anstelle der ursprünglichen Muster x die normierten Muster $\frac{x}{\|x\|}$ gelernt. Mögliche Normen sind z.B. die

$$\text{die Summennorm} \qquad \|x\| = |x_0| + |x_1| + .. + |x_{11}|$$

$$\text{die euklidsche Norm} \qquad \|x\| = \sqrt{x_0{}^2 + x_1{}^2 + .. + x_{11}{}^2}$$

$$\text{oder die Maximumsnorm} \qquad \|x\| = \text{Max}\{|x_0|, |x_1|, .., |x_{11}|\}$$

Da bei der Berechnung der Schrittweite der Deltaregel schon eine Normierung enthalten ist (nämlich die euklidsche Norm), ist hier eine Normierung nicht notwendig.

3 Versuchsumgebung

Der Versuch dient dazu, einen Überblick über die Möglichkeiten und Grenzen eines solchen Perzeptrons in der graphischen Bildverarbeitung zu verschaffen. Das verwendete Perzeptron verarbeitet Bilder in Form einer Matrix (e_{ij}) aus 11×11 Pixeln. Die Pixel e_{ij} bilden die Eingabe des Perzeptrons. Die Merkmale sind entsprechend dem Gruppen-Invarianz-Theorem von Minsky und Papert in Gruppen eingeteilt.

Die zugehörigen Masken sind die gleichen wie schon bei den vorangegangenen Aufgaben:

```
  1     2     3     4     5     6     7     8     9    10    11
 ++    ++    + -   - +   - -    +     +     -     -     +     -
 ++                              +     -     +     -
```

Für die praktischen Versuche steht das Programm **perceptron** zur Verfügung, das den Bildschirm (bzw. ein Fenster auf dem Bildschirm) in einen Kommandoteil und einen Anzeigeteil teilt. Im Kommandoteil können folgende Menüpunkte ausgewählt werden:

learn	stellt über drei Unterpunkte **delta_rule**, **hebb_rule** und **perc_rule** die Lernregeln Deltaregel, Hebb-Regel und Perzeptronregel zur Verfügung. Es werden jeweils **cycles** Lernzyklen ausgeführt (s. auch **set cycles**). Ein Lernzyklus entspricht einem Lerndurchgang durch alle Muster der Lernmenge. Bei der Perzeptronregel und der Deltaregel bricht der Lernvorgang ab, wenn sich die Gewichtseinstellung nicht mehr ändert, unter Angabe der benötigten Korrekturen und Lernzyklen. Mit **delta_rule**, **hebb_rule** und **perc_rule** werden die Gewichte nicht gelöscht, man kann also auch einen Lernvorgang fortsetzen. Wenn neu gelernt werden soll, muß das Perzeptron mit **reset** gelöscht werden.

norm	Hiermit wird eingestellt, ob beim Lernen die Vektoren normiert werden und wenn ja, mit welcher Norm. Zur Auswahl stehen, **no_norm** (keine Normierung), **sum** (Summennorm), **euklid** (euklidsche Norm) und **maximum** (Maximumsnorm).
set	Änderung der Parametereinstellungen. Über diesen Menüpunkt können die Werte **cycles** (Anzahl der Lernzyklen beim Lernen) und **momentum** (Lernmoment) geändert werden. Lernmomente modifizieren die Lernverfahren dahingehend, daß bestimmte Trends verstärkt werden. Das beschleunigt in manchen Fällen die Lernverfahren. Die Einstellung 0.0 läßt das Lernverfahren unverändert, eine Einstellung >0 berücksichtigt den Trend proportional zur Einstellung. Das **momentum** sollte nicht größer als 0.95 gewählt werden.
pex, nex	Klassifikation der mittels **p<** und **p>** ausgewählten Bilder als positive oder negative Beispiele (**p**ositive **ex**ample, **n**egative **ex**ample) für das Perzeptron. Die jeweilige Klassifizierung wird bei der Auswertung des Bildes als Example-Type vorgegeben (+1 für positive, -1 für negative Beispiele, 0 für nicht betrachtete Bilder). **pex** ändert Example-Type von 0 nach +1 sowie von -1 nach 0, **nex** entsprechend von 0 nach -1 sowie +1 nach 0.
aex	**A**ll **ex**amples ordnet jedem Bild im Speicher die Beispielklassifikation zu, die dem derzeit vorliegenden Perzeptron entspricht. Löscht man hiernach das Perzeptron mittels **reset**, so kann man mit den Lernregeln ein neues Perzeptron trainieren, das alle Bilder entsprechend klassifiziert, und den Aufwand hierfür messen.
change_weight	Änderung der Gewichte für die einzelnen Masken. Gewicht 0 entspricht dem Threshold, 1-11 den Masken.
load	Laden einer Musterdatei mit Testbildern. In den meisten Versuchen werden die Bilder aus „bild.pic" untersucht.
lock, unlock	Sperren bzw. freigeben eines Gewichtes für den Lernvorgang. **lock** fixiert das ausgewählte Gewicht auf 0, es bleibt beim Lernvorgang unverändert. **unlock** macht dies rückgängig, das ausgewählte Gewicht wird wieder gelernt.
reset	Rücksetzen aller Gewichte auf 0 (einschließlich θ).
p<, p>	Auswerten eines Bildes durch das Perzeptron. Mit **p<** oder **p>** wird auf das vorhergehende bzw. das nachfolgende Bild umgeschaltet und dieses dann ausgewertet. Man kann diese Funktionen auch nutzen, um sich die Bilder anzusehen und für die Klassifikation auszuwählen.
perceptrons	Laden eines Beispiel-Perzeptrons, z.B. um anschließend mit **aex** die Bilder als positive oder negative Muster gemäß der Funktion des Perzeptrons zu kennzeichnen und dann nach den Mustern ein Perzeptron zu trainieren. Die von den Beispielperzeptronen erkannten Eigenschaften stammen aus den Aufgaben 1,...,4 und Versuch 2 und sind:

	1: „Mindestens gleich viele Pixel gesetzt wie nicht gesetzt"
	2: „Nur senkrechte Balken"
	3: „Nur waagerechte Balken"
	4: „Bei Rechtecken: mindestens 2 Pixel höher als breit"
	5: „Keine Pixel auf dem Bildrand gesetzt"
	6: „Komponentenzahl $\leq$ Löcherzahl + 1 „
file quit	Das Programm wird über das Kommando **quit** im **file** Menü beendet.
display	Dieses Menü wird in den Versuchen nicht benötigt.

Unter dem Kommandoteil des Programms befindet sich der Anzeigeteil. Hier werden unter den Masken die entsprechenden Gewichte (**weights**) angezeigt. Um auch große Werte darstellen zu können, werden die Gewichte manchmal skaliert angezeigt. Der Skalierungsfaktor wird als **scaling of weights** angegeben. In der Zeile **locked** wird angezeigt, ob Gewichte gesperrt wurden (1 = gesperrt, 0 = nicht gesperrt). **threshold** gibt den Schwellwert θ an. **cycles**, **executed cycles** und **executed corrections** geben die Zahl der Lernzyklen je Lerndurchlauf, die bisher durchgeführten Lernzyklen und die benötigten Korrekturen an. **norm** gibt an, ob und welche Normierung gewählt wurde. In der nächsten Zeile steht jeweils, ob das Perzeptron korrekt ist oder nicht.

Im unteren Teil der Anzeige wird jeweils ein mit den Kommandos **p>** (vorwärts) und **p<** (rückwärts) ausgewähltes Muster ausgewertet. Dazu wird der Faktor (nur relevant für Versuch 6), die Klassifizierung und die Bewertung des Musters durch das Perzeptron angegeben.

Bilder

Die Bilder befinden sich in der Datei „bild.pic". Sie sind zeilenweise abgespeichert, Zeilen werden mit „,", Bilder mit „;" und das letzte Bild mit „." abgeschlossen. Gesetzte Pixel werden mit „+", nicht gesetzte mit „-" markiert. Man kann auch eigene Bilder auf einem File, z.B. own.pic, definieren und laden mittels **load**.

4 Versuche

In Versuch 1 soll die Lösung der Aufgaben am Rechner überprüft werden. In den weiteren Versuchen wird das Perzeptrons nicht mehr von Hand eingestellt, sondern durch Lernverfahren. Es soll dabei ein Vergleich der Verfahren ermöglicht sowie ihre Reaktion auf die Anzahl der Gewichte (Freiheitsgrade) und ihre Leistungsfähigkeit im Vergleich zur Einstellung der Gewichte von Hand untersucht werden. Alle Versuche werden am Rechner bearbeitet.

Versuch 1   Überprüfung der Aufgaben

Testen Sie für die Aufgaben 1 bis 4, ob die Gewichtseinstellung korrekt ist. Verwenden Sie hierzu „bild.pic" (Stichproben genügen).

Versuch 2   Vergleich der Lernverfahren

a) Wählen Sie zwei Bilder aus, klassifizieren Sie eines positiv und eines negativ. Trainieren Sie diese nach jedem Lernverfahren und ermitteln Sie die Anzahl der Lernschritte bis zum Ergebnis.

Bildnummern: positives Muster: ____   negatives Muster: ____

Hebb-Regel ____   Perzeptronregel ____   Deltaregel ____

 b) Wählen Sie 4 Bilder so aus, daß sie von keinem Lernverfahren gelernt werden (Es gibt dann auch keine Lösung).

Bildnummern: positive Muster:____   negative Muster:____

 c) Wählen Sie 4 Bilder so aus, daß sie zwar von der Perzeptronregel oder von der Deltaregel gelernt werden, die Anwendung der Hebb-Regel aber das Lernergebnis wieder zerstört.

Bildnummern: positive Muster:____   negative Muster:____

d) Trainieren Sie **perceptrons 1** bis **5** mit Deltaregel und Perzeptronregel. Wählen Sie dazu aus dem Menüpunkt **perceptrons** jeweils das entsprechende Perzeptron, klassifizieren Sie alle Testbilder entsprechend mit **aex**, setzen Sie das Perzeptron zurück und lernen Sie es dann neu (**reset, learn delta_rule** bzw. **learn perc_rule**).

Anzahl der Lernzyklen:

perceptron	2	3	4	5
delta_rule	____	____	____	____
perc_rule	____	____	____	____

Versuch 3   Brauchbarkeit des Lernergebnisses

In diesem Versuch soll untersucht werden, wie brauchbar die Lernergebnisse sind. Entwerfen Sie in einer Datei own.pic eine Menge von Bildern, mit deren Hilfe man das Lernergebnis „Keine Pixel auf dem Rand" (Aufgabe 4c) überprüfen kann. Trainieren Sie mit den Bildern von bild.pic ein Perzeptron für diese Aufgabe und testen Sie das Perzeptron anschließend anhand von own.pic.

a) Editieren Sie own.pic und tragen Sie die Testbilder ein.

b) Lernen Sie anhand von bild.pic die Eigenschaft mit der Perzeptronregel (**load** bild.pic, **perceptrons 5, aex, reset, set cycles** 1000, **learn perc_rule**).

c) Laden Sie own.pic und bestimmen Sie nun (mit **p<, p>**) das Ergebnis:

Anzahl Bilder aus own.pic richtig klassifiziert: ______
Anzahl Bilder aus own.pic falsch klassifiziert: ______
Ihr Urteil über das Ergebnis:____

____

____

d) Perzeptron 2 und 3 sind gleich schwierig, denn die geforderte Klassifikation von Perzeptron 3 auf einem Bild X ist gleich der Klassifikation von Perzeptron 2 auf Bild sp(X) mit sp(X) = Spiegelung von X an der Diagonale (und umgekehrt). Trotzdem gibt es z.T. große Unterschiede, z.B. wenn man Perzeptron 2 und Perzeptron 3 mit der Deltaregel bei Lernmoment 0.0 lernen läßt. Wodurch erklärt sich dieser Unterschied:

____

____

Versuch 4   Das Lern-Moment

Dieser Versuch soll den Einfluß eines Lern-Moments auf das Lernverhalten der Perzeptron-regel für die durch die ersten vier Beispiel-Perzeptrone gegebenen Bild-Deklarationen unter-suchen. Mit **Learn-moment** wird eine Zahl eingegeben, die mit dem ermittelten Trend mul-tipliziert und bei der Korrektur zusätzlich auf den Vektor $(w_1,..,w_n,\theta)$ addiert wird.

a) Vorbereitungen: Laden Sie bild.pic und setzen Sie cycles auf 1000 (**load** bild.pic, **set cycles** 1000).

b) Trainieren Sie die durch die Perzeptrone 1 bis 6 gegebenen Probleme mit der Perzeptronre-gel und den Lernmomenten 0.0, 0.3, 0.6 und 0.9 (**perceptrons, aex, reset, set momentum, learn perc_rule**). Wieviele Lernschritte sind jeweils nötig?

perceptrons **momentum**		PE1	PE2	PE3	PE4	PE5	PE6
	0.0	__	__	__	__	__	__
	0.3	__	__	__	__	__	__
	0.6	__	__	__	__	__	__
	0.9	__	__	__	__	__	__

c) Was ist der erkennbare Trend?

____

d) Welche Ausnahmen gibt es von diesem Trend, wie sind diese zu begründen?

____

____

Versuch 5   Lerngeschwindigkeit und Freiheitsgrade

Bei schwierigen Versuchen hat die Anzahl der Parameter, die eingestellt werden müssen, großen Einfluß auf die Lerngeschwindigkeit. Die Information, daß bestimmte Gewichte nicht benötigt werden, macht den Suchraum kleiner und eventuell das Lernverfahren schneller. Daher können solche Gewichte mit dem Befehl **lock** gesperrt werden.
Dies läßt sich mit dem durch **perceptrons 6** gegebenen Perzeptron gut zeigen. Ein hohes Lernmoment vereinfacht bereits die schwierige Aufgabe, nun soll eine weitere Vereinfachun-gen durch das Sperren von Gewichten erzielt werden. Es können natürlich nur solche Ge-wichte gesperrt werden, die in dem vorgegebenen Perzeptron auf 0 liegen.

a) Laden und deklarieren Sie alle Bilder von bild.pic bezüglich des sechsten Beispielper-zeptrons mit den Befehlen **load, perceptrons** 6, **aex, reset.** Stellen Sie das Lernmoment auf 0.95 ein (**set momentum**)

b) Sperren Sie alle angegebenen Gewichte und bestimmen Sie mit der Perzeptronregel (**learn perc_rule**) die Anzahl der Lernzyklen und Korrekturen:

0) keine	Lernzyklen ___	Korrekturen ___
1) w_3	Lernzyklen ___	Korrekturen ___
2) $w_3 - w_4$	Lernzyklen ___	Korrekturen ___
3) $w_3 - w_5$	Lernzyklen ___	Korrekturen ___
4) $w_3 - w_5, w_7$	Lernzyklen ___	Korrekturen ___
5) $w_3 - w_5, w_7 - w_8$	Lernzyklen ___	Korrekturen ___
6) $w_3 - w_5, w_7 - w_9$	Lernzyklen ___	Korrekturen ___
7) $w_3 - w_5, w_7 - w_9, w_{11}$	Lernzyklen ___	Korrekturen ___

c) Was ist der erkennbare Trend?

____

____

d) Wodurch erklären sich die Unregelmäßigkeiten?

____

____

Versuch 6   Lernen mit und ohne Normierung

Lernverfahren wie die Perzeptronregel sind abhänging davon, daß die zu lernenden Vektoren ungefähr die gleiche Größe haben. Dies kann durch eine Normierung erzwungen werden. Da die Daten von „bild.pic" nach der Vorverarbeitung auch ohne Normierung bereits in gleicher Größenordnung liegen, wird hier eine Datei „quad.pic" verwendet, in der bestimmte Steuerbefehle zur Multiplikation der Vorverarbeitungsergebnisse mit Skalarfaktoren führen, d.h. die Daten gezielt ungleichmäßig machen.

Aufgabe dieses Versuches ist es, diese Vektoren mit den verschiedenen Normen zu lernen und die Konvergenzzeiten zu vergleichen. Dabei sollen die Perzeptrone 2 bis 4 gelernt werden:

> Voreinstellung: **load** quad.pic, **set cycles** 1000
> Kommandos: **perceptrons, aex, reset, learn**
> Umschaltung zwischen den Normen mit **norm**, Lernen mit **perc_rule**
> bzw. **delta_rule**

Tragen Sie die Anzahl der benötigten Lernzyklen in folgende Tabelle ein:

Norm:	keine	Summen	Euklid	Maximum
perc_rule, momentum= 0.0	___	___	___	___
perc_rule, momentum= 0.9	___	___	___	___
delta_rule, momentum=0.0	___	___	___	___

Ihre Meinung zu den Ergebnissen:

____

____

____

Versuch 7   Zusammenhang

Eine Figur eines Bildes heißt zusammenhängend, wenn je zwei Pixel durch einen Pfad verbunden werden können, der nur über Pixel der Figur führt und von einem Pixel stets zu einem waagerecht oder senkrecht benachbarten Pixel übergeht.

Beispiele:

zusammenhängend   nicht zusammenhängend

A) + + +   B) + + -   C) + - -   D) + - +
   + + +   - + +   - - +   - + -

a) Lernen Sie eine Gewichtung mit der Perzeptron-Lernregel und Moment 0.9 so, daß das Perzeptron alle zusammenhängenden Bilder aus „bild.pic" erkennt.

b) Bekanntermaßen gibt es kein durchmesserbeschränktes Perzeptron, das den Zusammenhang entscheiden kann. Konstruieren Sie ein Bild, das von dem trainierten Perzeptron nicht richtig klassifiziert wird.

5 Lösungen

Aufgaben 1 bis 4

Untenstehende Tabelle enthält für jede Aufgabe eine mögliche Perzeptron-Einstellung. Diese ist jedoch nicht eindeutig, sondern es können stets verschiedene Einstellungen gefunden werden.

Pixel	w_1	w_2	w_3	w_4	w_5	w_6	w_7	w_8	w_9	w_{10}	w_{11}	θ
	++	++	+ -	- +	- -	+	+	-	-	+	-	
	++					+	-	+	-			
A1)	0	0	0	0	0	0	0	0	0	+1	-1	+10
A2a)	0	0	0	0	0	0	-1	-1	0	0	0	0
A2b)	0	0	-1	-1	0	0	0	0	0	0	0	0
A2c)	0	0	-1	-1	0	0	-1	-1	0	0	0	0
A3a)	0	+1	0	0	0	-1	0	0	0	0	0	+2
A3b)	0	-1	0	0	0	+1	0	0	0	0	0	+1
A3c)	+3	-1	0	0	0	-1	0	0	0	0	0	0
A4a)	0	-2	0	0	0	-2	0	0	0	+4	0	0
A4b)	0	0	0	0	-2	0	0	0	-2	0	+4	0
A4c)	0	-2	-1	-1	0	-2	-1	-1	0	+4	0	+1

Anmerkungen zu Aufgabe 3:
Bei Rechtecken mit n Pixeln, einer Höhe h und einer Breite b entspricht die Eingabe an Gewicht 2 dem Wert n-h und die Eingabe an Gewicht 6 dem Wert n-b. Somit testet das angegebene Perzeptron für Aufgabe 3a) n-h - (n-b) = b-h $\geq$ 2. Das Perzeptron aus Aufgabe 3b) testet entsprechend h-b $\geq$ 1. Das Perzeptron in 3c) testet (h-2)(b-2) $\geq$ 1.

Aufgabe 5   Deltaregel

Beweisen Sie durch Induktion, daß die Anzahl der benötigten Lernschritte bei der Deltaregel unabhängig von ε ist. Zeigen Sie hierzu, daß gilt $\mathbf{w}^\varepsilon(t) = \varepsilon \, \mathbf{w}^1(t)$, sofern $\mathbf{w}^\varepsilon(0) = \mathbf{w}^1(0) = \mathbf{0}$ ($\mathbf{w}^\varepsilon(t)$ ist der Gewichtsvektor im t-ten Schritt für $\varepsilon > 0$).

$$\min \{\Delta: \text{Gewichtsvektor } (\mathbf{w}+\Delta \, \mathbf{x}) \text{ klassifiziert } \mathbf{x} \text{ richtig}\} = - \frac{\mathbf{w}*\mathbf{x}}{\mathbf{x}*\mathbf{x}}$$

Induktionsschritt:

$$\mathbf{w}^\varepsilon(t+1) \quad = \mathbf{w}^\varepsilon(t) = \varepsilon \, \mathbf{w}^1(t) = \varepsilon \, \mathbf{w}^1(t+1), \text{ falls } \mathbf{x} \text{ richtig klassifiziert, sonst:}$$

$$\mathbf{w}^\varepsilon(t+1) \quad = \mathbf{w}^\varepsilon(t) + (\varepsilon - \frac{\mathbf{w}^\varepsilon(t)*\mathbf{x}}{\mathbf{x}*\mathbf{x}}) \, \mathbf{x}$$

$$= \varepsilon \, \mathbf{w}^1(t) + (\varepsilon - \varepsilon \, \frac{\mathbf{w}^1(t)*\mathbf{x}}{\mathbf{x}*\mathbf{x}}) \, \mathbf{x} = \varepsilon \, \mathbf{w}^1(t+1)$$

Aufgabe 6   Lernbare Probleme

a) Sei die Mustermenge M = $\{\mathbf{x}^1, \mathbf{x}^2, ..., \mathbf{x}^p\}$ zu lernen.

Gemäß Hebb-Regel gilt $\mathbf{w} = \sum_{i=1}^{p} \mathbf{x}^i$.

Daraus folgt $\mathbf{w}*\mathbf{x}^j = \sum_{i=1}^{p} \mathbf{x}^i*\mathbf{x}^j = \mathbf{x}^j*\mathbf{x}^j > 0$.

b) Sei die Mustermenge $M = \{x^1, x^2,...,x^p\}$ linear unabhängig. Daraus folgt: Das Gleichungssystem $(x^1, x^2,...,x^p)\, w = (1,1,..,1)^T$ besitzt eine Lösung w. Für diese gilt $x^i * w = 1 > 0$, also existiert eine Lösung und folglich wird eine mit der Perzeptronregel gefunden.

c) Sei die Mustermenge $M = \{(1,-1), (1,5)\}$.
Daraus folgt $w = (2,4)$ und folglich $(1,-1) * w = -2 < 0$!

d) Bei Startvektor $w(0) = (0,...,0)$ für die Hebb-Regel gilt, daß der Gewichtsvektor $w(k)$ nach k Durchläufen gleich dem k-fachen von $w(k)$ ist: $w(k) = k\ w(1)$. Beweis durch vollständige Induktion:

$$\text{Induktionsanfang: } w(1) = 1\ w(1) = \sum_{i=1}^{p} x^i \ \ (\text{vgl.a})$$

$$\text{Induktionsschluß: } w(k+1) = w(k) + \sum_{i=1}^{p} x^i = k\ w(1) + \sum_{i=1}^{p} x^i = (k+1) \sum_{i=1}^{p} x^i$$

Versuch 2 Vergleich der Lernverfahren

a) Für die ersten beiden Bilder ergibt sich:

Bildnummern:	positive Muster: 0	negative Muster: 1
Hebb-Regel: 1	Perzeptronregel: 2	Deltaregel: 2

b) Für folgende vier Bilder gibt es keine Lösung:

Bildnummern: positive Muster: 8, 25 negative Muster: 7, 26

c) Folgende vier Bilder werden zwar von der Perzeptronregel oder der Deltaregel gelernt, nicht aber von der Hebb-Regel.

Bildnummern: positive Muster: 0,3   negative Muster: 1,2

d) Anzahl der Lernzyklen:

perceptron	PE2	PE3	PE4	PE5
delta_rule	170	31	101	881
perc_rule	45	30	48	1175

Versuch 3 Brauchbarkeit des Lernergebnisses

In diesem Versuch sollte untersucht werden, wie brauchbar die Lernergebnisse sind. Das Ergebnis ist von den eigenen Testbildern stark abhängig. Im allgemeinen gilt jedoch, daß die gestellte Aufgabe nur annähernd und nicht exakt gelernt wird, daher ist es möglich, Bilder zu konstruieren, die falsch klassifiziert werden.
Der Unterschied zwischen dem Lernaufwand für Perzeptron 2 und 3 beruht nur auf den ausgewählten Beispielbildern, die diese Eigenschaften unterschiedlich gut repräsentieren. Bei entsprechend symmetrischen Bildern tritt er nicht auf.

Versuch 4 Das Lern-Moment

Die Tabelle hat folgende Einträge:

momentum	1	2	3	4	5	6
0.000	2	45	30	48	1175	3190
0.150	2	18	47	17	600	3849
0.300	3	22	33	81	614	3023
0.450	2	36	28	58	283	2755
0.600	2	37	14	49	178	2709
0.750	3	32	36	17	114	1788
0.900	2	23	16	20	61	1158

Lern-Momente beschleunigen das Lernverfahren für schwer zu lernende Daten-mengen. Insgesamt sind größere Lernmomente etwas günstiger als kleine. Es gibt jedoch starke statistische Schwankungen, die insbesondere sehr günstiges Lernverhalten zerstören können. Im allgemeinen sind jedoch große Lernmomente zwischen 0.800 und 0.950 stets besser als 0.000; man darf jedoch nicht zu nahe an 1.000 herangehen.

Zur Veranschaulichung sollte man sich das Lernmoment wie eine Art Gedächtnis über die letzten Änderungen vorstellen. Damit dieses Gedächtnis eine positive Wirkung hat, sollte es über mehrere Änderungen hinwegreichen. Bei einem Moment m geht dabei eine n Änderungs-Schritte zurückliegende Änderung mit dem Faktor m^n in das Gedächtnis ein, für n=4 und m=0.6 ist m^n bereits 0.1116. Diese Überlegungen zeigen, daß man das Lernmoment nicht zu klein wählen darf, damit es einen über mehrere Änderungsschritte gewichteten Effekt hat. Man darf es jedoch auch nicht zu groß wählen, da ein Lernmoment 1.0 bereits keine Information mehr aus dem Gedächtnis löscht. Lernmomente größer als 1.0 verstärken das Gedächtnis an Änderungen, je weiter sie zurückliegen; daher sind solche Lernmomente nicht erlaubt.

Versuch 5 Lerngeschwindigkeit und Freiheitsgrade

In diesem Versuch werden zwei gegenläufige Trends beobachtet:

a) Mit einer Reduzierung der Anzahl der Gewichte wird der Suchraum verkleinert. Eine Lösung muß aus einer geringeren Anzahl von Möglichkeiten ausgewählt werden und ist daher leichter zu finden. Dadurch wird die Lernzeit erniedrigt.

b) Mit einer Reduzierung der Anzahl der Gewichte wird der Lösungsraum verkleinert. Damit wird die Möglichkeit, eine richtige Lösung zu treffen, reduziert und die Lernzeit erhöht. Beide Trends greifen ineinander und machen sich je nach Parametereinstellung unterschiedlich stark bemerkbar. In diesem Beispiel setzt sich Trend a) stärker durch, was nicht immer so ist. Folgende Tabelle gibt einen Überblick:

0) keine	Lernzyklen	695	Korrekturen	5100
1) w_3	Lernzyklen	833	Korrekturen	5526
2) w_3 - w_4	Lernzyklen	1261	Korrekturen	8525
3) w_3 - w_5	Lernzyklen	964	Korrekturen	6350
4) w_3 - w_5, w_7	Lernzyklen	1114	Korrekturen	6919
5) w_3 - w_5, w_7 - w_8	Lernzyklen	725	Korrekturen	5102
6) w_3 - w_5, w_7 - w_9	Lernzyklen	648	Korrekturen	4490
7) w_3 - w_5, w_7 - w_9, w_{11}	Lernzyklen	444	Korrekturen	2746

Versuch 6   Lernen mit / ohne Normierung

Die Tabelle wird wie folgt ausgefüllt:

Aufgabenstellung	keine Norm	Summen-N	Euklid-N.	Max.-N.
perc_rule, momentum = 0.0	2206	858	1003	1443
perc_rule, momentum = 0.9	2201	37	50	41
delta_rule, momentum = 0.0	622	453	788	852

Es zeigt sich, daß die Perzeptronregel wesentlich stärker davon abhängt, wie die Daten normiert sind, als die Deltaregel. Die hier vorliegenden Daten sind so stark gestört, daß ohne Normierung selbst ein Lernmoment von 0.900 keine Verbesserung bringt.

Versuch 7   Zusammenhang

Folgendes Bild wird fälschlicherweise als zusammenhängend angenommen:

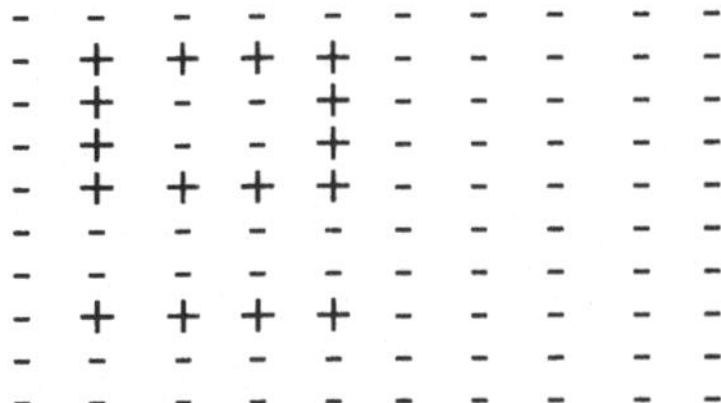

Grundprinzip:

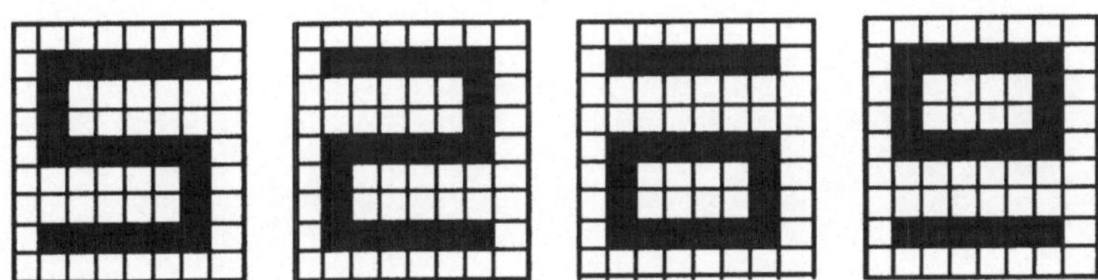

Alle Perzeptrons, die (k-2)-durchmesserbeschränkt sind (k = Breite der Figur) können höchstens 3 der obigen Muster richtig klassifizieren. Beweisskizze: Bei einem durchmesserbeschränkten Perzeptron können wir die Prädikate in 3 Gruppen zusammenfassen: Gruppe L bzw. R sind die Prädikate, die Pixel auf dem linken bzw. rechten Rand der Figur enthalten und die restlichen in Gruppe REST. O.B.d.A. ist die Gruppe REST leer, da sich die 4 Bilder nur am linken bzw. rechten Rand unterscheiden, folglich die Auswertung auf der Gruppe REST bei allen 4 Bildern identisch ist und damit dieser Beitrag bei der Auswertung nur einer Veränderung der Schwelle entspricht. Bleiben also die beiden Gruppen L und R. Kodieren wir nun die Lage des Vertikalstrichs am Rand der Figur mit 1 für oben und 0 für unten jeweils für Gruppe L und R, dann gilt:

          10 und 01 sind zusammenhängend

und   00 und 11 sind nicht zusammenhängend.

Damit läßt sich der Beweis auf das XOR-Problem zurückführen, das nicht von einem Perzeptron gelöst werden kann:

Wenn ein Perzeptron mit Gewichten w_1, w_2 und Schwelle θ existiert, das das XOR-Problem löst, dann muß gelten

$$w_1 < \theta \quad \text{und} \quad w_2 < \theta \qquad \text{, da XOR(1,0) = XOR(0,1) = 0 und}$$
$$0 > \theta \quad \text{und} \quad w_1 + w_2 > \theta \qquad \text{, da XOR(0,0) = XOR(1,1) = 1.}$$

Aus $\theta < w_1 + w_2 < 2\theta$ folgt $\theta > 0$, was aber im Widerspruch zu $\theta < 0$ steht. Somit kann es kein solches Perzeptron geben.

Kapitel 3

Assoziative Speicher – Palm-Netze

1 Einführung

Bei assoziativer Speicherung wird nicht über Adressen auf die gespeicherte Information zugegriffen, sondern diese über eine Funktion berechnet, der man an bestimmten Stellen die Werte vorschreibt. Ähnlich wie bei der Interpolation eines Polynoms lernt der Speicher p Paare $(\mathbf{x}^k,\mathbf{y}^k)$ von Schlüsseln $\mathbf{x}^k$ und Werten $\mathbf{y}^k$ und baut dann eine Gesamtfunktion auf, die nach Möglichkeit zu jedem eingegebenen Schlüssel $\mathbf{x}^k$ die richtige Antwort $\mathbf{y}^k$ findet. Man erwartet dabei, daß nicht nur die gelernten Schlüssel $\mathbf{x}^k$ erkannt werden, sondern auch für Schlüssel $\mathbf{x}$, die einem $\mathbf{x}^k$ ähnlich sind, Ergebnisse geliefert werden, die zu $\mathbf{y}^k$ ähnlich (interpolativ) oder nach Möglichkeit auch gleich sind (accretiv).

Eine einfache Möglichkeit, einen accretiven Assoziativspeicher zu realisieren, besteht darin, die Assoziationen $(\mathbf{x}^k,\mathbf{y}^k)$ in Form einer Tabelle zu speichern und gemäß einer Metrik (Abstandsfunktion) d einer Eingabe $\mathbf{x}$ jeweils das $\mathbf{x}^k$ zuzuordnen, das $\mathbf{x}$ am nächsten ist: $d(\mathbf{x},\mathbf{x}^k)=\text{Min}\{d(\mathbf{x},\mathbf{x}^h): h=1..p\}$. $\mathbf{y}^k$ ist dann der zu $\mathbf{x}$ assoziierte Wert. Für bipolare Vektoren aus $\{-1,1\}^n$ kann man z.B. die Hamming-Distanz als Metrik wählen, die die Anzahl der unterschiedlichen Stellen mißt:

$$d(\mathbf{x},\mathbf{z}) = |x_1\text{-}z_1|/2 + |x_2\text{-}z_2|/2 + .. + |x_n\text{-}z_n|/2.$$

Einen solchen Assoziator nennt man ***Hamming-Assoziator***. Diese Metrik läßt sich mit einem linearen Neuron berechnen:

$$d(\mathbf{x},\mathbf{z}) = (\mathbf{x}\text{-}\mathbf{z})*(\mathbf{x}\text{-}\mathbf{z})\,/\,4 = (\mathbf{x}*\mathbf{x}+ \mathbf{z}*\mathbf{z} - 2\mathbf{x}*\mathbf{z})\,/\,4 = (n - \mathbf{x}*\mathbf{z})\,/\,2.$$

D.h. insbesondere, das Skalarprodukt $\mathbf{x}*\mathbf{z}$ ist ein *Ähnlichkeit*smaß, das negativ korreliert mit dem Abstandsmaß $d(\mathbf{x},\mathbf{z})$ ist. Folglich ist die Bedingung $d(\mathbf{x},\mathbf{x}^k)=\text{Min}\{d(\mathbf{x},\mathbf{x}^h): h=1..p\}$ äquivalent zu $\mathbf{x}*\mathbf{x}^k=\text{Max}\{\mathbf{x}*\mathbf{x}^h: h=1..p\}$.

Wenn wir also jedem Eingabemuster $\mathbf{x}^k$ ein Neuron k mit Gewichtsvektor $\mathbf{w}^k = \mathbf{x}^k$ zuordnen, dann berechnen diese Neuronen parallel die Ähnlichkeitsmaße zu den gelernten Eingabemustern. Durch eine inhibitorische Kopplung der Neuronen können wir erreichen, daß nur das Neuron k mit der stärksten Aktivierung $\mathbf{x}*\mathbf{w}^k = \mathbf{x}*\mathbf{x}^k$ aktiv bleibt und die anderen unterdrückt (s. Kapitel Klassifikatoren). Wenn wir nun diese Neuronen so mit der Ausgabeschicht verschalten, daß ein aktiviertes Neuron k das Muster $\mathbf{y}^k$ an die Ausgabe schickt (Verbindungsgewichte jeweils $w_{ik} = y_{ki}$), dann realisiert dieses Netz einen Hamming-Assoziator. Wir bezeichnen es im folgenden als ***Hamming-Netz***. Es hat eine sogenannte „winner-takes-all"-Zwischenschicht zur Maximumsfindung. Ansätze dieser Art werden wir noch im Kapitel Klassifikatoren näher untersuchen, hier dient es nur als Vergleichsmaßstab.

Eine andere Form von Assoziativspeicher bietet die Interpolation. Hierbei konstruiert (bzw. lernt) man eine Funktion, die an den Stützstellen $\mathbf{x}^k$ möglichst genau $\mathbf{y}^k$ ausgibt. Wenn diese Funktion einigermaßen kontinuierlich ist und genügend Stützstellen vorhanden sind, kann man hoffen, daß sie in sinnvoller Weise interpoliert.

Allgemein können die Ein- und Ausgabebereiche kontinuierlich sein, etwa $[0,1]^n$. Dieser Fall wird in den beiden Kapiteln zu Backpropagation ausführlich behandelt. Hier wollen wir uns auf den diskreten Fall beschränken mit $\{0,1\}^n$ bzw. $\{-1,1\}^n$. Einen Spezialfall mit Ausgabedimension 1 haben wir bereits in dem Kapitel zum Perzeptron näher untersucht. Hierbei wurde mit der Eingabe jeweils die Antwort 1 für „positiv, gehört zur Klasse" bzw. 0 für „negativ, gehört nicht zur Klasse" assoziiert.

Ein Assoziationsproblem mit Ausgabedimension m läßt sich auf diesen Spezialfall reduzieren, indem man jede Ausgabekomponente separat betracht. Damit erhält man m Assoziationsprobleme mit Ausgabedimension 1 der Art: „Assoziiere jeweils nur die i-te Komponente". Da jede Lösung für das volle Assoziationsproblem auch eine Lösung für jede Teilkomponente beinhaltet, sind diese Assoziationsprobleme mit Ausgabedimension 1 jeweils höchstens gleich schwer.

Dementsprechend besteht, aufbauend auf unser Wissen aus dem Kapitel zum Perzeptron ein Lösungsansatz darin, m Perzeptrone parallel zu verwenden (für jede Ausgabekomponente eines) und unabhängig voneinander einzutrainieren. Die einfachste Lernregel war die Hebb-Regel, die nur einen Durchlauf durch die Trainingsmenge benötigt. Der zugehörige Assoziator heißt **_Hebb-Assoziator_** (kurz **_Hebb-Netz_**). Wie bereits im Kapitel zum Perzeptron bemerkt, ist bei Hebbschem Lernen korrektes Assoziieren nur für orthogonale Eingabemuster garantiert.

Bezeichnen wir die Gewichtsmatrix für den Hebb-Assoziator mit H, so ist sie (nach einmaligem Durchlauf durch die Lernmenge) wie folgt definiert:

Hebbsche Lernregel beim Hebb-Netz:

$$H_{ij} = \sum_{k=1}^{p} y_{ki} \cdot x_{kj}$$

oder kurz: $\mathbf{H} = \mathbf{Y} * \mathbf{X}^T$ mit $\mathbf{X} = (\mathbf{x}^1,..,\mathbf{x}^p)$ und $\mathbf{Y} = (\mathbf{y}^1,..,\mathbf{y}^p)$

Hierbei verwendet man die Konventionen $\mathbf{x}^k = (x_{k1}, x_{k2},.., x_{kn}) \in \{-1,1\}^n$ und $\mathbf{y}^k = (y_{k1}, y_{k2},.., y_{km}) \in \{-1,1\}^m$. Die Leistungsfähigkeit dieses Assoziators läßt sich durch die Perzeptron-Lernregel verbessern, die stets eine Lösung findet, wenn überhaupt eine existiert (s. Kapitel zum Perzeptron). Damit ist insbesondere nicht nur für orthogonale, sondern auch für linear unabhängige Eingabemuster eine Lösung garantiert. Allerdings ist dieses Lernverfahren aufwendiger, da es im schlimmsten, aber glücklicherweise sehr seltenen Fall exponentiell viele Lernschritte benötigt.

Obwohl dieser Assoziator von der Struktur her sehr einfach ist, sind die ganzzahligen Gewichte das Hauptproblem bei der neuronalen bzw. hardwaretechnischen Realisierung. Eine naheliegende, radikale Vereinfachung wäre, die Gewichte auf die Menge $\{0,1\}$ zu beschränken, denn damit könnte man sie als einfache Schalter realisieren. Dieser Ansatz wurde bereits in den sechziger Jahren bei der Lernmatrix von Karl Steinbuch verwendet.

Im folgenden werden wir dieses Modell als *Palm-Netz* bezeichnen zu Ehren von Günther Palm, der es sehr detailliert theoretisch analysiert hat und auch heute noch in aktuellen Forschungsvorhaben praktisch einsetzt.

Während zur Beschreibung des Hebb-Assoziators die lineare Algebra verwendet wird, eignet sich für das Palm-Netz die Boolesche Algebra. Die Vektoren sind deshalb aus $\{0,1\}^n$ (Eingabe) bzw. $\{0,1\}^m$ (Ausgabe), und die Hebbsche Lernregel transformiert sich wie folgt ($\vee$ entspricht $+$ und $\wedge$ entspricht $\cdot$):

Hebbsche Lernregel beim Palm-Netz:

$$P_{ij} = \bigvee_{k=1}^{p} (y_{ki} \wedge x_{kj})$$

Der Unterschied der beiden Lernregeln für das Hebb-Netz und das Palm-Netz besteht in zwei Punkten: 1. Beim Palm-Netz werden nur Korrelationen von „1en", nicht aber von „0en" berücksichtigt ($y_{ki} = x_{k,j} = 1$), während beim Hebb-Assoziator beide Korrelationen gleichbedeutend sind ($y_{ki} = x_{k,j} = 1$ oder $y_{ki} = x_{k,j} = -1$). 2. Beim Palm-Netz wird nur registriert, ob überhaupt eine Korrelation besteht, während beim Hebb-Netz deren Anzahl gezählt wird (abzüglich der negativen Korrelationen, etwa $y_{k,i} = -x_{k,j}$).

2 Funktionsweise des Palm- und Hebb-Netzes

Für das Verfahren von Palm geht man von $\{0,1\}$-wertigen Vektoren $\mathbf{x}$ der Länge n aus. Beim Verfahren von Hebb verwendet man Vektoren $\mathbf{x}'$ mit dem Wertebereich $\{-1,1\}$, was die Notation vereinfacht. Man kann jedoch auch hier $\{0,1\}$-wertige Vektoren verwenden. Hierzu rechnet man $\mathbf{x}$ und $\mathbf{x}'$ mittels linearer Operatoren ineinander um: $x'_i = 2 \cdot x_i - 1$ bzw. $x_i = 0.5 \cdot x'_i + 0.5$. Die Hebb-Regel transformiert sich dann entsprechend:

$$H'_{i,j} = \sum_{k=1}^{p} (2 \cdot y_{k,i} - 1) \cdot (2 \cdot x_{k,j} - 1)$$

Die Verfahren von Palm und Hebb arbeiten mit m×n-Matrizen $\mathbf{P}$ bzw. $\mathbf{H}$ (n ist die Länge der $\mathbf{x}$-, m die Länge der $\mathbf{y}$-Vektoren), deren Elemente aus $\{0,1\}$ bzw. der Menge der ganzen Zahlen sind. Man bildet zuerst den Vektor $\mathbf{z} = \mathbf{P} * \mathbf{x}$ bzw. $\mathbf{z}' = \mathbf{H} * \mathbf{x}'$ und vergleicht dann alle Komponenten mit einem Wert c. Jeder Komponente von $\mathbf{z}$ bzw. $\mathbf{z}'$, die $\geq c$ ist, ordnet man in dem Ergebnisvektor $\mathbf{y}$ eine 1 zu, den anderen eine 0. Beim Hebb-Verfahren ist c=0 bzw. c=1 (je nachdem, ob man die Nullen aus $\mathbf{z}'$ dem positiven oder dem negativen Bereich zuschlagen will), bei der Standardversion des Palm-Verfahrens ist c der maximale Wert einer Komponente von $\mathbf{z}$. Als abkürzende Schreibweise sei für einen Vektor $\mathbf{z}$ der Ausdruck $(\mathbf{z} \geq c)$ als Vektor definiert, für dessen Komponenten gilt: $(\mathbf{z} \geq c)_i = 1$, falls $z_i \geq c$, andernfalls $(\mathbf{z} \geq c)_i = 1$. Entsprechend ist $(\mathbf{z} > c)$ definiert. Damit kann man für die Assoziationsverfahren folgende Algorithmen angeben:

Das Palm-Verfahren:
(1) $\mathbf{z} = \mathbf{P} * \mathbf{x};$
(2) $c = \mathrm{Max}\,(\{1\} \cup \{z_i: i=1..m\})$
(3) $\mathbf{y} = (\mathbf{z} \geq c);$

Schritt (3) wäre nach obiger Konvention zu verstehen als:
(3) **for** i=1 **to** m do
$\qquad$ **if** $(z_i \geq c)$ **then** $y_i = 1$ **else** $y_i = 0$

Modifikationen bei der Berechnung von c in (2) sind:
$\qquad$ (2′) $c = \text{Max}\{1, |x|\}$ mit $|x| = x_1 + x_2 + .. + x_n$

Wir bezeichnen im folgenden den Modus (2) mit **output_max** und den Modus (2′) mit **input_sum**. Da auf Grund der Hebbschen Lernregel für Palm-Netze $z_i \leq |x|$ gilt, wird bei beiden Modi die gleiche Ausgabe erzeugt, wenn die Ausgabe im Modus input_sum nicht der Nullvektor ist. Nur in letzterem Fall kann beim Modus output_max eventuell ein anderer Vektor ausgegeben werden.

Außerdem kann man statt mit c noch mit c-o für einen Offset o vergleichen, so daß sich die Bedingung in (3) verändert zu:
$\qquad$ (3′) $\mathbf{y} = (\mathbf{z} \geq \text{max}\{1, c\text{-}o\})$
Der Parameter o senkt also die („Toleranz"-) Schwelle, ab der eine 1 ausgegeben wird.

In Vektorschreibweise erhält man damit:
$\qquad$ $\mathbf{y} = (\mathbf{P*x} \geq \text{Max}(\{1\} \cup \{(\mathbf{P*x})_i - o: i=1..n\}))$ $\qquad$ für den Modus input_sum
$\qquad$ bzw. $\mathbf{y} = (\mathbf{P*x} \geq \text{Max}\{|x| - o, 1\})$ $\qquad\qquad$ für den Modus output_max

Das Hebb-Verfahren:
(1) $\mathbf{z}′ = \mathbf{H*x}′$;
(2) **for** i=1 **to** n do
$\qquad$ (2.1) $\qquad$ **if** $(\mathbf{z}′_i \geq 0)$
$\qquad\qquad\qquad$ **then** $\mathbf{y}′_i = 1$ bzw. $\mathbf{y}_i = 1$
$\qquad\qquad\qquad$ **else** $\mathbf{y}′_i = -1$ bzw. $\mathbf{y}_i = 0$

Positive und negative Zahlen werden im Verfahren symmetrisch behandelt außer bei der Abfrage $(\mathbf{z}′_i \geq 0)$, daher wäre es durchaus gerechtfertigt, diese zu ersetzen durch:
$\qquad$ (2.1′) **if** $(\mathbf{z}′_i > 0)$
Es gibt keinen einleuchtenden Grund, (2.1) gegenüber (2.1′) zu bevorzugen.

In Vektorschreibweise läßt sich der gesamte Algorithmus zusammenfassen zu:
$\qquad$ $\mathbf{y} = ((\mathbf{H*x}′) \geq 0)$ bzw. $\mathbf{y} = ((\mathbf{H*x}′) > 0)$

Im Kapitel zum Perzeptron haben wir bereits gelernt, daß das Hebbsche Lernen auf orthogonalen Eingabemustern perfekt arbeitet. Beim Hebb-Netz sind zwei Vektoren **u** und **v** aus $\{-1,1\}^n$ orthogonal genau dann, wenn $\mathbf{u*v} = 0$, d.h. wenn genau die Hälfte der Komponenten gleich ist. Diese Begriffe lassen sich beim Palm-Netz übertragen. Auch hier sind zwei Vektoren **u** und **v** aus $\{0,1\}^n$ orthogonal genau dann, wenn $\mathbf{u*v} = 0$, dies bedeutet jedoch, daß beide Vektoren in keiner Komponente eine gemeinsame 1 haben dürfen. Man sagt auch, die Vektoren sind paarweise disjunkt (dabei bezieht man sich jeweils auf die Menge der mit 1 aktivierten Komponenten). Entsprechend definiert sind Teilmuster oder auch Teilvektor.

Aufgabe 1   Eigenschaften lernbarer Vektorpaarmengen

a) Zeigen Sie, daß beim Palm-Netz eine Assoziation $x \rightarrow y$ fehlerfrei gelernt wird, wenn x orthogonal ist zu allen bisher gelernten Eingabemustern.

b) Geben Sie die maximale Anzahl p von Vektoren $x^1, x^2,..,x^p$ an (abhängig von Eingabelänge n und Ausgabelänge m), so daß jede beliebige Ausgabe $y^1, y^2,...,y^p$ vorgeschrieben und vollständig gelernt werden kann.

Palm-Netz: _______________________   Hebb-Netz: _______________________

Von welcher Form sind diese Vektoren?

Palm-Netz: _______________________   Hebb-Netz: _______________________

Weshalb können nicht p+1 Vektoren gewählt werden?

Palm-Netz: ____

Hebb-Netz: ____

Geben Sie zwei Vektoren x^1 und x^2 an sowie zwei Ausgaben y^1 und y^2, so daß unabhängig von n und m (n,m>2) diese Vektoren nicht nach dem Lernverfahren des Palm-Netzes gelernt und richtig wiedererkannt werden.

Zeigen Sie entsprechendes an einem Gegenbeispiel für das Hebb-Netz, hierzu benötigt man jedoch mindestens 3 Assoziationen.

In der folgenden Aufgabe soll gezeigt werden, daß man aus dem beobachteten Verhalten eines unbekannten Palm-Netzes in einfacher Weise dessen Matrix P erschließen kann.

Aufgabe 2   Rekonstruktion eines Palm-Netzes

a) Angenommen, die Parametereinstellung für Offset und Modus (input_sum oder output_max) des vorgegebenen Netzes P sei unbekannt und nicht änderbar. Welche Vektoren $x^1, x^2,..$ sollte man wählen, um dann aus den Assoziationen (x^k, y^k) die Matrix P bestimmen zu können.

b) Kann man bei jeder vorgegebener Matrix P anhand der Assoziationen feststellen, welche Parameter eingestellt sind, hierbei werde stets Offset o<n (Länge der Eingabe) vorausgesetzt?

Aus der Lösung obiger Aufgabe können wir schließen, daß ähnlich wie bei einer linearen Abbildung ein Palm-Netz durch sein Verhalten auf einer Orthogonalbasis eindeutig festgelegt ist (bei festem Modus und Offset). Dabei gibt es hier allerdings genau eine Orthogonalbasis, nämlich die Einheitsvektoren. Andererseits zeigt Aufgabe 3, daß durch das Einlernen einer Assoziation $x \rightarrow y$ die Assoziation für alle Teilmuster und damit insbesondere für alle in x „enthaltenen" Einheitsvektoren weitgehend festlegt ist. Die praktische Konsequenz hieraus ist, daß das Palm-Netz nur für Eingabemuster mit relativ wenigen „1en" viele Assoziationen speichern kann. Palm hat gezeigt daß die Speicherkapazität maximal ist für sogenannte **spärliche** Muster mit nur log(n) vielen „1en" (s. auch Versuch 7).

Aufgabe 3   Teilmusterproblem

Man nennt x^s Teilmuster von x bzw. x Obermuster von x^s , wenn gilt:
$$\forall i \quad [\ x^s_i = 1 \quad \Rightarrow \quad x_i = 1\ ]$$

a) Zeigen Sie, daß nach Einlernen der Assoziation $x \to y$ das Palm-Netz P zu allen Teilmustern $x^s \neq (0..0)$ von x stets ein Obermuster von y assoziiert.

b) Sei nun ein Palm-Netz P gegeben, das x richtig autoassoziiert (Ausgabe x bei Eingabe x), ferner arbeite P im Modus input_sum. Zeigen Sie, daß P zu allen Teilmustern $x^s \neq (0..0)$ von x ein Obermuster von x assoziiert.

c) Gilt entsprechendes auch für den Modus **output_max**?

Wie bereits in der Einführung erläutert, werden beim Hebbschen Lernverfahren $+1$ und -1 symmetrisch behandelt, d.h.: Wenn das Hebb-Netz $\{(x^1,y^1),...,(x^P,y^P)\}$ lernen kann, dann auch $\{(-x^1,-y^1),...,(-x^P,-y^P)\}$. Aus dem Lernverfahren für das Palm-Netz ist ersichtlich, daß 0 und 1 verschieden behandelt werden. Hierzu definieren wir $inv(0)=1$, $inv(1)=0$ und $inv(x_1,..,x_n) = (inv(x_1),..,inv(x_n))$.

Aufgabe 4   Inversion der Eingabe

Geben Sie für das Palm-Netz drei Vektoren x^1,x^2,x^3 mit Eingabelänge 3 an, so daß mit dem Palmschen Lernverfahren zwar die Autoassoziationen $\{x^1,x^2,x^3\}$ (unabhängig von offset und Modus) gelernt werden, nicht aber die Autoassoziationen $\{inv(x^1), inv(x^2), inv(x^3)\}$.

Gemäß Definition wird beim Hebbschen Lernverfahren bei jedem Lernen eines zusätzlichen Vektorpaares die Matrix H verändert, und damit ändert sich auch im allgemeinen das Verhalten des Hebb-Netzes. Beim Palm-Netz hingegen kann die Matrix P und damit das Verhalten unverändert bleiben, wenn bei der Assoziation keine neuen, noch nicht gelernten Korrelationen auftreten. In der folgenden Aufgabe wird untersucht, inwieweit das Lernen von bereits Gekonntem das Verhalten des Assoziators beeinflußt.

Aufgabe 5   Verlernen durch Lernen

a) Wenn beim Hebb-Netz bei Eingabe x bereits y assoziiert wird, bleibt diese Eigenschaft bei zusätzlichem Lernen von (x,y) erhalten?

b) Wenn beim Palm-Netz bei Eingabe x bereits y assoziiert wird, bleibt diese Eigenschaft bei zusätzlichem Lernen von (x,y) erhalten?

c) Wenn bei Eingabe x bereits y assoziiert wird, bei welcher Parametereinstellung für offset und Modus bleibt P beim zusätzlichen Lernen von (x,y) stets unverändert?

d) Finden Sie für Parametereinstellung Offset 0 und Modus output_max zwei Vektorpaare (x^1,y^1) und (x^2,y^2) sowie eine Matrix P, so daß einerseits P beide Vektorpaare richtig assoziiert, andererseits aber nach zusätzlichem Lernen von (x^1,y^1) zum Vektor x^2 nicht mehr y^2 assoziiert wird.

Eine interessante Fragestellung ist auch, inwiefern ein Palm-Netz die gewünschten Assoziationen von einem Lehrer lernen kann, gesetzt die Aufgabe ist lösbar. Sei P_1 ein Lehrer-Palm-Netz, ferner werde P_2 trainiert durch alle Assoziationen von P_1 zu den Einheitsvektoren und P_3 trainiert durch alle Assoziationen von P_1 zu allen 2^n Eingabe-vektoren. Aus Aufgabe 1 b) und 2 a) folgt, daß unabhängig von Modus und Offset $P_1 = P_2$ gilt, d.h. P_2 hat die Fähigkeit seines Lehrers erlernt. Aus der Lösung von Aufgabe 5 c) folgt, daß bei Modus input_sum und Offset 0 (für Lehrer und Schüler) auch $P_1 = P_3$, denn bei jedem Lernvorgang werden nur „1en" hinzugefügt, die bereits bei P_1 gesetzt sind. Offensichtlich gilt bei anderem Modus oder Offset > 0 dies nicht, etwa wenn wir ein Lehrer-Palm-Netz mit P_1 gleich der Einheitsmatrix wählen. Daraus folgt, daß wir nur im Modus input_sum und Offset 0 beliebige Assoziationen eines Lehrer-Palm-Netzes (mit gleichem Modus und Offset) eintrainieren können, d.h. für diesen Modus gilt die gleiche starke Eigenschaft wie bereits für das Perzeptronlernen: Jedes Lernproblem, das lösbar ist, wird durch den Lernalgorithmus perfekt gelöst (genauer: für jede Lernmenge, für die eine Matrix P existiert, so daß das zugehörige Palm-Netz im Modus input_sum und Off-set 0 die Assoziationen der Lernmenge erfüllt, konstruiert das Hebbsche Lernen für Palm-Netze eine Matrix mit derselben Eigenschaft).

3 Autoassoziation

Eine wichtige Spezialform des Assoziativspeichers ist die Autoassoziation, bei der Assoziationen der Art x -> x gelernt werden. Die Lernmenge ist in diesem Fall eine Menge $X = \{x^1, x^2, .., x^p\}$. Zielsetzung ist dabei natürlich nicht etwa die identische Abbildung, sondern die Fehlerelimininierung (Rauschunterdrückung) bzw. Mustervervollständigung durch die Ausgabe des ähnlichsten gespeicherten Musters. Für das Palm-Netz wollen wir nun folgende Lernkriterien näher untersuchen:

(1) Es gibt ein Palm-Netz, das zu jeder Eingabe x^i die Ausgabe x^i liefert.

(2) Gibt man alle x^i mit der Hebbschen Lernregel für das Palm-Netz ein, so erhält man ein Palm-Netz, das zu jeder Eingabe x^i die Ausgabe x^i liefert.

(3) Gibt man alle x^i mit der Hebbschen Lernregel für das Palm-Netz ein, so erhält man ein Palm-Netz, das zu jeder Eingabe x^i die Ausgabe x^i liefert und bei mehrfacher Autoassoziation für jede Eingabe in einen stabilen Zustand übergeht. Dabei heißt ein Zustand x stabil, wenn Eingabe x die Ausgabe x liefert.

(4) Der Nullvektor und die Vektoren aus der Lernmenge X sind die einzigen Ergebnisse von Assoziationsvorgängen, und die Assoziation jedes Vektors x^i ist x^i.

Die Lernkriterien (1) bzw. (2) stellen sicherlich eine Mindestanforderung an einen Assoziativspeicher dar, nämlich daß dieser bei fehlerfreier Eingabe die gewünschte Infor-mation liefert. Da die Aufgabe eines Autoassoziators außerdem darin besteht, das Ein-gabemuster zu vervollständigen bzw. Fehler zu eliminieren, erscheint aus dieser Anforde-rung auch das Lernkriterium (3) erforderlich, nämlich daß die mehrfache Ausführung dieses Vorgangs konvergieren sollte. Eine höhere Anforderung stellt hingegen das

Lernkriterium (4), denn hier soll bereits bei einmaliger Assoziation ein „perfektes"
Muster geliefert werden, und zwar nur ein eingelerntes bzw. das leere Muster
(„weiß_nicht_Muster").

Aufgabe 6   Verschiedene Lernkriterien bei der Autoassoziation

Beachten Sie, daß die Lernbarkeit von Vektoren auch von den eingestellten Parametern des
Palm-Netzes abhängt.

a) Zeigen Sie (für Modus output_max mit Offset 0): Jede Menge X von Vektoren ist lernbar
nach Lernkriterium (1). Geben Sie eine Matrix $\mathbf{P}$ an, die die gewünsche Eigenschaft für jede
Menge X hat.

b) Finden Sie ein Beispiel, das nach Lernkriterium (2) lernbar ist, aber nicht nach Lernkriterium (3).

c) Folgern Sie aus Aufgabe 3 (Teilmusterproblem), daß das Palm-Netz eine Menge,
die zwei Vektoren mit einer gemeinsamen 1 enthält (nicht orthogonal), nicht gemäß Lernkriterium (4) lernt.

d) Zeigen Sie umgekehrt, daß für orthogonale Mustermengen X beim Modus input_sum mit
Offset 0 Lernkriterium (4) gilt.

D.h.: Eine Menge X von Vektoren ist genau dann lernbar gemäß Lernkriterium (4), wenn es
zu keinen zwei Vektoren eine Komponente gibt, die bei beiden 1 ist (d.h. alle Vektoren sind
paarweise orthogonal).

Die Idee, eine Autoassoziator wiederholt anzuwenden, ist auf Grund seines Anwen-
dungszweck, Fehler zu eliminieren bzw. Muster zu vervollständigen, naheliegend. Ein
in diesem Sinne rückgekoppelter Hebb-Autoassoziator (Ausgabe => neue Eingabe) heißt
Hopfield-Netz (mit synchronem update) und wird im entsprechenden Kapitel ausführlich
untersucht. Man kann zeigen, daß das Hopfield-Netz bei synchronem update stets in einen 2er-Zyklus konvergiert (ein 1er-Zyklus ist ein spezieller 2er-Zyklus). Entsprechendes
gilt für das Palm-Netz:

Aufgabe 7   Konvergenz bei der Autoassoziation des Palm-Netzes

Zeigen Sie:

a) $\mathbf{P}$ ist symmetrisch, falls Autoassoziationen gelernt wurden.

b) Bei Modus input_sum und Offset 0 führt wiederholte Assoziation zu einem 2er-Zyklus.
Beweisen Sie hierzu: Falls (i) $\mathbf{P}$ symmetrisch ist, (ii) das Palm-Netz bei Eingabe $\mathbf{x}$ die Aus-
gabe $\mathbf{x}'$ und (iii) bei Eingabe $\mathbf{x}'$ die Ausgabe $\mathbf{x}''$ assoziiert, dann ist $\mathbf{x}$ ein Teilmuster von $\mathbf{x}''$.
Folgern Sie hieraus die Behauptung.

Mit Rückkopplung kann man auch Sequenzen erzeugen. Werden etwa die Assoziation
$\mathbf{x}^i \to \mathbf{x}^{i+1}$ eingelernt, so sollte die wiederholte Assoziation bei Eingabe $\mathbf{x}^1$ die Sequenz
$\mathbf{x}^1 \to \mathbf{x}^2 \to \mathbf{x}^3 \to \ldots$ erzeugen. Für den Hebb-Assoziator wird dies im Kapitel asymmetrische Hopfield-Netze näher untersucht.

Aufgabe 8   Erzeugung von Sequenzen beim Palm-Netz

a) Konstruieren Sie ein Palm-Netz mit Ein- und Ausgabedimension n, das bei wiederholter Assoziation einen Zyklus mit n verschiedenen Mustern durchläuft.

b) Zeigen Sie, daß für jede Sequenz paarweise orthogonaler Muster aus $\{0,1\}^n$ ein Palm-Netz existiert, das diese Sequenz fehlerfrei erzeugen kann.

c) Geben Sie eine entsprechende Bedingung an, falls mehrere Sequenzen gespeichert werden sollen.

4   Ordnungsparameter „Überlapp"

Um die Qualität der Assoziation zu bewerten oder den Grad der Übereinstimmung zu bestimmen, benötigt man ein Maß, um Muster und Zustände zu vergleichen. Solch ein Maß wird Ordnungsparameter genannt und gibt die Nähe der Eingabe zu einem Muster an. Im folgenden beschränken wir uns auf die bipolaren Vektoren aus $\{-1,1\}^n$ bzw. $\{-1,1\}^m$. Bei der Definition des Hamming-Assoziators haben wir bereits die beiden Ordnungsparameter Hammingabstand und Skalarprodukt kennengelernt. Das normierte Skalarprodukt bezeichnen wir im folgenden als Überlapp (vgl. Kapitel Hopfield-Netz). Der Überlapp oder die Korrelation $m(\mathbf{x}, \mathbf{x}^\mu)$ (kurz m^μ) der Eingabe $\mathbf{x}$ mit dem μ-ten Muster ist so definiert:

$$m^\mu := m(\mathbf{x}, \mathbf{x}^\mu) = \frac{\mathbf{x} * \mathbf{x}^\mu}{(|\mathbf{x}| \cdot |\mathbf{x}^\mu|)} = \frac{1}{N}\sum_{i=1}^{N} x_i \cdot x^\mu_i$$

Mit Hilfe des Überlapps läßt sich das Verhalten des Hebb-Assoziators sehr anschaulich beschreiben. Beim Hebb-Verfahren feuert ein Ausgabeneuron y_i genau dann, wenn seine Aktivierung z'_i positiv ist:

$$z'_i = \sum_{j=1}^{n} H_{ij} \cdot x_j(t) = \sum_{j=1}^{n} 1/N \cdot \sum_{\mu=1}^{p} y^\mu_i \cdot x^\mu_j \cdot x_j(t)$$

$$= \sum_{\mu=1}^{p} m^\mu(t) \cdot y^\mu_i$$

Letzteres läßt sich so interpretieren, daß die Aktivität des Ausgabeneurons y_i bestimmt wird durch eine gewichtete Summe oder „Abstimmung" aller i-ten Komponenten der Ausgabemuster $\mathbf{y}^\mu$ der gespeicherten Assoziationen. Dabei wird der Einfluß eines einzelnen Ausgabemusters $\mathbf{y}^\mu$ gewichtet entsprechend dessen Überlapp bzw. Ähnlichkeit von $\mathbf{x}^\mu$ zu $\mathbf{x}$. Wenn die Eingabe $\mathbf{x}$ bereits in der Nähe eines gespeicherten Musters $\mathbf{x}^\mu$ ist, liegt bei paarweise unkorrelierten Mustern oder gar orthogonalen Mustern der Überlapp von $\mathbf{x}$ zu $\mathbf{x}^\mu$ definitionsgemäß nahe bei 1, zu allen anderen aber nahe bei 0 (da bei unkorrelierten Mustern der Überlapp paarweise nahe 0 liegt, folglich auch der Überlapp von $\mathbf{x}^\mu$ zu allen anderen und auf Grund der Stetigkeit des Überlapps ebenso von $\mathbf{x}$ zu allen andern). Insofern läßt sich in diesem Fall der Einfluß der anderen Assoziationen vernachlässigen, und $\mathbf{x}^\mu$ bestimmt die Aktivität der Ausgabe mit seinem Votum für $\mathbf{y}^\mu$.

5 Versuchsumgebung

Das Programm wird jeweils bei Versuch i durch den Befehl **asso** i aufgerufen. Es erscheint eine dreiteilige Bedienoberfläche. Im oberen Teil befindet sich der Menü- und Kommandoteil, unten links die fortlaufend aktualisierte Anzeige der Netzmatrix, darüber ein vom Benutzer gewählter Eingabevektor und unten rechts seine Assoziationen nach Palm, Hebb und Hamming. Die Menüsteuerung im einzelnen:

file/	Mit **quit** wird das Programm beendet.
set/	Mit **length_vectors** kann man die Dimension der Ein- und Ausgabe spezifizieren, dabei wird automatisch die Bildschirmausgabe (Matrix, Eingabe, Ausgabe) angepaßt. Mit **palm_offset** und **palm_mode** (**input_sum** , **output_max**) kann man die Parameter des Palm-Netzes einstellen.
display/	Dieses Menü wird in diesem Versuch nicht benötigt.
associate	Eingabe eines Vektors zur Assoziation. Ausgabe erfolgt im rechten unteren Bildschirmfeld zusammen mit den drei Assoziationen nach Palm, Hebb und Hamming.
autoassociate	Ein Vektor kann mehrfach autoassoziiert werden, dabei wird nach jeder Assoziation gefragt, ob die Ausgabe auf die Eingabe weitergeschaltet (**continue**) oder die mehrfache Assoziation beendet (**break**) werden soll.
vector_learn	Lernen eines manuell eingegebenen Vektorpaares bei allen Assoziatoren gleichzeitig (Palm-, Hebb-, Hamming-Netz). Für jeden Vektor sind die mit 1 aktivierten Komponenten getrennt durch einen „.“ anzugeben. Beispiel: 0.2.5.6 entspricht bei Dimension 8 dem Vektor 10100110.
file_learn	Lernen von vorab in einer Datei gespeicherten Vektorpaaren für alle Assoziatoren gleichzeitig (Palm-, Hebb-, Hamming-Netz).
show_PalmNet	In dem Ausgabefenster wird die Palm-Matrix **P** ausgegeben.
show_HebbNet	In dem Ausgabefenster wird die Hebb-Matrix **H** ausgegeben.
fliptest	In Versuch 7 wird mit dieser Option eine frei wählbare Anzahl von Mustern jeweils verrauscht und anschließend deren Autoassoziation ausgewertet: fliptest +/- i invertiert i zufällig gewählte Komponenten, und zwar bei „+“ werden i „0en“ von 0 auf 1 und bei „-“ werden i „1en“ von 1 auf 0 gesetzt. In Versuch 8 werden mit dieser Option Eingabemuster verrauscht und anschließend die Autoassoziation ausgewertet: fliptest i p invertiert einen Anteil von p der Komponenten des Musters i und gibt die Korrelation des assoziierten Musters zu allen gespeicherten Vektoren aus (pro *step* wird 1x assoziiert, bei mehrfachem *step* bzw. *cycle* wird wiederholt die Ausgabe neu assoziiert).
comptest	In Versuch 8 werden mit dieser Option Teile des Eingabemusters verrauscht und dann die Autoassoziation ausgewertet: comptest i n m löscht die Komponenten n bis m des Musters i und gibt die

Korrelation des assoziierten Musters zu allen gespeicherten Mustern aus (pro *step* wird 1x assoziiert, bei mehrfachem *step* bzw. *cycle* wird wiederholt die Ausgabe neu assoziiert).

reset   Löscht alle Assoziativspeicher (Palm-, Hebb-, Hamming-Netz).

6 Versuche

Vorbemerkung

Um Mißverständnissen vorzubeugen, kennzeichnen wir den Beginn und das Ende der Vektorschreibweise mit { und }, d.h. für den Vektor 0101100 schreiben wir {1.3.4}.

Versuch 1   Das Lernverfahren

Dieser Versuch dient dazu, die Grundeigenschaften der Netze kennenzulernen. Der Hamming-Assoziator ist dabei mehr Vergleichsgegenstand als Untersuchungsobjekt. Auf dem File „auf1.vec" befinden sich drei Vektorpaare, die sich in Vektorschreibweise so darstellen lassen:

    {1.2} -> {1.3}
    {1.3} -> {2.3}
    {2.3} -> {1.2}

Lernen Sie die Vektorpaare mit Befehl **file_learn** (oder von Hand mit **vector_learn**). Die Assoziation wird mit **associate** durchgeführt.

a) Wie werden die Vektoren von den einzelnen Netzen assoziiert?

Vektor	Palm-Netz	Hebb-Netz	Hamming-Verfahren
{1.2}	_________	_________	_________
{1.3}	_________	_________	_________
{2.3}	_________	_________	_________

b) Lernen Sie zusätzlich noch das Vektorpaar {1.2.3}->{0}. Führen Sie danach noch einmal die Assoziation von 1a) durch.

Vektor	Palm-Netz	Hebb-Netz	Hamming-Verfahren
{1.2}	_________	_________	_________
{1.3}	_________	_________	_________
{2.3}	_________	_________	_________

c) Wie haben sich Palm-Netz und Hebb-Netz geändert?

d) Ist es möglich, durch das Lernen eines anderen Vektors eine ähnliche Verbesserung für das Palm-Netz zu erreichen? Begründen Sie Ihre Antwort.

Versuch 2   Längenabhängigkeit der Lernverfahren

Dieser Versuch soll untersuchen, inwieweit das Ergebnis der Lernverfahren von der Länge der Vektoren abhängt. Unter einer Fortsetzung eines Vektors $\mathbf{x}$ der Länge n zu einem Vektor $\mathbf{x}'$ der Länge L>n versteht man einen Vektor $\mathbf{x}'$, für den die Eigenschaft $\forall k \leq n\ x'_k = x_k$ gilt. Solche Fortsetzungen treten beispielsweise auf, wenn man als Eingabemuster Paßbilder mit gleichem Hintergrund bearbeitet. Inwiefern hängen die Assoziationen ab von der Größe des Hintergrundes?

Zur Vereinfachung beschränken wir uns im folgenden auf Standardfortsetzungen: $\forall\ k > n$: $x'_k = 0$ beim Palm-Netz bzw. $\forall\ k > n$: $x'_k = -1$ beim Hebb-Netz (die Aussagen gelten jedoch auch für beliebige Fortsetzungen). Nun soll untersucht werden, wie sich das Lernverhalten der Netze bezüglich einer Menge von Vektoren der Länge 8 ändert, wenn man zu Fortsetzungen doppelter und dreifacher Länge übergeht. Die zu lernenden Vektoren befinden sich auf dem File „auf2.vec", das Programm wählt bei größerer Vektorlänge stets die Standardfortsetzung der Vektoren (**set length_vector** i ; **file_learn** auf2.vec (i=8,16,24)).

a) Palm-Netz:

Vektor	Länge 8	Länge 16	Länge 24
{0.1.2.3}	————	————	————
{0.2.4.6}	————	————	————
{0.1.4.5}	————	————	————
{1.2.5.6}	————	————	————

Wie wirkt sich die Verlängerung der Vektoren auf das Assoziationsverhalten aus?

Hebb-Netz:

Vektor	Länge 8	Länge 16	Länge 24
{0.1.2.3}	————	————	————
{0.2.4.6}	————	————	————
{0.1.4.5}	————	————	————
{1.2.5.6}	————	————	————

Wie wirkt sich die Verlängerung der Vektoren auf das Assoziationsverhalten aus?

b) Zeigen Sie, daß für „lange" Verlängerungen die Ausgabe des Hebb-Assoziators fast nicht mehr von der Eingabe abhängt:

$$H^L(\mathbf{x})_i := \begin{cases} H(\mathbf{x}) & \sum_\mu y^\mu_i = 0 \\ \text{sign}(\sum_\mu y^\mu_i) & \text{sonst.} \end{cases}$$

mit $H^L(\mathbf{x})$ = Ausgabe des Hebb-Assoziators bei Verlängerung auf Länge L.

Mit anderen Worten, bei großem L wird die Ausgabe in der i-ten Komponente fast immer durch den entsprechenden Mittelwert aller gelernten Ausgabemuster bestimmt und ist damit unabhängig von der Eingabe. Nur in dem seltenen Fall, daß dieser Mittelwert 0 ist, spielt der „Hintergrund" keine Rolle. Überprüfen Sie dies an obigen Assoziationen der Länge 24.

Versuch 3   Modus output_max beim Palm-Netz

Der folgende Versuch soll zeigen, daß das Palm-Netz im Modus output_max bei einer paarweise orthogonalen Lernmenge (paarweise orthogonal bzgl. Eingabemuster) im wesentlichen wie ein Hamming-Assoziator arbeitet (Ähnlichkeitsmaß = Skalarprodukt: Anzahl übereinstimmender „1en"). Gegeben sei eine Lernmenge $\{(x^k, x^{k+1}) \mid k = 0,..,3\} \cup \{(x^4, x^0)\}$ mit $x^k = \{4k.4k+1.4k+2.4k+3\}$. Lernen Sie mit **file_learn auf3.vec** diese Lernmenge. Überprüfen Sie folgende Aussagen an den vorgegebenen, aber auch an eigenen Beispielen:

a) Bei Modus output_max und Offset 0 gilt:
   (i) Falls zu Eingabe x genau ein ähnlichstes Eingabemuster x^k existiert, gibt das Palm-Netz das zugehörige Ausgabemuster y^k ($= x^{k+1}$) aus.

$x =$	{0.1.2.4.5.8}	{0.4.5.9.14}	{9.10.11.12.13.16.17}
$y =$			

   (ii) Falls zu Eingabe x mehrere ähnlichste Eingabemuster x^k existieren, gibt das Palm-Netz die Vereinigung der "1er"-Komponenten aller zugehörigen Ausgabe-Muster y^k ($= x^{k+1}$) aus.

$x =$	{0.2.4.5.8}	{0.4.5.9.10.14}	{10.11.12.13.16.17}
$y =$			

b) Bei Modus output_max und Offset o > 0 gilt:
Sei bei Eingabe x das Eingabemuster x^k am ähnlichsten (d.h. $x*x^k \geq x*x^h$ für alle $h = 0,..,4\}$. Dann gibt das Palm-Netz die Vereinigung der „1er"-Komponenten aller Ausgabemuster y^h (= x^{h+1}) aus, deren zugehörige Eingabemuster x^h mit x mindestens $x*x^k$ - o gemeinsame 1er-Komponenten besitzt, d.h. $x*x^h \geq x*x^k$ - o .
Setze hierzu Offset auf 1.

$x =$	{0.1.2.4.5.8}	{0.1.4.5.8}	{9.10.11.12.13.16.17}
$y =$			

c) Die Lernmatrix als spezieller Hammingklassifikator: Bisher gingen wir davon aus, daß das Palm-Netz fehlerfrei lernt, wenn die Eingabemuster paarweise orthogonal sind. Entsprechendes läßt sich auch für paarweise orthogonale Ausgabemuster zeigen.
Ein Assoziator läßt sich zur Klassifikation verwenden, indem die Ausgabemuster jeweils genau eine 1 enthalten („1-aus-n"-Kodierung), und zwar bedeutet $y_k=1$ bzw. $y=\{k\}$, daß die Eingabe zur Klasse k gehört. Bei diesem Spezialfall sind die Ausgabemuster orthogonal, wenn zu jeder Klasse höchstens ein Muster gelernt wird. Betrachten wir ferner Muster aus $\{-1,1\}^n$, die wir folgendermaßen auf Eingabemuster aus $\{0,1\}^{2n}$ kodieren: „-1 durch 01" und „1 durch 10", d.h. -111-1 wird kodiert durch 01101001. Die Lernmenge seien die Assoziationen x^k -> $\{k\}$. Das zugehörige Palm-Netz mit der Parametereinstellung Modus output_max und Offset 0 heißt **Lernmatrix** (Karl Steinbuch, 1961). Beantworten Sie hierzu folgende Fragen:

(i) Wieviele „1en" enthalten die Eingabemuster x^k jeweils? _________

(ii) Geben Sie die k-te Zeile der Palmmatrix P an:_________________

(iii) Sei $x \in \{0,1\}^{2n}$ das Eingabemuster und $x' \in \{-1,1\}^n$ das zugehörige dekodierte Muster. Geben Sie die Aktivierung der i-ten Ausgabekomponente des Palm-Netzes z_k in Abhängigkeit von x bzw. x' an:____

Folgern Sie hieraus, daß bei einer Eingabe x und der Parametereinstellung Modus output_max und Offset 0 genau die Ausgabekomponente k eine 1 ausgibt, falls x^k das zu x ähnlichste Muster ist. Überprüfen Sie dies an der Lernmenge $\{11\text{-}1,111,\text{-}1\text{-}11\}$: **learn_vector $\{0.2.5\}$ $\{0\}$** (entspricht: 101001->100) etc. Zu welcher Klasse wird die Eingabe -11-1 assoziiert?

Versuch 4   Modus input_sum beim Palm-Netz

In diesem Versuch verwenden wir eine ähnliche Lernmenge wie in Versuch 3:

$$\{(x^k, x^{k+1}) \mid k = 0,..,3\} \cup \{(x^4, x^0)\} \text{ mit } x^k = \{4k.4k+1.4k+2\}.$$

Lernen Sie mit **file_learn auf4.vec** diese Lernmenge. In Versuch 3 wurde gezeigt, daß das Palm-Netz im Modus output_max im wesentlichen wie ein Hamming-Assoziator arbeitet. So wird etwa bei Eingabe $x = 0.1.4.8.12.16$ die Ausgabe y^0 erzeugt, da x^0 zwei gemeinsame Einsen zu x besitzt, hingegen x^1, x^2, x^3, x^4 jeweils nur eine. Bedenken wir, daß das Palm-Netz insbesondere mit spärlichen Mustern gut arbeitet, und deshalb die „1en" die wesentliche Information tragen, so scheint eher die Ausgabe des Nullvektors $\{\}$ (= „weiß-nicht-Muster") angebracht, denn immerhin vier „1en" der Eingabe x sind im Muster x^0 nicht enthalten. Überprüfen Sie folgende Aussagen an den vorgegebenen, aber auch an eigenen Beispielen.

a) Bei Modus input_sum und Offset 0 gilt:

(i) Falls die Eingabe x mit keinem der Eingabemuster x^k eine gemeinsame 1 besitzt, gibt das Palm-Netz den Nullvektor $\{\}$ aus.

$x =$	$\{3\}$	$\{3.7\}$	$\{3.7.11\}$
$y =$			

(ii) Falls die Eingabe x ein Teilmuster von einem Eingabemuster x^k (d.h. $\forall i : x_i = 1 \Rightarrow x_{ki} = 1$) und nicht der Nullvektor ist, gibt das Palm-Netz das zugehörige Ausgabemuster y^k ($= x^{k+1}$) aus.

$x =$	$\{0.1\}$	$\{4\}$	$\{8.9.10\}$
$y =$			

(iii) Falls die Eingabe x sowohl gemeinsame „1er"-Komponenten zu einem Eingabemuster x^k als auch noch zusätzliche „1er"-Komponenten besitzt, gibt das Palm-Netz den Nullvektor $\{\}$ aus.

$x =$	$\{0.1.4\}$	$\{4.5.6.9\}$	$\{0.1.2.3\}$
$y =$			

b) Bei Modus input_sum und Offset $o > 0$ gilt:
Bei Eingabe x gibt das Palm-Netz die Vereinigung der „1er"-Komponenten aller Ausgabemuster y^h ($= x^{h+1}$) aus, deren zugehörige Eingabemuster x^h mit x mindestens eine gemeinsame „1er"-Komponente besitzen und höchstens o zusätzliche. Setzen Sie hierzu den Offset auf 2.

$x =$	0.1.2.4.5.8	0.1.2.4.5	0.4.8

Versuch 5   Autoassoziation

Sinn der Autoassoziation ist es, Vektoren aus fehlerhaften Vorgaben zu rekonstruieren (Rausch-unterdrückung). Dabei müssen fehlende Elemente (Pixel) ergänzt und zusätzliche weggelas-sen werden.
In Versuch 5 wird das unterschiedliche Lernverhalten der Netze für die Vektoren 0011, 0110, 1100 und 1001 untersucht. Laden Sie hierzu das File „auf5.vec" mit **file_learn**. Die Einstel-lung des Palm-Netzes ist output_max mit Offset 0.

a) Bilden Sie die Assoziationen zu den gelernten Vektoren:

Vektor	Palm-Netz	Hebb-Netz	Hamming-Assoziator
0011	_________	_________	_________
0110	_________	_________	_________
1100	_________	_________	_________
1001	_________	_________	_________

b) Bilden Sie die Assoziationen zu den verrauschten Vektoren von 0011:

Vektor	Palm-Netz	Hebb-Netz	Hamming-Assoziator
0111	_________	_________	_________
1011	_________	_________	_________
0010	_________	_________	_________
0001	_________	_________	_________

c) Konstruieren Sie den Graph der Autoassoziation für das Palm-Netz. Wieviele verschie-dene Ausgaben hat das Palm-Netz?

d) Ein Autoassoziator sollte verrauschte Muster auf fehlerfreie abbilden (z.B. bei Hamming-Assoziation auf 4), d.h. die Assoziation sollte keinesfalls injektiv oder surjektiv sein. Ist die von diesem Palm-Netz realisierte Funktion injektiv oder surjektiv?

e) Es ist wünschenswert, daß bei einer Autoassoziation bei mehrmaliger Wiederholung des Assoziationsvorganges (Option **autoassociate**) ein Vektor gefunden wird, der durch den Assoziator nicht mehr verändert wird. Ist dies für alle Vektoren erfüllt?

f) Kann man diesen Effekt verhindern, indem man die Einstellung des Palm-Netzes vom Modus output_max mit Offset 0 zum Modus input_sum ändert?

Versuch 6   Mehrfache Autoassoziation (Palm)

Die Autoassoziation soll fehlerhafte Pixel der Eingabe korrigieren. Falls der Assoziator nun bei einer Eingabe nicht alle fehlerhaften Pixel korrigieren kann, so wäre es naheliegend, die unvollständig korrigierte Ausgabe dem Assoziator erneut einzugeben. Dies sollte solange wiederholt werden, bis der Assoziator keine Veränderungen / Verbesserungen mehr erzielt. Das Hopfield-Netz verwirklicht diese Idee beim Hebb-Assoziator und wird als eigenständiges Kapitel behandelt.
Der folgende Versuch soll untersuchen, inwiefern mit dieser Idee das Palm-Netz verbessert werden kann.

a) Teilversuch 5a) legt das Ergebnis nahe, daß mehrfache Autoassoziation nicht immer zu einem stabilen Zustand führt. Zeigen Sie bzw. überprüfen Sie (an selbst gewählten Beispielen), daß die mehrfache Autoassoziation stets in einen stabilen Zustand führt, wenn die gelernten Vektoren paarweise orthogonal sind, d.h. keine gemeinsamen „1en" enthalten .

b) Welche der folgenden Lernmengen erfüllen diese Bedingung für das Palm-Netz?

$\qquad$ {0011, 0101, 1001}   _________
$\qquad$ {0001, 0010, 1100}   _________
$\qquad$ {0000, 0011, 1111}   _________
$\qquad$ {0001, 0010, 0100}   _________
$\qquad$ {0011, 0111, 0100}   _________
$\qquad$ {0011, 0110, 1100}   _________

c) Zeigen Sie an Gegenbeispielen aus b), daß die Orthogonalitäts-Bedingung (zwar hinreichend, aber) nicht notwendig ist: Welche der obigen Lernmengen verletzen zwar die Orthogonalitäs-Bedingung, erzeugen aber trotzdem „stabile" Palm-Netze, weil das gleiche Palm-Netz auch durch orthogonale Eingabemuster erzeugt werden kann?

Versuch 7   Speicherkapazität (Palm-Netz) $\rightarrow$ **Spärliche Muster**

Palm hat in seinen theoretischen Arbeiten gezeigt, daß bei der Autoassoziation die Speicherkapazität maximal ist, wenn spärliche Muster gespeichert werden, das sind Muster, die bei Eingabedimension n nur ungefähr log(n) Einsen enthalten (Entsprechendes gilt auch für die Assoziation). Der folgende Versuch soll diese Resultate für Eingabedimension n=300 , d.h. log(n) $\approx$ 8, nachprüfen. Die Dateien *p_m.plm* enthalten jeweils *p* Paare von gleichen Vektoren (Autoassoziation) der Länge 300, die mit jeweils genau *m* Einsen besetzt sind.

Achtung: Bei großen Dateien kann insbesondere auf langsamen Prozessoren die Antwortzeit lang sein!

a) Vergleichen Sie die Speicherfähigkeit bezüglich verschiedener Parametereinstellungen für m=8 und p=400. Lernen Sie hierzu mit **file_learn** p=400 Muster von der Datei **400_8.plm** und überprüfen Sie „stichprobenartig" für die ersten 3 Muster (Nr.: 1,2 und 3) die Assoziationsfähigkeit für folgende Fälle: Eingabe von fehlerfreiem Muster; 1 bzw. 2 zusätzliche „1en"; 1 bzw. 2 bzw. 3 fehlende „1en", verwenden Sie hierzu **fliptest** *i* mit *i* = 0 bzw. *i* = 1,2 bzw. *i* = -1,-2,-3.

Einsen	- 3			- 2			- 1			0			+ 1			+ 2 ·		
Muster	1	2	3	1	2	3	1	2	3	1	2	3	1	2	3	1	2	3
output_max																		
offset 0																		
offset 1	3	2	4	1	0	0	0	0	0	0	0	0	0	0	0	0	0	0
input_sum																		
offset 0																		
offset 1																		

Weshalb verhalten sich die beiden Modi input_sum und output_max identisch, wenn keine zusätzlichen „1en" eingegeben wurden (fliptest i mit i = -3,-2,-1,0)?

____

Weshalb ist Offset 0 der bestmögliche Offset, wenn keine zusätzlichen „1en" eingegeben wurden?

____

Weshalb kann Offset 1 auch im Modus output_max günstiger sein, wenn zusätzliche „1en" eingegeben wurden?

____

b) Für m=8: Testen Sie, wieviele Muster zuverlässig abgespeichert werden können. Verwenden Sie hierzu als Parametereinstellung **output_max** und **offset 1**. Laden Sie jeweils für p = 300, 500 mit **file_learn** die Dateien *p_8.plm* und überprüfen Sie wiederum „stichprobenartig" für die Muster 1,2,3 die Assoziationsfähigkeit.

Einsen	- 3			- 2			- 1			0			+ 1			+ 2		
Muster	1	2	3	1	2	3	1	2	3	1	2	3	1	2	3	1	2	3
p=300																		
p=400	3	2	4	1	0	0	0	0	0	0	0	0	0	0	0	0	0	0
p=500																		

c) Wiederholen Sie obigen Test für m=50 (**reset; file_learn** *p_50.plm*).

Einsen	- 3			- 2			- 1			0			+ 1			+ 2		
Muster	1	2	3	1	2	3	1	2	3	1	2	3	1	2	3	1	2	3
p=40																		
p=50																		
p=60																		

Die Information eines Zufallsvektors aus $\{0,1\}^{300}$ mit fünzig „1en" (= $\log_2(300! / (250! \cdot 50!))$) ist ungefähr dreimal so hoch wie die eines Zufallsvektors mit acht „1en" (= $\log_2(300! / (292! \cdot 8!))$). Vergleichen Sie die gespeicherte Information für m=8, p=400 mit der für m=50, p=50.

Versuch 8   Speicherkapazität (Hebb-Assoziator): → Unkorrelierte und schwachkorrelierte Muster

In diesem Versuch werden 12x12-Binär-Matrizen als Eingabemuster verarbeitet, d.h. Eingabevektoren der Länge 12^2=144. Wir untersuchen die Eigenschaften des Hebb-Autoassoziators an drei Typen von Mustermengen: a) orthogonale Muster (paarweise orthogonal), b) Zufallsmuster (schwach korreliert, d.h. für alle k,k´≤p gilt zwar $(\mathbf{x}^k * \mathbf{x}^{k´})/n \approx 0$, aber nicht immer $(\mathbf{x}^k * \mathbf{x}^{k´})/n = 0$), c) Ziffern (ebenfalls schwach korreliert, die Varianz der Korrelation ist jedoch größer als bei den Zufallsmustern). Mit **fliptest i p**, das bei Muster i zufällig p·144 Komponenten invertiert, und **comptest i r s**, das bei Muster i alle Komponenten von r bis s löscht (0 setzt), werden jeweils die Autoassoziationsfähigkeiten ausgewertet. Hierbei prüft **fliptest** die Robustheit gegenüber Eingabefehlern bzw. Übertragungsfehlern (-> Rauschen) und **comptest** die Fähigkeit zur Mustervervollständigung, d.h. welcher Teil des Eingabebildes zur Vervollständigung des Eingabemuster genügt. Der maximale Informationsverlust wird beim **fliptest** bereits für p = 50% erreicht, denn dann ist das so erzeugte Muster orthogonal zum unverrauschten Muster. Bei p = 100% hingegen ist die Information (d.h. das Muster) vollständig erhalten, nur eben in negierter Form, und der Hebb-Assoziator wird die negierte Ausgabe erzeugen. Insofern stellt p=30% oder gar p=40% sehr hohe Anforderungen an die Robustheit gegen Rauschen. Im Unterschied hierzu ist bei **comptest** die Information erst bei 100% Auslöschung (d.h. für r=0 und s=143) vollständig verloren. Folglich ist es durchaus sinnvoll zu prüfen, ob der Hebb-Assoziator z.B. aus nur 20 % des Musters, d.h. bei 80 % Auslöschung, das vollständige Muster wiederherstellen kann.

Tragen Sie hierzu in folgende Tabellen die Werte der Korrelation zwischen dem assoziierten Muster und dem Ausgangsmuster ein, dessen Komponenten mit **comptest** bzw. **fliptest** teilweise verändert wurden. Verwenden Sie hierzu jeweils Muster 3 und ein Muster eigener Wahl.

a) **Orthogonale Muster**

Laden Sie mit **file_learn ortho.pat** orthogonale Muster.

comptest	2-110	6-110	36-110	37-110	38-110	40-110
Muster 3 Muster ___						

Anzahl der ausblendbaren Elemente: _______

p_flip	0	0.2	0.3	0.4
Muster 3 Muster ___				

b) Zufallsmuster

Laden Sie mit **file_learn zuf_15.pat**   15 Zufallsmuster.

comptest	20 -50	10 -80	10 -110	0 -100	10 -120	0 -120
Muster 3						
Muster ___						

Anzahl der ausblendbaren Elemente: _______

p_flip	0	0.2	0.3
Muster 3			
Muster ___			

c) Zahlen

Laden Sie mit **file_learn ziffern.pat** 10 Ziffern. Testen Sie zuerst mit **flip_test i 0** , i = 0,..,9, alle Muster. Welche werden gut, welche werden schlecht assoziiert? Warum? Wie wären die Ergebnisse, wenn die Muster nicht so „schiefe" Zahlen wären?

comptest	20 -50	10 -80	10 -110	60 -140	40 -140	30 -140
Muster 3						
Muster ___						

Anzahl der ausblendbaren Elemente: _______

p_flip	0	0.1	0.2
Muster 3			
Muster ___			

7 Lösungen

Aufgabe 1

a) Sei **x->y** als p-te Assoziation hinzugelernt worden, d.h. $\mathbf{x=x^p}$ und $\mathbf{y=y^p}$, ferner sei $\mathbf{x^i}$ orthogonal zu $\mathbf{x^p}$ für alle i<p. Dann gilt bei Eingabe $\mathbf{x=x^p}$:

$$z_i = \sum_j P_{ij} \cdot x^p_j$$
$$= \sum_j \left(\bigvee_\mu y^\mu_i \cdot x^\mu_j \right) \cdot x^p_j$$
$$= \sum_j y^p_i \cdot x^p_j \cdot x^p_j$$
$$= \sum_j y^p_i \cdot x^p_j$$
$$= y^p_i \cdot \sum_j x^p_j$$

Falls $y^p_i = 0$, ist $z_i = 0$ und damit auch die i-te Komponente der Ausgabe 0.
Falls $y^p_i = 1$, ist $z_i = \Sigma_j \ x^p_j$ und damit auch die i-te Komponente der Ausgabe 1, jeweils unabhängig von Modus (input_sum, output_max) und Offset.

b) **Palm:** Es ist p=n. Wählt man $x^k=\{k\}$ für k=1,2,..,p, so bestimmt jedes x^k genau eine Spalte in der Matrix **P**. In diese Spalte kann ein beliebiger Wert y^k eingetragen werden, so daß dann zu diesen n Vektoren x^1, x^2,..,x^p jede vorgegebene Ausgabe y^1, y^2,..,y^p vollständig gelernt werden kann.
Man kann nicht n+1 solcher Vektoren finden, denn dann müßte es $2^{(n+1)\cdot m}$ verschiedene Assoziatoren geben, also $2^{(n+1)\cdot m}$ verschiedene Matritzen **P**. Es gibt jedoch nur $2^{n\cdot m}$.
Läßt man nicht nur beliebige y^k, sondern auch beliebige x^k zu, die nur paarweise voneinander verschieden sein müssen (was beim Hamming-Assoziator möglich ist), so kann man schon zwei Vektorenpaare (x^1,y^1) und (x^2,y^2) finden, für die das Lernproblem nicht mehr lösbar ist, z.B. $10 \rightarrow 0$ und $11 \rightarrow 1$.

Hebb: Ähnliches gilt auch für das Hebb-Verfahren. Für n paarweise orthogonale Vektoren x^1, x^2,..,x^n kann man die Werte $y^1,y^2,..,y^n$ beliebig vorschreiben. Allerdings gibt es nicht für jedes n auch n paarweise orthogonale Vektoren, etwa für ungerades n. Eine berühmte Vermutung besagt, daß für alle durch 4 teilbaren n jeweils n paarweise orthogonale Vektoren aus $\{-1,1\}^n$ existieren. Wenn keine n orthogonalen Vektoren existieren, ist die Aufgabe ungelöst. Aber einfache Überlegungen zeigen, daß auch hier n näherungsweise richtig ist.
Umgekehrt kann man für nicht orthogonale Eingabevektoren Beispiele finden, in denen das Lernproblem nicht mehr lösbar ist. Man benötigt hierzu mindestens drei Assoziationen, etwa: $1111111 \rightarrow 1$, $-1111111 \rightarrow 1$ und $1-111111 \rightarrow -1$. Die Gewichtsmatrix ist dann $H = (-1\ 3\ 1\ 1\ 1\ 1\ 1\ )$ und zu allen drei Vektoren wird 1 assoziiert.
$p \leq n$: Ohne Beschränkung der Allgemeinheit betrachten wir nur eine Ausgabekomponente. Seien x^1, x^2, .., x^μ beliebig gewählt. Diese Vektoren sind linear abhängig, sei also

$$x^{n+1} = \sum_{\mu=1}^{n} \alpha^\mu \cdot x^\mu.$$ Wir wählen nun: $y^\mu = 1 \ <=> \ \alpha^\mu \geq 0$. Ferner sei $y^{n+1} = -1$.
Wenn nun zu x^μ korrckt y^μ assoziiert wird, gilt:

$$H \cdot x^\mu \geq 0 \ <=> \ \alpha^\mu \geq 0.$$

Dann gilt:

$$H \cdot x^{n+1} = H \cdot (\sum_{\mu=1}^{n} \alpha^\mu \cdot x^\mu)$$
$$= \sum_{\mu=1}^{n} \alpha^\mu \cdot H \cdot x^\mu$$
$$\geq 0.$$

D.h. zu x^{n+1} wird nicht 1, sondern -1 assoziiert. Widerspruch!

Aufgabe 2

a) Wählt man Vektoren $x^k = \{k\}$, so gilt $y^k = (P_{0k},P_{1k},..,P_{mk})$ unabhängig von der Parametereinstellung. Mit diesen Lerndaten kann man dann **P** vollständig lernen.

b) Es gibt Matrizen **P**, die überhaupt keinen Rückschluß auf die Parametereinstellung zulassen. Besteht **P** nur aus Einsen, so wird zum leeren Vektor der leere und zu jedem anderen Vektor der vollbesetzte assoziiert, unabhängig von den Parametern.

Anmerkung:
Es gibt jedoch auch Matrizen **P**, bei denen man zwischen den beiden Modi unterscheiden und außerdem bei o<n das Offset bestimmen kann. Ein Beispiel ist **P** gegeben durch $P_{i,j} = 1$ für $j \geq i$ und $i>0$ sowie $P_{i,j} = 0$ für $j<i$ oder $i=0$ (n=m).

Hierzu muß man dann die beiden Vektoren $\{0,1,2,..,n\}$ und $\{1,2,..,n\}$ klassifizieren. Ist ihr Ergebnis gleich, so liegt der Maximum-Modus, ist ihr Ergebnis verschieden, so liegt der Summen-Modus vor. Ferner gilt $o = |y| - 1$ für das Ergebnis y der Assoziation zu $\{1,2,..,n\}$.

Aufgabe 3   Teilmusterproblem

a) Sei $x \to y$ eingelernt und x^s Teilmuster von x . Falls bei Eingabe x^s die Ausgabe y^s assoziiert wird, soll nun gezeigt werden, daß: $y_i = 1 \implies y_i^s = 1$.

Dazu zeigen wir zunächst: $\sum_j x^s_j \geq \sum_j P_{ij} \cdot x^s_j \geq y_i \cdot \sum_j x^s_j$

$$\sum_j x^s_j \geq \sum_j P_{ij} \cdot x^s_j$$

$$= \sum_j \left(\bigvee_\mu y^\mu_i \cdot x^\mu_j \right) \cdot x^s_j$$

$$\geq \sum_j y_i \cdot x_j \cdot x^s_j$$

$$= y_i \cdot \sum_j x_j \cdot x^s_j$$

$$= y_i \cdot \sum_j x^s_j \qquad (\, x^s \text{ Teilmuster von } x)$$

D.h., falls $y_i = 1$, gilt $z^s_i = \sum_j P_{ij} \cdot x^s_j = \sum_j x^s_j =$ „input_sum" $=$ „maximum", also $y_i^s = 1$.

b) Beim **Summen-Modus** mit **Offset 0** gilt: Wenn x richtig autoassoziiert wird, so sind alle Matrixeinträge $P_{i,j}$ Eins, wenn x_i und x_j Eins sind. Dann gilt für ein Teilmuster x^s von x, das mindestens eine Eins enthält, daß alle Matrixelemente $P_{i,j}$ Eins sind, wenn x^s_i und x_j Einsen sind, daher wird ein Obermuster von x assoziiert. Entsprechendes gilt für Offset > 0.

c) Beim **Modus output_max** mit **Offset 0** gilt dies nicht: Die Einheitsmatrix assoziiert jeden Vektor zu sich selbst, ein echter Untervektor x^s von x wird zu x^s und nicht zu einem Obervektor von x assoziiert.

Aufgabe 4   Inversion der Eingabe

Während die Vektoren 100, 010 und 001 vom dem Palm-Netz gelernt werden können, sind 011, 101 und 110 nicht lernbar.

Aufgabe 5

a) ja:

$$H^{neu}(x)_i = \sum_{j=1,..,n} H^{neu}_{ij} \cdot x_j$$

$$= \sum_{j=1,..,n} (H^{alt}_{ij} + y_i \cdot x_j) \cdot x_j$$

$$= \sum_{j=1,..,n} (H^{alt}_{ij} \cdot x_j + y_i)$$

$$= \sum_{j=1,..,n} H^{alt}_{ij} \cdot x_j + y_i \cdot n$$

$$\implies \quad \text{sign}\,(H^{neu}(x)_i) = y_i \ , \ \text{da} \ \ \text{sign}\,(\sum_{j=1,..,n} H^{alt}_{ij} \cdot x_j) = y_i$$

b) ja (hier nur für modus input_sum):

$$P^{neu}(\mathbf{x})_i = 1 \qquad \Longleftrightarrow \qquad \sum_{j=1,..,n} P^{neu}_{ij} \cdot x_j \geq |x| - o \qquad \text{(bei offset o)}$$

$$\Longleftrightarrow \qquad \sum_{j=1,..,n} (P^{alt}_{ij} \vee y_i \cdot x_j) \cdot x_j \geq |x| - o$$

$$\Longleftrightarrow \qquad \sum_{j=1,..,n} P^{alt}_{ij} \cdot x_j \geq |x| - o \qquad \text{falls } y_i = 0$$

$$\sum_{j=1,..,n} x_j \geq |x| - o \qquad \text{falls } y_i = 1$$

$$\Longleftrightarrow \qquad \text{false} \quad \text{falls } y_i = 0 \qquad \text{(nach Voraussetzung über } P^{alt})$$
$$\text{true} \quad \text{falls } y_i = 1$$

c) Man muß die Parametereinstellung Modus input_sum und offset 0 wählen. Diese ist die einzige, bei der die Bedingung $\forall i,j: x_i \cdot y_j = 1 \Rightarrow P_{i,j} = 1$ erfüllt ist, sofern bei Eingabe $\mathbf{x}$ die Ausgabe $\mathbf{y}$ assoziiert wird. Wenn diese Bedingung jedoch nicht erfüllt ist, werden genau an den Stellen P_{ij}, an denen sie verletzt ist, Einsen in die Palm-Matrix eingetragen, und damit ändert sich das Verhalten des Palm-Netzes (s. Teilaufgabe d).

d) Man wählt $\mathbf{P} = \mathbf{I}$ (Einheitsmatrix), $\mathbf{x}^1 = \mathbf{y}^1 = \{1.2.3\}$ und $\mathbf{x}^2 = \mathbf{y}^2 = \{1.2\}$. Das durch $\mathbf{I}$ gegebene Palm-Netz assoziiert zu jedem Vektor $\mathbf{x}$ den Vektor $\mathbf{x}$ selbst, also alle Vektoren. Durch zusätzliches Lernen von $(\mathbf{x}^1, \mathbf{y}^1)$ wird jedoch die Funktionalität dahingehend geändert, daß zu den Vektoren $\{1\}$, $\{2\}$, $\{3\}$, $\{1.2\}$, $\{1.3\}$, $\{2.3\}$ und $\{1.2.3\}$ stets der Vektor $\{1.2.3\}$ assoziiert wird.

Aufgabe 6   Verschiedene Lernkriterien bei der Autoassoziation

a) Für Modus output_max mit Offset 0 und das Lernkriterium (1) gilt: Die Einheitsmatrix $\mathbf{I}$ definiert ein Palm-Netz, das zu jedem Vektor sich selbst assoziiert. Damit hat $\mathbf{I}$ alle Lerndaten nach (1) gelernt. Offensichtlich ist jedoch der Informationsgehalt dieser Matrix $\mathbf{I}$ Null, daher kann (1) eigentlich in diesem Zusammenhang nicht der gewünschte Lernbegriff sein. Trotzdem ist dies für den Hebb-Assoziator ein wichtiges Lernkriterium und wird als Maß für die Speicherkapazität benutzt (s. Versuch 9 und vgl. Speicherkapazitätsbetrachtungen im Kapitel Hopfield-Netz).

b) Man betrachte Vektoren der Länge 4. Dann erfüllt folgende Lernmenge die gewünschte Bedingung: 0011, 1100, 0101 und 1010. Sie erzeugt folgende Matrix:

```
1 1 1 0
1 1 0 1
1 0 1 1
0 1 1 1
```

Bei Offset 0 (und beiden Modi) werden dann die Vektoren zu sich selbst assoziiert. Zum Vektor 1110 wird jedoch 1000 und zu 1000 wiederum 1110 assoziiert, so daß die Vektoren nicht gemäß (3) lernbar sind.

c) Seien x^1 und x^2 nicht orthogonal, etwa $x^1_i = x^2_i = 1$, dann ist das Muster $0^{i-1}10^{n-i}$ ein Teilmuster von x^1 und x^2 , folglich wird zu $0^{i-1}10^{n-i}$ ein Obermuster von x^1 und x^2 assoziiert. Dies kann nicht in der Mustermenge sein, da es sonst bereits zu x^1 assoziiert werden müßte (x^1 ist seinerseits Teilmuster dieses Obermusters).

d) Siehe Lösung zu Versuch 6a.

Aufgabe 7 Konvergenz bei der Autoassoziation des Palm-Netze

a) $P_{ij} = \bigvee_{k=1}^{p} (x_{ki} \wedge x_{kj}) = \bigvee_{k=1}^{p} (x_{kj} \wedge x_{ki}) = P_{ji}$

b) Sei bei Eingabe x' die Ausgabe x''. Dann ist zu zeigen $\forall i \quad x_i=1 \Rightarrow x''_i=1$.

$$
\begin{aligned}
& \forall i \quad x_i = 1 \Rightarrow x''_i = 1 \\
\Leftrightarrow\quad & \forall i \quad x_i = 1 \Rightarrow [\, \forall j \quad x_j' = 1 \Rightarrow P_{ij}=1 \,] \\
\Leftrightarrow\quad & \forall i \; \forall j \; [\, x_i = 1 \wedge x_j' = 1 \Rightarrow P_{ij}=1 \,] \\
\Leftrightarrow\quad & \forall i \; \forall j \; [\, x_j = 1 \wedge x_i' = 1 \Rightarrow P_{ji}=1 \,] \quad \text{(Umbenennung der Variablen)} \\
\Leftrightarrow\quad & \forall i \; \forall j \; [\, x_j = 1 \wedge x_i' = 1 \Rightarrow P_{ij}=1 \,] \quad \text{(Symmetrie von P)} \\
\Leftrightarrow\quad & \forall i \quad x_i' = 1 \Rightarrow [\, \forall j \quad x_j = 1 \Rightarrow P_{ij}=1 \,]
\end{aligned}
$$

Letzteres folgt daraus, daß bei Eingabe x die Ausgabe $y = x'$ ist:

$$
\begin{aligned}
& y = x' \\
\Leftrightarrow\quad & \forall i \quad x_i' = 1 \Leftrightarrow y_i = 1 \\
\Leftrightarrow\quad & \forall i \quad x_i' = 1 \Leftrightarrow [\, \forall j \quad x_j = 1 \Rightarrow P_{ij}=1 \,]
\end{aligned}
$$

Damit bilden beim rückgekoppelten Palm-Netz die Muster zu geraden und ungeraden Zeitpunkten jeweils eine monoton wachsende Reihe. Da die Anzahl der Einsen durch n beschränkt ist, konvergieren beide Reihen nach spätestens 4n Schritten (zweimal hintereinander keine zusätzliche Eins bedeutet Konvergenz).

Aufgabe 8 Erzeugung von Sequenzen beim Palm-Netz

a) Eintrainieren der Assoziationen $\{i\} \rightarrow \{i+1\}$ für alle $i = 0 \,..\, n-2$ und ferner die Assoziation $\{n-1\} \rightarrow \{0\}$ erzeugt ein Palm-Netz, das bei Eingabe $\{0\}$ den Zyklus

$$\{0\} \rightarrow \{1\} \rightarrow \{2\} \rightarrow ... \rightarrow \{n-1\} \rightarrow \{0\} \rightarrow ...$$

durchläuft.

b) Gemäß Aufgabe 1a) lernt das Palm-Netz die Assoziationen $x^i \rightarrow x^{i+1}$ fehlerfrei ein, sofern die Vektoren x^i paarweise orthogonal sind. Damit erzeugt das rückgekoppelte Palm-Netz bei Eingabe x^1 die Sequenz $x^1 \rightarrow x^2 \rightarrow x^3 \rightarrow ...$ fehlerfrei.

c) Es genügt, daß die Vektoren x^i aller Sequenzen paarweise orthogonal sind.

Versuch 1   Das Lernverfahren

a) Vektor	Palm-Netz	Hebb-Netz	Hamming-Verfahren
{1.2}	{1.2.3}	{1.2.3}	{1.3}
{1.3}	{1.2.3}	{1.2.3}	{2.3}
{2.3}	{1.2.3}	{1.2.3}	{1.2}

b) Vektor	Palm-Netz	Hebb-Netz	Hamming-Verfahren
{1.2}	{0.1.2.3}	{1.3}	{1.3}
{1.3}	{0.1.2.3}	{2.3}	{2.3}
{2.3}	{0.1.2.3}	{1.2}	{1.2}

c) Das Palm-Netz hat sich verschlechtert, während das Hebb-Netz nun die Vektoren richtig erkennt.

d) Es ist nicht möglich, durch das Lernen eines anderen Vektors eine ähnliche Verbesserung für das Palm-Netz zu erreichen. Wenn man sich die Matrix des Palm-Netzes anschaut, erkennt man, daß für eine Wiederherstellung der Information mindestens eine 1 auf 0 geändert werden muß. Dies ist jedoch durch das Lernen zusätzlicher Vektoren nicht möglich.

Versuch 2   Längenabhängigkeit der Lernverfahren

a)   Palm-Netz:

Vektor	Länge 8	Länge 16	Länge 24
{0.1.2.3}	{0.2.4.6}	{0.2.4.6}	{0.2.4.6}
{0.2.4.6}	{0.1.2.4.5}	{0.1.2.4.5}	{0.1.2.4.5}
{0.1.4.5}	{0.1.2.5.6}	{0.1.2.5.6}	{0.1.2.5.6}
{1.2.5.6}	{0.1.2.3.5}	{0.1.2.3.5}	{0.1.2.3.5}

Die Verlängerung der Vektoren hatte keine Folgen für die Assoziation. Sowohl Fehler als auch korrekte Assoziation sind unabhängig von der Verlängerung.

Hebb-Netz:

Vektor	Länge 8	Länge 16	Länge 24
{0.1.2.3}	{0.2.4.6}	{0.1.2.4.6}	{0.1.2.4.6}
{0.2.4.6}	{0.1.4.5}	{0.1.2.4.5}	{0.1.2.4.5}
{0.1.4.5}	{1.2.5.6}	{0.1.2.5.6}	{0.1.2.5.6}
{1.2.5.6}	{0.1.2.3}	{0.1.2}	{0.1.2}

Die Verlängerung der Vektoren bewirkt, daß die bei Länge 8 richtige Assoziation bei den Längen 16 und 24 verloren geht. Das Verfahren ist längenabhängig.

b) $H^L(\mathbf{x})_i$ $= \text{sign} (\sum_{j=1,\dots,n} H_{ij} \cdot x_j + \sum_{j=n+1,\dots,L} H_{ij} \cdot x_j)$

$\qquad\qquad = \text{sign} ((H*\mathbf{x})_i + \sum_{j=n+1,\dots,L} \sum_\mu y^\mu_i \cdot x^\mu_j \cdot x_j)$

$\qquad\qquad = \text{sign} ((H*\mathbf{x})_i + \sum_{j=n+1,\dots,L} \sum_\mu y^\mu_i)$

$\qquad\qquad = \text{sign} ((H*\mathbf{x})_i + (L\text{-}n) \cdot \sum_\mu y^\mu_i)$

D.h. falls $L\text{-}n > (H*\mathbf{x})_i$ bzw. $L > n + (H*\mathbf{x})_i$, gilt:

$$H^L(\mathbf{x})_i := \begin{cases} H(\mathbf{x}) & \sum_\mu y^\mu_i = 0 \\ \text{sign}(\sum_\mu y^\mu_i) & \text{sonst.} \end{cases}$$

Anmerkung: Bei diesem Versuch ist $\sum_\mu y^\mu_i = 0$ für $i = 4,5,6$, d.h. für diese Komponenten hat die Verlängerung keinen Einfluß.

Versuch 3   Modus output_max beim Palm-Netz

a) Bei Modus output_max und Offset 0 gilt:

(i)

$\mathbf{x} =$	{0.1.2.4.5.8}	{0.4.5.9.14}	{9.10.11.12.13.16.17}
$\mathbf{y} =$	{4.5.6.7}	{8.9.10.11}	{12.13.14.15}

(ii)

$\mathbf{x} =$	{0.2.4.5.8}	{0.4.5.9.10.14}	{10.11.12.13.16.17}
$\mathbf{y} =$	{4.5. ... 11}	{8.9. ... 15}	{0.1.2.3.12.13. ... 19}

b) Bei Modus output_max und Offset o =1 gilt:

$\mathbf{x} =$	{0.1.2.4.5.8}	{0.1.4.5.8}	{9.10.11.12.13.16.17}
$\mathbf{y} =$	{4.5. ... 11}	{4.5. ... 15}	{0.1.2.3.12.13. ... 19}

c) **Lernmatrix**

(i) n

(ii) $\mathbf{x}^k$, d.h. $P_{kj} = x_{kj}$

(iii) $z_k = \mathbf{x}*\mathbf{x}^k$ = Anzahl übereinstimmender „1en" von $\mathbf{x}$ und $\mathbf{x}^k$
$\qquad\qquad$ = Anzahl übereinstimmender „01en" und „10en" von $\mathbf{x}$ und $\mathbf{x}^k$
$\qquad\qquad$ = Anzahl übereinstimmender „-1en" und „1en" von $\mathbf{x}'$ und $\mathbf{x}^{k'}$
$\qquad\qquad$ = $(\mathbf{x}'*\mathbf{x}^{k'} + n) / 2$

Die Eingabe -11-1 wird zur Klasse 0, d.h. zu 11-1 assoziiert.

Versuch 4   Modus input_sum beim Palm-Netz

a) Bei Modus input_sum und Offset 0 gilt:

(i)	$\mathbf{x} =$	{3}	{3.7}	{3.7.11}
	$\mathbf{y} =$	{}	{}	{}

(ii)	$\mathbf{x} =$	{0.1}	{4}	{8.9.10}
	$\mathbf{y} =$	{4.5.6}	{8.9.10}	{12.13.14}

(iii)	$\mathbf{x} =$	{0.1.4}	{4.5.6.9}	{0.1.2.3}
	$\mathbf{y} =$	{}	{}	{}

b) Bei Modus input_sum und Offset 2 gilt:

$\mathbf{x} =$	{0.1.2.4.5.8}	{0.1.2.4.5}	{0.4.8}
$\mathbf{y} =$	{}	{4.5.6}	{4.5.6.8.9.10.12.13.14}

Versuch 5   Autoassoziation

a) Vektor   Palm-Netz   Hebb Netz   Hamming-Assoziator

0011	0011	0011	0011
0110	0110	0110	0110
1100	1100	1100	1100
1001	1001	1001	1001

b) Vektor   Palm-Netz   Hebb-Netz   Hamming-Assoziator

0111	0010	0111	0110
1011	0001	1011	0011
0010	0111	0111	0110
0001	1011	1011	0011

c) Der Graph besitzt sechs 1er-Zyklen: 0000, 1001, 0011, 1100, 0110, 1111 und fünf 2er-Zyklen: 0100↔1110, 0010↔0111, 1000↔1101, 0001↔1011, 1010↔0101. Das Palm-Netz hat damit 16 verschiedene Ausgaben.

d) Die vom Palm-Netz realisierte Funktion ist injektiv und surjektiv, also bijektiv.

e) Bei bijektiver Selbstabbildung einer endlichen Menge gibt es eine Zahl n, so daß die n-fache Ausführung die Identität ergibt. Daher wird jeder Vektor nach n-maliger Anwendung der Autoassoziation auf sich selbst und nach (n+1)-maliger Anwendung wieder auf seine

Assoziation abgebildet. Da die realisierte Funktion selbst nicht die Identität war, konvergiert für keinen Vektor **x** die mehrfache Autoassoziation, wenn **x** nicht zu sich selbst assoziiert wird.

f) Auch beim Modus input_sum mit Offset 0 wird zu 0111 der Vektor 0010 und zu 0010 wieder 0111 assoziiert, so daß diese Möglichkeit das Problem nicht löst.

Durch hinreichend großes Offset kann man erreichen, daß jeder Vektor auf einen mit mehr Einsen abgebildet wird, so daß letztendlich der Vektor 1111 mehrfach autoassoziiert wird. Damit verliert jedoch das Palm-Netz seine Speichereigenschaft, da es unabhängig von der Eingabe nur noch (!) den Vektor 1111 assoziiert. Folglich wird auch damit das Problem nicht gelöst.

Ein weitere Möglichkeit besteht darin, einschränkende Bedingungen an die Lernmengen zu stellen. Dies wird in Versuch 6 untersucht.

Anmerkung: Beim Hebb-Netz treten in diesem Beispiel nicht dieselben Probleme auf. Bei jeder Hebb-Assoziation bleiben alle Einsen erhalten, so daß nach endlich vielen Assoziationen ein stabiler Zustand erreicht ist. Im allgemeinen erzeugen beide Verfahren stets sogenannte 2er-Zyklen, z.B. „ 0111 -> 0010 und 0010 -> 0111" (ein 1er-Zyklus ist ein spezieller 2er-Zyklus, s. auch Aufgabe 7).

Versuch 6 Mehrfache Autoassoziation

a) Beim Modus input_sum und Offset 0 gilt:

  (i)   Die Assoziation zum Nullvektor ist der Nullvektor.
  (ii) Die Assoziation zu einem Teilmuster eines gelernten Musters x^k ist x^k.
  (iii) Die Assoziation zu einem Muster **z** , zu dem zwei gelernte Muster x^k und $x^{k'}$ existieren
        mit $x^k * z > 0$ und $x^{k'} * z > 0$, ist der Nullvektor.

Bei den anderen Parametereinstellungen von Modus und Offset ändert sich Fall (iii) und die Argumentation ist etwas komplizierter. Bei orthogonalen Mustern lassen sich die Komponenten so permutieren, daß die ersten $|x^1|$ Komponenten die gesetzten „1en" von Muster x^1, die nächsten $|x^2|$ Komponenten die gesetzten „1en" von Muster x^2 u.s.w. enthalten. Damit können wir im Beweis von folgender Vereinfachung bzw. Normalgestalt ausgehen:

$$
\begin{aligned}
x^1 &= \quad 11 .. 1\, 00 .. 0\, 00 .. 0\, 00 .. \\
x^2 &= \quad 00 .. 0\, 11 .. 1\, 00 .. 0\, 00 .. \\
x^3 &= \quad 00 .. 0\, 00 .. 0\, 11 .. 1\, 00 .. \\
&\quad (...)
\end{aligned}
$$

Für die Aktivierung einer Ausgabekomponente z_i gilt: Entweder es existiert genau ein Muster x^k, zu dem z_i im obigen Sinne gehört, oder $z_i = 0$. Im ersten Fall gilt bei Eingabe x: $z_i = x * x^k$ (= Anzahl gemeinsamer „1en"). Folglich gilt nach jeder Assoziation, daß die zu einem Muster x^k gehörenden Komponenten stets gemeinsam aktiviert werden. Ferner folgt aus $z_i = x * x^k$ folgende Monotonieeigenschaft: Wenn nach mehrfacher Assoziation die Eingabe x und ein gelerntes Muster x^k keine gemeinsame 1 enthalten, dann auch nicht die Ausgabe y mit x^k und damit keine der folgenden Assoziationen. Somit nimmt ab der 1. Assoziation die Anzahl der „1en" bzw. genauer die Menge der aktivierten Komponenten bei mehrfacher Autoassoziation monoton ab und diese Folge konvergiert (Hinweis: Wegen (ii) kann bei der 1. Assoziation die Anzahl der „1en" noch zunehmen).

b) Diese Eigenschaft wird von folgenden Lerndaten erfüllt:

{0011, 0101, 1001}	nein
{0001, 0010, 1100}	ja
{0000, 0011, 1111}	nein (gelernte Matrix trotzdem „stabil", siehe c))
{0001, 0010, 0100}	ja
{0011, 0111, 0100}	nein (gelernte Matrix trotzdem „stabil", siehe c))
{0011, 0110, 1100}	nein

c) Bei den Lernmengen {0000, 0011, 1111} bzw. {0011, 0111, 0100} wird Information überschrieben. Läßt man die überschriebenen Daten weg, so erhält man jeweils eine Lernmenge mit nur einem Vektor, nämlich {1111} bzw. {0111}. Diese erfüllt jeweils die Bedingung, daher ist die durch sie gelernte Matrix „stabil".

Versuch 7 Speicherkapazität (Palm-Netz) $\to$ Spärliche Muster

Einsen Muster	- 3 1 2 3	- 2 1 2 3	- 1 1 2 3	0 1 2 3	+ 1 1 2 3	+ 2 1 2 3
output_max						
offset 0	0 0 0	0 0 0	0 0 0	0 0 0	7 5 7	4 5 6
offset 1	3 2 4	1 0 0	0 0 0	0 0 0	0 0 0	0 0 0
input_sum						
offset 0	0 0 0	0 0 0	0 0 0	0 0 0	7 5 7	8 8 8
offset 1	3 2 4	1 0 0	0 0 0	0 0 0	0 0 0	4 5 6

Betrachten wir im folgenden die Eingabe eines „verrauschten" Musters x^k.
Wenn keine zusätzlichen „1en" eingegeben wurden, gilt für alle Komponenten i:

$$x_{ki} = 1 \quad \Rightarrow \quad z_i = |x| = \text{„input\_sum"} = \text{„output\_max"}$$

D.h. für beide Modi ist die Schwelle c gleich.

Wenn keine zusätzlichen „1en" eingegeben wurden, gilt somit für alle Komponenten i:

$$x_{ki} = 1 \quad \Rightarrow \quad y_i = 1$$

Damit auch die Umkehrung gilt ($x_{ki}=0 \Rightarrow y_i = 0$), sollte die Schwelle c möglichst hoch sein, d.h. der Offset möglichst klein. Also werden in diesem Fall bei Offset 0 die wenigsten Fehler (zusätzliche „1en") erzeugt.

Bei zusätzlichen „1en" in der Eingabe gilt für alle Komponenten:

$$x_{ki} = 1 \quad \Rightarrow \quad |x^k| \leq z_i \leq |x| \qquad (\text{und} \quad |x^k| < |x|)$$

Für die meisten Komponenten mit $x_{ki}=1$ wird gelten $z_i=|\mathbf{x}^k|$. Wenn jedoch eine weitere Komponente existiert mit $x_{ki}=1$ und $z_i>|\mathbf{x}^k|$, dann wird bei Offset 0 für alle Komponenten mit $x_{ki}=1$ und $z_i=|\mathbf{x}^k|$ die falsche Ausgabe $y_i=0$ erzeugt.

Leider ist im allgemeinen nicht bekannt, ob bei der Eingabe „1en" fehlen oder zusätzliche „1en" vorhanden sind. Insofern scheint dann ein Offset 1 ein akzeptabler Kompromiß zu sein.

b) m=8

Einsen Muster	- 3 1 2 3	- 2 1 2 3	- 1 1 2 3	0 1 2 3	+ 1 1 2 3	+ 2 1 2 3
p=300	3 1 4	1 0 2	1 0 1	1 0 0	1 0 0	1 0 0
p=400	3 2 4	1 0 0	0 0 0	0 0 0	0 0 0	0 0 0
p=500	5 4 8	2 1 2	1 1 0	1 0 0	0 0 0	0 0 6

c) m=50

Einsen Muster	- 3 1 2 3	- 2 1 2 3	- 1 1 2 3	0 1 2 3	+ 1 1 2 3	+ 2 1 2 3
p=40	0 0 0	0 0 0	0 0 0	0 0 0	0 0 0	7 7 10
p=50	0 3 1	0 3 1	0 3 1	0 3 1	0 3 1	4 6 6
p=60	5 7 6	5 7 5	5 6 5	5 6 4	5 6 4	6 7 8

Sei die Information eines Zufallsvektors für m=8 gleich I. Dann entsprechen 400 solcher Vektoren ungefähr 400·I, hingegen 50 Zufallsvektoren mit m=50 nur 50·3·I, d.h. die gespeicherte Information verhält sich wie etwa 8:3.

Versuch 8   Speicherkapazität (Hebb-Assoziator): → Unkorrelierter und schwach korrelierter Muster

Die Ergebnisse entsprechen denen von Versuch 2 und 3 im Kapitel Hopfield-Netze.

a) **orthogonale Muster**

Laden Sie mit **file_learn ortho.pat** orthogonale Muster.

comptest	2-110	6-110	36-110	37-110	38-110	40-110
Muster 3	100	100	100	100	100	100

Die Anzahl der ausblendbaren Elemente hängt davon ab, welche Elemente ausgeblendet werden.

p_flip	0	0.2	0.3	0.4
Muster 3	100	100	100	80

Hinweis: p_flip = 0,5 bedeutet, daß sämtliche Information über das Ausgangsmuster verloren ist, d.h. die beiden Muster sind vollkommen unkorreliert (d.h. nahezu orthogonal, jedoch wegen stochastischem Rauschen nicht stets orthogonal)!

b) Zufallsmuster

Laden Sie mit **file_learn zuf_15.pat** 15 Zufallsmuster.

comptest	20-50	10-80	10-110	0-100	10-120	0-120
Muster 3	98	98	83	77	79	66

Die Anzahl der ausblendbaren Elemente hängt davon ab, welche Elemente ausgeblendet werden!

p_flip	0	0.2	0.3
Muster 3	100	ca. 90	ca. 80

c) Zahlen

Gut assoziert werden die Muster 2, 3, 6, 9. Die übrigen Muster sind zu stark korreliert mit anderen Mustern.

Wenn die Muster nicht so „schiefe" Zahlen wären, wären die Ergebnisse sehr schlecht, da „normale" Zahlen sehr stark korreliert ist (z.B. sind die Pixel im Hintergrund der „8" bei allen „normalen" Zahlen zumeist weiß).

comptest	20-50	10-80	10-110	60-140	40-140	30-140
Muster 3	94	73	51	100	97	73

Die Anzahl der ausblendbaren Elemente hängt davon ab, welche Elemente ausgeblendet werden!

p_flip	0	0.1	0.2
Muster 3	100	100	95

Kapitel 4

Klassifikatoren

1 Einführung

Im folgenden betrachten wir zweischichtige Netze, die jeweils eine Eingabeschicht $(x_1,..,x_n)$ und eine Ausgabeschicht $(s_1,..,s_m)$ besitzen. Die Modelle unterscheiden sich jeweils in ihrem zugehörigen Lernverfahren. Diese sind Verfeinerungen von:

Wettbewerbslernen (Competitive Learning)

Dieses Verfahren ist mit dem Lernalgorithmus für das Perzeptron eng verwandt. Die Muster werden in der Lernphase so oft eingelernt, bis die Gewichte stabil bleiben und sich nur noch unwesentlich verändern. Dabei wird bei einem Eingabemuster $x = (x_1,...,x_n)$ das Neuron k (winner) ausgewählt, das auf x am stärksten anspricht (Wettbewerb):

$$s_k = \sum_j w_{kj}\, x_j$$
$$= \max \{ \sum_j w_{k'j}\, x_j \mid \text{Neuron } k' \}$$
$$= \max \{ \mathbf{w}^{k'} * \mathbf{x} \mid \text{Neuron } k' \}.$$

Dessen Gewichtsvektor $\mathbf{w}^k$ wird dann entsprechend der Lernregel beim Perzeptron abgeändert (**winner-takes-all**):

$$\mathbf{w}^k := \mathbf{w}^k + \Delta(t) \cdot (\mathbf{x} - \mathbf{w}^k).$$

Zur Stabilisierung des Lernvorgangs schwächt man die Veränderung des Gewichtsvektors im Laufe der Lernphase ab: z. B. $\Delta(t) := 1/t$ im t-ten Schritt. Wählen wir

$$\Delta(t) := 1\,/\,\#\{ \mathbf{x}(t') \mid \text{Neuron } k \text{ winner bei } \mathbf{x}(t') \text{ und } t' \leq t \}$$

(mit #M = Anzahl der Elemente von M), dann ist

$$\mathbf{w}^k = \text{Mittelwert von } \{ \mathbf{x}(t') \mid \text{Neuron } k \text{ winner bei } \mathbf{x}(t') \text{ und } t' \leq t \}.$$

Trotzdem ist es bei ungünstiger Wahl der Eingabemuster in der Lernphase möglich, daß die Gewichte instabil bleiben und nicht konvergieren. Im Unterschied zum Perzeptron-Lernalgorithmus ist Wettbewerbslernen ein unüberwachtes Lernverfahren. Wenn nun bei einem Eingabemuster **x** keines der Neuronen gut anspricht, wird mehr oder weniger willkürlich eines davon ausgewählt, im ungünstigen eines, das bereits optimal für eine Gruppe von Eingabemustern eingestellt ist. Ein solches Neuron kann jedoch nur entweder auf **x** oder auf die Gruppe gut ansprechen, d.h. eine Anpassung der Gewichte des Neurons in Richtung **x** ist ein Verlernen der Klassifizierung der Gruppe und somit eine Verschlechterung. Dies wird verbessert im Modell von Carpenter / Grossberg [9]:

Adaptive-Resonanz-Theorie

Bevor wir die Funktionsweise dieses Modells skizzieren, vorweg ein Zitat von Wassermann [10]:

> „ART, as it is generally found in the literature, is something more than a philosophy, but much less concrete than a computer program. This has allowed a wide range of implementations that adhere to the spirit of ART, while they differ greatly in detail."

In diesem Modell schickt ein ausgewähltes Neuron sein Referenzmuster (im wesentlichen den Gewichtsvektor) an die Eingabeschicht zurück, und nur wenn es gut genug zum Eingabemuster paßt, lernt dieses Neuron das Eingabemuster. Anderenfalls werden noch die anderen Neuronen geprüft, und wenn keines paßt, wird ein neues ausgewählt. Dieses Verfahren kann nun die Konvergenz garantieren, es ist aber möglich, daß weit mehr Klassen als notwendig erzeugt werden.

Eine andere Variante des Wettbewerbslernens ist das

Kohonen-Modell

Bei diesem wird beim Lernen die räumliche Anordnung der Neuronen (etwa eine 2-dimensionale Gitterstruktur) berücksichtigt, indem nicht nur das ausgewählte Neuron k angepaßt wird, das auf das Eingabemuster $\mathbf{x} = (x_1,\ldots,x_n)$ am stärksten anspricht, sondern auch sein Nachbar k´, jeweils gewichtet mit einem Nachbarschaftsmaß $n(k,k´) \in [0,1]$ $(n(k,k)=1)$:

$$\mathbf{w}^{k´} := \mathbf{w}^{k´} + \Delta \cdot n(k,k´) \cdot (\mathbf{x}\text{-}\mathbf{w}^{k´})$$

Das Anpassen der Nachbarn bewirkt, daß die Gewichtsvektoren benachbarter Neuronen ähnlich sind und damit benachbarte Neuronen von einem Eingabemuster ähnlich aktiviert werden, d.h. benachbarte Neuronen klassifizieren ähnliche Merkmale. In anderen Worten, die Neuronen bilden eine „topographische Merkmalskarte". Diese Eigenschaft entspricht nicht nur dem biologischen Vorbild etwa im visuellen und auditiven Bereich der Primaten, sondern ist auch sehr günstig für die modulare Verschaltung größerer neuronaler Netzwerke, da dadurch deren Struktur wesentlich vereinfacht wird (ähnliche Merkmale haben ähnliche Folge-Wirkungen bzw. Folge-Neuronen, d.h. verschalten in ähnliche, benachbarte Hirnregionen).

2 Adaptive-Resonanz-Theorie

Die Adaptive-Resonanz-Theorie I von Stephen Grossberg hat das Ziel, ein Modell für den Mechanismus des Lernens und Wiedererkennens im Gehirn von Tieren anzugeben. Daher ist sie mehr an biologischen Gegebenheiten als an effizienter Realisierung orientiert. Stephen Grossberg hat die Adaptive-Resonanz-Theorie noch weiterentwickelt, so daß neben der Version ART I auch ART II und ART III existieren, die hier jedoch nicht behandelt werden.

Ein Nachteil des Wettbewerbslernes ist, daß Instabilitäten auftreten können. So kann z.B. ein Vektor, der zu keiner bisher gelernten Klasse paßt, fast willkürlich einer zugeordnet werden und dann der vorher gut zur Klasse passende Repräsentant (= Referenzmuster = Gewichtsvektor des zugehörigen Neurons) durch die Lernregel in ungünstiger Weise verändert werden. Die Lernregel führt auch zu keinem stabilen Zustand, sondern jeder Klassifikationsvorgang verändert das Netz.

Diese beiden Nachteile wollte Grossberg mit ART I beheben. Der Gewichtsvektor $\mathbf{w}^k$ ist binär (d.h. aus $\{0,1\}^n$) und kann nur in eine Richtung (monoton fallende Anzahl der „1en") verändert werden. Außerdem verhindert eine zusätzliche Kontrollinstanz zu große Änderungen der Klasseneinteilung, d.h. ein Winnerneuron kann bei zu großen Abweichungen von der Eingabe gesperrt werden. In diesem Fall wird mit Hilfe der restlichen ungesperrten Neuronen eine neue Klassifizierung ermittelt. Das die Gewinnerklasse ermittelnde Teilsystem heißt bei Grossberg **Attentional Subsystem** (AS), das die Kontrolle ausübende Teilsystem heißt **Oriental Subsystem** (OS).

Um den Basisalgorithmus zu verstehen, werden folgende Festlegungen getroffen: Die Referenzmuster $\mathbf{w}^k$ sind als $\{0,1\}$-wertige Vektoren gespeichert. m bezeichne die Anzahl der Ausgabeneuronen, d.h. Anzahl lernbarer Klassen. **1** bezeichne den Vektor $(1,..,1)$. Ferner bezeichnet $|\cdot|$ die Summennorm eines Vektors $(|x_1|+|x_2|+..+|x_n|)$ und $\wedge$ komponentenweises AND: $\mathbf{x}\wedge\mathbf{x}' = (x_1\wedge x'_1, x_2\wedge x'_2, .., x_n\wedge x'_n)$.

Damit läßt sich der zugrundeliegende Algorithmus folgendermaßen beschreiben:

Initialisiere für jedes k den Vektor $\mathbf{w}^k = \mathbf{1}$.
while (Existenz eines anliegenden Musters $\mathbf{x}$) **do**
(1)   Einlesen von $\mathbf{x}$, setze $I = \{1,2,..,m\}$;
(2)   **repeat**
        (2.1)   **AS** wählt $k \in I$ mit maximaler Bewertung.
        (2.2) $I = I - \{k\}$;
        until $(I = \{\})$ **or** (**OS** akzeptiert k nach Vergleich von $\mathbf{x}$ und $\mathbf{w}^k$);
(3)   **if** (**OS** akzeptiert k nach Vergleich von $\mathbf{x}$ und $\mathbf{w}^k$)
        (3.1)   **then** Anpassung von $\mathbf{w}^k$ an $\mathbf{x}$;
        (3.2)   **else** Eingabe $\mathbf{x}$ abgelehnt ($\mathbf{x}$ nicht klassifizierbar und Speicher voll);

Teil (2) der Schleife ist so geartet, daß das AS aus den noch verbliebenen Indizes solange einen Vorschlag macht, bis entweder das OS diesen akzeptiert oder alle gespeicherten Muster dem anliegenden zu unähnlich sind. Bei einem akzeptierten Vorschlag wird der Gewichtsvektor $\mathbf{w}^k$ an $\mathbf{x}$ angepaßt, anderenfalls kann die Eingabe $\mathbf{x}$ nicht bearbeitet werden. Dieser Fall kann nur dann auftreten, wenn kein $\mathbf{w}^k$ mehr unbesetzt, d.h. in der Vorbelegung **1** ist (siehe Aufgabe 1).

Neben dem Rahmenalgorithmus bleiben bei ART I nun noch drei Dinge zu spezifizieren: die Funktionsweise des **AS**, die des **OS** und die Anpassung bei (3.1).

Für das **AS** wird wie beim Wettbewerbslernen die Klasse k ermittelt, deren Bewertungsfunktion $f_k(\mathbf{x})= |\mathbf{x}\wedge\mathbf{w}^k| / (b+|\mathbf{w}^k|)$ einen maximalen Wert unter allen $\{f_{k'}(\mathbf{x}): k'\in I\}$ annimmt. Außerdem wird vorausgesetzt, daß das **AS** deterministisch ist, d.h. bei gleichen Situationen stets die gleiche Klasse findet, insbesondere bei $f_k(\mathbf{x})=f_{k'}(\mathbf{x})$ für $k<k'$ a priori dem kleineren Index den Vorzug gibt. b ist hierbei ein vorher zu wählender Parameter, genannt Biasing oder Bias-Parameter, es gilt $b\geq 0$. Bei kleinem Bias wird die Klasse k

bevorzugt, deren $\mathbf{w}^k$ ein Teilmuster von $\mathbf{x}$ ist, bei großem Bias die, deren $\mathbf{w}^k$ ein Obermuster von $\mathbf{x}$ ist (s. Aufgabe 2).

Das **OS** vergleicht, ob genug Einsen des Vektors $\mathbf{x}$ im Vektor $\mathbf{w}^k$ gesetzt sind (dieser Vergleich kann nur dann negativ ausfallen, wenn kein Gewichtsvektor mehr initial belegt ist). Hierzu vergleicht das **OS** $|\mathbf{x}\wedge\mathbf{w}^k| = \mathbf{x}*\mathbf{w}^k$ mit $\rho\cdot|\mathbf{x}|$ für einen vorgegebenen Parameter ρ (Vigilance). Ist $|\mathbf{x}\wedge\mathbf{w}^k| \geq \rho\cdot|\mathbf{x}|$, so wird k akzeptiert, ist $|\mathbf{x}\wedge\mathbf{w}^k| < \rho\cdot|\mathbf{x}|$, wird k zurückgewiesen.

Die **Anpassung** in (3.1) ist die Operation $\mathbf{w}^k = \mathbf{x}\wedge\mathbf{w}^k$, d.h. Einsen, die nicht im anliegenden Muster enthalten sind, werden gelöscht.

Somit ergibt sich folgender Gesamtalgorithmus:

Initialisiere für jedes i die Vektoren $\mathbf{w}^k = \mathbf{1}$.
while (Existenz eines anliegenden Musters $\mathbf{x}$) **do**
(1)   Einlesen von $\mathbf{x}$, setze $I = \{1,2,..,m\}$;
(2)   **repeat**

(2.1)   Auswahl von $k \in I$ mit $\dfrac{\mathbf{x}*\mathbf{w}^k}{b+|\mathbf{w}^k|} = \mathrm{Max}\{\dfrac{\mathbf{x}*\mathbf{w}^{k'}}{b+|\mathbf{w}^{k'}|} : k' \in I\}$;
(2.2) $I = I - \{k\}$;
until $(I = \{\})$ **or** $(\mathbf{x}*\mathbf{w}^k \geq \rho\cdot|\mathbf{x}|)$;
(3)   **if** $(\mathbf{x}*\mathbf{w}^k \geq \rho\cdot|\mathbf{x}|))$
(3.1)   **then** $\mathbf{w}^k := \mathbf{x}\wedge\mathbf{w}^k$;
(3.2)   **else** Keine Bearbeitung von $\mathbf{x}$;

Die jeweiligen Schritte des Algorithmus benötigen im physikalischen Modell einen recht hohen Codierungsaufwand, nicht zuletzt deshalb, weil sie mit der neurophysiologischen Wirklichkeit des Gehirns übereinstimmen sollen. Nach Stephen Grossberg ist ART I auch ein Modell zur Darstellung von Lang- und Kurzzeitgedächtnis bei Tieren. Das Langzeitgedächtnis entspricht den Gewichten zwischen den Neuronen und kann nur endlich oft geändert werden ($m\cdot n$ Änderungen der $\mathbf{w}^k$ sind möglich), während die anliegende Kontextinformation des Algorithmus, d.h. die Aktivierungszustände der Neuronen, dem beliebig oft änderbaren Kurzzeitgedächtnis entsprechen.

Aufgabe 1   Das Lernverfahren

a) Genau eine Klasse k sei noch im Initialisierungszustand ($\mathbf{w}^k = \mathbf{1}$). Wenn eine Eingabe $\mathbf{x}$ für keine andere Klasse k′ durch das AS vorgeschlagen und vom OS akzeptiert wird, wird dann die Klasse k gewählt?

b) Wenn die erste vom AS vorgeschlagene Klassifizierung für ein Muster $\mathbf{x}$ vom OS verworfen wurde, ist dann der zweite Vorschlag immer eine neue Klasse (unbelegtes Referenzmuster, d.h. $\mathbf{w}^k=\mathbf{1}$), und wenn nicht, kann sie trotzdem vom OS akzeptiert werden?

Aufgabe 2   Biasing (b)

a) Zeige, daß für die vom AS gewählte Klasse k gilt:

$$b = 0 \quad => \quad \mathbf{w}^k{*}\mathbf{x} \,/\, |\mathbf{w}^k| \;=\; \max \{\; (\mathbf{w}^{k'}{*}\mathbf{x}) \,/\, |\mathbf{w}^{k'}| \;\mid\; k' \in I\} \tag{1}$$
$$b \to \infty \quad => \quad \mathbf{w}^k{*}\mathbf{x} \;=\; \max \{\mathbf{w}^{k'}{*}\mathbf{x} \mid k' \in I\} \tag{2}$$

Man kann also sagen, daß für b=0 das $\mathbf{w}^k$ mit *relativ* den meisten „1en" von $\mathbf{x}$ gewählt wird, und für b -> ∞ das $\mathbf{w}^k$ mit *absolut* den meisten „1en" von $\mathbf{x}$.

b) Ein Muster $\mathbf{w}^1$ heißt Teilmuster zu $\mathbf{w}^2$ bzw. $\mathbf{w}^2$ Obermuster zu $\mathbf{w}^1$, wenn jedes Pixel, das in $\mathbf{w}^1$ gesetzt ist, auch in $\mathbf{w}^2$ gesetzt ist, d.h. $\forall i\colon \mathbf{w}^1_i \neq 0 \Rightarrow \mathbf{w}^2_i \neq 0$. Welcher Klasse ($\mathbf{w}^1$ bzw. $\mathbf{w}^2$) ordnet das AS ein Muster $\mathbf{x}$ zu, wenn $\mathbf{x}$ Obermuster von $\mathbf{w}^1$ und Teilmuster von $\mathbf{w}^2$ ist, für b=0 bzw. b→∞?
Für b=0 zu Klasse ____   und   für b→∞ zu Klasse ____

c) Es seien $\mathbf{w}^1$ und $\mathbf{w}^2$ zwei Muster mit 20 und 22 gesetzten Pixeln, q=2. Die anliegende Eingabe $\mathbf{x}$ habe 21 Einsen, $\mathbf{w}^1$ sei Teilmuster und $\mathbf{w}^2$ sei Obermuster von $\mathbf{x}$. Bis zu welchem Bias ordnet das AS die anliegende Eingabe der 1. Klasse und ab welchem b der 2. Klasse zu?

3   Versuchsumgebung für ART

Der Aufruf des Programms erfolgt jeweils bei Versuch *i* (i=1..5) durch den Befehl **art** *i*.

Beschreibung der Fensteroberfläche

input pattern	das gerade eingelesene Muster
reference pattern	Klasse, in die das Muster eingeordnet wurde. Um die Muster besser zu visualisieren, werden 12x12-Felder statt linearer Vektoren verwandt, wobei „1en" als schwarzes Kästchen (markiert mit weißem „*") und „0en" als weiße Kästchen (markiert mit schwarzem „*") dargestellt sind.
classes	Klassen bzw. Referenzmustern (Gewichtsvektoren der Neuronen), die einzelnen Eingabemuster bisher zugeordnet wurden. So bedeutet etwa „7. 2 3 5", daß der Klasse (bzw. Referenzmuster) 7 die Eingabemuster 2, 3 und 5 zugeordnet wurden.
pattern	Nummer des aktuellen Eingabemusters
epoch	Anzahl der Präsentationen aller Lernmuster
classes tested	vom **AS** vorgeschlagenen Klassen (Referenzmuster)
class selected	vom **OS** akzeptierte Referenzmuster
used	Anzahl bereits belegter Referenzmuster (verändert gegenüber deren Initialisierung mit **1**)
#units,	Anzahl belegbarer Referenzmuster (Klassen), d.h. stets gilt **used** ≤ **#units,** bei **used** = **#units** ist der „Speicher" voll.

Beschreibung der Befehle

file/	Mit **quit** wird das Programm beendet.
set/	Hiermit können Parameter verändert werden (s. Beschreibung der Parameter).
show	Zeigt die Muster der mit dem Parameter **pattern_file** spezifizierten Datei Schritt für Schritt an.
learn	Lernt die Muster der mit dem Parameter **pattern_file** spezifizierten Datei ein. In Abhängigkeit vom Paramter **ltrace** geschieht dies Schritt für Schritt (**ltrace**=1) oder im Schnelldurchlauf (**ltrace**=0). Dabei wird jeweils die gesamte Eingabemenge mehrfach durchlaufen. Die Anzahl dieser Lerndurchläufe wird durch den Parameter **#epochs** spezifiziert.
reset	Initialisiert die Referenzmuster neu (alle Gewichtsvektoren mit **1**).

Bei den Befehlen **learn** und **show** erscheint (falls **ltrace**=1) nach jedem Schritt das Fenster **continue / break**.

continue	Bei Anklicken oder Drücken der Return-Taste wird eine weitere Berechnung ausgeführt.
break	Bei Anklicken wird das schrittweise Lernen von Mustern unterbrochen und das weitere Lernen im Schnelldurchlauf durchgeführt.

Beschreibung der Parameter

bias	Steuerparameter beim Klassifizieren (Hinweis: Bei Veränderung von **bias** wird automatisch ein **reset** durchgeführt). Default: 0.2
vigilance	Steuerparameter beim Klassifizieren. Default: 0.7
pattern_file	Gibt den Dateinamen an, aus dem die Muster gelernt werden. Die Befehle **learn** und **show** beziehen sich immer auf diese Datei.
noise	Die Eingabemuster werden vor jedem Lernschritt Pixel für Pixel mit der Wahrscheinlichkeit **noise** (in %) verrauscht, d.h. **noise** entspricht ungefähr dem Prozentsatz der invertierten Pixel des Eingabemusters. Default: 0.
#units	Die Anzahl der möglichen Klassen (Referenzmuster) ist **#units**. Default: 30.
#epochs	Gibt an, wie oft die Muster der Datei **pattern_file** hintereinander dem ART-System zum Lernen präsentiert werden sollen. Default: 4.
ltrace	In Abhängigkeit vom Parameter **ltrace** geschieht das Lernen Schritt für Schritt (**ltrace**=1) oder im Hintergrund ohne Anzeige der jeweiligen Eingabemuster und der zugehörigern Referenzmuster (**ltrace**=0). Default:0.

Bei einem Lernvorgang wird für jedes Muster die jeweilige Klassifikation angezeigt. Da das Programm ggf. mehrfach über die Muster geht, muß eine angezeigte Klassifikation nicht die endgültige sein.

4 Selbstorganisierende Karten (Kohonen-Netz)

In vielen Modellen spielen die Verbindungen zwischen Neuronen und die dazugehörigen Gewichte die entscheidende Rolle, die Lage des Neurons innerhalb des Netzes ist jedoch irrelevant. Im Gegensatz dazu erfüllen im biologischen System Gehirn benachbarte Neuronen bzw. Regionen häufig ähnliche Aufgaben. So kann in der Gehirnrinde, besonders in den sensorischen Bereichen, aber auch in den Bereichen der Motorik nachgewiesen werden, daß entlang einer Richtung auf der Neuronenschicht eine (einigermaßen) stetige Abbildung des verarbeiteten Merkmals auf die verarbeitenden Neuronen existiert. Da diese Abbildungen (einigermaßen) Topologie-erhaltend sind und auf wenige Raumdimensionen (1 bis 3) projizieren, werden sie oft als Karten bezeichnet.

Selbstorganisierende Karten sind in Anlehnung an diese Beobachtung Modelle, bei denen die Anordnung der Neuronen, etwa in einer Schichtstruktur, wesentliche ist. Die Verschaltung der Neuronen soll so angelegt werden, daß sich im Lernprozeß die räumliche Verteilung ihres Ansprechverhaltens über die Schicht optimiert. Ziel der Optimierung ist die Abbildung von Signalähnlichkeit in Lagenachbarschaft erregter Neuronen, d.h. benachbarte Neuronen sollen von ähnliche Signalen aktiviert werden. Wenn die Signale hohe Dimensionalität haben und die Nachbarschaftstopologie nur zwei- oder gar eindimensional ist, erbringt diese mehr oder weniger Topologie-erhaltende Abbildung eine starke Kompression der Dimensionalität. Diese Modelle werden nicht durch vorgegebene Eingabe-Ausgabe-Paare trainiert. Vielmehr bildet sich die Abbildung durch wiederholtes Ausführen der Aufgabe unter einem globalen Lernverfahren aus, wobei sich unter geeigneten Bedingungen diese Abbildung zunehmend verbessert. Daher entstand der Name selbstorganisierende Karten.

Im folgenden sei kurz die neurophysiologische Motivation des Modells von Kohonen dargestellt. Durch die in der Regel zweidimensionale Neuronenschicht A laufen n Eingangsnervenfasern, die ein Signal $\mathbf{x} = (x_1,...,x_n)$ an die Neuronen heranleiten. Die Neuronen werden durch ihren Ort $k \in A$ und ihren Gewichtsvektor $\mathbf{w}^k$ beschrieben. Durch die Orte der Neuronen wird über die Abstandsmetrik eine Nachbarschaftsstruktur (Topologie) bestimmt, in der sich eng benachbarte Neuronen beim Lernen stärker beeinflussen als entfernter benachbarte. Jedes Neuron k bildet aus den Eingangssignalen x_i die gewichtete Summe $\Sigma_i\ x_i w_{ki}$, wobei die Gewichte erregende ($w_{ki}>0$) oder hemmende ($w_{ki}<0$) Synapsen beschreiben. Daraus ergibt sich das Erregungspotential des isolierten Neurons, aus dem sich dann mittels Rückkopplungsfunktionen $g_{kk'}$ jeweils zwischen den Neuronen k und k´ eine allgemeine Erregung aller Neuronen errechnen läßt. Es kann nun gezeigt werden, daß bei geeigneter Wahl der Rückkopplungsfunktionen $g_{kk'}$ die Neuronenschicht mit einer räumlich lokalisierten Erregungsantwort reagiert. Solche Rückkopplungsfunktionen erregen im unmittelbaren Umfeld des aussendenden Neurons k die Neuronen und hemmen Neuronen in mittlerer Entfernung, für große Entfernungen gehen sie gegen Null. Dieses Verhalten wird Umfeldhemmung genannt. Die entstehende Erregungsantwort hat ein Zentrum k, in dem die Erregung maximal ist, und fällt von dort in alle Richtungen auf Null ab. Der Ort des Erregungszentrums hängt nur von der Eingabe $\mathbf{x}$ ab und variiert mit ihr.

Statt nun k durch das Lösen der allgemeinen Erregungsgleichung zu suchen, macht Kohonen eine radikale Vereinfachung. Er bestimmt das am stärksten gereizte Neuron allein auf Grund der externen Signale durch

$$\Sigma_i x_i w_{ki} = \max_{k'} \Sigma_i x_i w_{k'i} \tag{3}$$

Mit den beiden Nebenbedingungen, daß erstens die Summe der Gewichte pro Neuron $\Sigma_i w_{ki}$ für alle Neuronen gleich ist und zweitens auch die "Intensität" aller Eingangssignale $\| \mathbf{x} \| = 1$ für alle Eingabemuster gleich ist, ist die Bedingung (3) äquivalent zu

$$\| \mathbf{x} - \mathbf{w_k} \| \leq \min_{k'} \| \mathbf{x} - \mathbf{w_{k'}} \| \tag{4}$$

Das Neuron, dessen Gewichtsvektor dem Eingabemuster am ähnlichsten ist, wird am stärksten erregt (vgl. hierzu auch den Hammingassoziator im Kapitel Assoziatoren). Im folgenden werden wir Bedingung (4) verwenden.

Außerdem beschreibt Kohonen die Erregungsantwort eines Neurons k' in Abhängigkeit vom Erregungszentrum k durch eine Funktion $h_{kk'}$, wobei die monoton mit dem Abstand zwischen k und k' abnimmt. Ferner geht er davon aus, daß die Synapsenstärken $w_{k'i}$ um

$$\Delta w_{k'i} = \Delta \cdot h_{kk'} \cdot (x_i - w_{k'i}) \tag{5}$$

verändert werden. Der zweite Term entspricht der Delta-Lernregel und der erste einem dem Erregungspotential proportionalen Abklingterm. Der Wert Δ ($0 < \Delta < 1$) bestimmt die Größe des einzelnen Lernschrittes (Lernrate).

Da die genaue Form der Erregungsfunktion $h_{kk'}$ nur durch Lösen der allgemeinen Erregungsgleichung zu erhalten wäre, entscheidet sich Kohonen dafür, durch die feste Vorgabe von $h_{kk'}$ die genaue Lösung im Modell nur qualitativ anzunähern. Dafür benutzt er eine positive Funktion, die nur vom Abstand $d_{kk'}$ der Orte der Neuronen k und k' abhängt. Sie hat ihr (einziges) Maximum bei k ($h_{kk} = 1$) und strebt für große Abstände gegen Null. Er wählt dafür die Gaußglocke

$$h_{kk'} = e^{-d_{kk'} / 2\sigma^2}, \tag{6a}$$

die sich in Simulationen bewährt hat. Dabei ist s der Radius dieser Glocke, der bestimmt, in welchem Abstand um das Erregungszentrum k ein Eingangsreiz zu signifikanten Veränderungen der „Karte" führt.

In der Regel ist es vorteilhaft, wenn sich zuerst die Grobstruktur der Karte bilden kann und im Laufe des Lernens sich dann immer feinere Details auf der Karte herausbilden. Dies wird dadurch erreicht, daß σ nicht fest gewählt wird, sondern als langsam mit der Zahl der Lernschritte t sinkende Funktion $\sigma(t)$. Die diesem Versuch zugrunde liegende Implementierung benutzt die Funktion $\sigma(t) = \sigma_1 \cdot \sigma_2^{t/tmax}$, in der σ_1 und σ_2 einzustellende Parameter sind, die Anfangs- und Endwert sowie Steilheit der Funktion definieren (Hinweis: Endwert = $\sigma_1 \cdot \sigma_2$).

Die Eingaben $\mathbf{x}$ für die Lernschritte werden als voneinander unabhängige Zufallsvariablen aus dem Merkmalsvektorraum $\mathbf{X}$ behandelt, deren Eintreffen gemäß der Wahrscheinlichkeitsdichte $P(\mathbf{x})$ des zu modellierenden „Experiments" bestimmt ist. Dies ist hier die diskrete Gleichverteilung, d.h. jedes Element der Lernmenge wird gleich häufig gewählt.

Als letzte Vereinfachung werden die Neuronen auf den Knoten eines diskreten, periodischen und äquidistanten Gitters positioniert. Der Abstand zweier direkt benachbarter Neuronen, die also durch eine Kante des Gitters verbunden sind, ist als Eins definiert. In unseren Versuchen ist dieses Gitter eindimensional, d.h. eine (geschlossene) Kette der

Länge m. Die Abstände lassen sich folglich berechnen durch $d_{kk'} = \min\{(k-k') \bmod m, (k'-k) \bmod m\}$. Damit gilt:

$$h_{kk'} = e^{-|k-k'|^2 / 2\sigma^2} \tag{6b}$$

Mit diesen Voraussetzungen läßt sich nun der Algorithmus von Kohonen beschreiben:

1. „Initialisierung": Zähler = 0 und starte mit geeigneten Anfangswerten für die Synapsenstärken w_{ki}. In Abwesenheit irgendwelcher a-priori Information können die w_{ki} zum Beispiel zufällig gewählt werden.
2. „Stimuluswahl": Wähle stochastisch entsprechend der Wahrscheinlichkeitsdichte $P(\mathbf{x})$ einen Vektor $\mathbf{x}$, der ein „sensorisches Signal" repräsentiert.
3. „Response": Bestimme das zum Signal gehörige Erregungszentrum k aus der Bedingung

$$\|\mathbf{x} - \mathbf{w}^k\| \le \| \mathbf{x} - \mathbf{w}^{k'}\| \text{ für alle } k' \in \{1,..,m\}. \tag{7}$$

4. „Adaptionsschritt": Führe einen Lernschritt durch, indem die Synapsenstärken gemäß

$$\mathbf{w}^{k'}(t+1) = \mathbf{w}^{k'}(t) + D \cdot h_{kk'} \cdot (\mathbf{x} - \mathbf{w}^{k'}(t)) \tag{8}$$

verändert werden. Solange der Zähler kleiner als die Lernschrittzahl ist, erhöhe den Zähler um 1 und fahre mit 2. fort.

Karten als Wege und das Problem des Handlungsreisenden

Wegen der gegenüber dem neurophysiologischen Vorbild vereinfachten Bestimmung von k durch $\|\mathbf{x} - \mathbf{w}^k\| \le \|\mathbf{x} - \mathbf{w}^{k'}\|$ für alle $k' \in \{1,..,m\}$ kann jedem Neuron ein Punkt im Merkmalsraum zugeordnet werden. Der Vektor $\mathbf{x}$ mit $\mathbf{x} = \mathbf{w}^k$ stellt einen Reiz dar, der sein Erregungszentrum bei Neuron k hat.

Wenn eine eindimensionale Kette von Neuronen betrachtet wird und ein n-dimensionaler Merkmalsraum mit $n \ge 2$ zugrunde gelegt wird, kann die Folge der den Neuronen zugeordneten Punkte $\mathbf{w}^k$ im Merkmalsraum als (polygonaler) Weg interpretiert werden. Diese Sichtweise liegt verschiedenen Versuchen zugrunde, mit neuronalen Netzen Wege zu Optimierungen bzw. Näherungslösungen zu finden.

Das Problem des Handlungsreisenden (engl.: traveling salesman problem, TSP) ist unter diesen Aufgaben von besonderem Interesse: Gegeben seien N Städte. Gesucht wird der kürzeste geschlossene Weg durch alle Städte.

Ein TSP nennt man euklidisch, wenn die Städte auf einer Ebene liegen, und als Länge eines Weges von $\mathbf{x}$ nach $\mathbf{y}$ die euklidische Abstandsmetrik $\|\mathbf{x}-\mathbf{y}\|$ definiert ist. Diese Probleme können (da es sich immer um endlich viele Städte handelt) durch eine geeignete Skalierung und Translation immer in das Einheitsquadrat abgebildet werden. Die Ordnung der Wege bezüglich ihrer Länge bleibt erhalten, nur die absolute Länge ändert sich. Diese Klasse von TSP ist bereits NP-vollständig, so daß man sich beim Lösen großer TSP-Probleme mit Näherungslösungen begnügen muß.

Kompliziertere Klassen des TSP schreiben für die Wege zusätzliche Nebenbedingungen vor (z.B. alle Städte und Wege liegen auf der Erdoberfläche) oder geben nur die Weglängen zwischen jedem Städtepaar explizit in Form einer Abstandsmatrix an. Diese Problemstellungen werden hier nicht näher betrachtet, weil sie in ihrer ursprünglichen Form für die vorgeschlagenen Modelle nicht geeignet sind.

In der graphischen Interpretation ergibt sich folgende Beschreibung: Zu Beginn stellt die Neuronenkette einen eher zufällig (als Kreis) vorgeordneten Weg dar. In jedem Lernschritt reizt nun eine Stadt, die gemäß P(x) ausgewählt wurde, das nächstliegende Neuron k´und zieht es und seine lokale Umgebung gemäß der Erregungsfunktion bzw. der internen Verkoppelung zu sich hin. Die Dichte P ist i. allg. ortsabhängig und bestimmt die Dichte der Neuronen im Merkmalsraum. Besteht z.B. die Lernmenge aus mehreren Clustern, so werden in den Bereich von Clustern hoher Dichte mehr Neuronen (bzw. genauer Gewichtsvektoren) gezogen als in Cluster niedriger Dichte. Ein TSP mit N Städten ist ein Spezialfall eines Cluster-Problems mit N Clustern in dem Sinne, daß jedes Cluster nur punktförmig ist. Da das Kohonen-Modell sich bei Clustern, die sich nicht überlappen, im wesentlichen gleich verhält, kann dieses Benchmark Problem sehr schön die Leistungsfähigkeit dieses Ansatzes aufzeigen. Für das TSP wählen wir P(x) als eine diskrete Verteilung über die Ortsvektoren. Da alle Städte für die optimale Tour gleich "wichtig" sind, wird P(x) =1/N gewählt.

In der Simulationen wird deutlich, daß die Strukturgröße der Karte von der Reichweite der Erregungs- bzw. der Kopplungsfunktion abhängt. Daher wird meist eine variable Reichweite gewählt. Anfänglich ist die Reichweite noch relativ groß, und die groben Grundstrukturen des Weges bilden sich heraus. Im Laufe des Lernprozesses nimmt die Reichweite immer stärker ab, und immer kleinere Strukturen des Weges treten zutage. Wenn nur noch die direkten Nachbarn des am meisten gereizten Neurons spürbar erregt werden, erhält der Weg seine endgültige Form. Sind hinreichend viele Neuronen (ungefähr 3* Anzahl der Städte) vorhanden und die Parameter geeignet eingestellt, konvergiert das Netz gegen einen gültigen Weg durch alle Städte. Dabei sind die Gewichtsvektoren von genau N (= Anzahl der Städte) Neuronen im Merkmalsraum jeweils auf einer Stadt plaziert, und die restlichen liegen als Zwischenpunkte dazwischen. Diese „Füllsel" sind als verschiebbare Puffer wichtig (vgl. Versuch 6).

Klassifikation mit Kohonen-Netzen

Beim Traveling Salesman Problem waren die Eingabemuster Punkte in einer Ebene (also zweidimensional), es gibt auch höherdimensionale Eingabemuster. Bilder mit n Pixeln kann man als Elemente eines n-dimensionalen Merkmalsraum auffassen. Verrauschte Muster stellen in diesem Merkmalsraum Wolken (Cluster) dar, die die eigentlichen Muster umgeben.

Wird nun mit solchen verrauschten Mustern trainiert, soll das Netz nicht mehr einzelne, genau definierte Punkte verbinden, sondern möglichst zuverlässig mit einem winner-Neuron auf eine Eingabe x reagieren, das zu dem (verrauschten) Eingabemuster x gehört (Klassifikation!) bzw. dessen Referenzmuster zu x paßt..

Genau wie beim TSP, bei dem die Städte in mehreren Clustern (Wolken) angeordnet sind, entwickelt das Netz zuerst global eine Verteilung der Neuronen auf die Cluster. Danach, wenn die Reichweite der Erregungsfunktion weiter gesunken ist, findet eine lokale Konvergenz auf die einzelnen Cluster statt. Da eine solche Klassifikation nur interessant ist, wenn weniger Neuronen als verschiedene Eingaben vorhanden sind, wird das Netz nicht gegen einen festen Endzustand konvergieren, sondern einzelne Neuronen werden innerhalb des zugehörigen Clusters springen. Dies läßt sich durch eine mit der Zahl der Lernschritte abnehmende Lernrate beseitigen. Da dies in der zugrundeliegenden Implementierung nicht vorgesehen ist und zur Veranschaulichung des Lernens des Netzes nicht nötig ist, unterbleibt diese Variante hier.

Aufgabe 3   Erregungsfunktion σ

a) Zeichne den Verlauf der Erregungsfunktion $h_{kk'} = e^{-|k-k'|^2/2\sigma^2}$ über den Abstand $0 \leq k' \leq 3$ (k=0) und für den Wert $\sigma = 1$.

b) Zeichnen Sie den Verlauf der Reichweite der Erregungsfunktion $\sigma(t) = \sigma_1 \cdot \sigma_2^{t/tmax}$ mit $0 \leq t \leq tmax = 100$ für die folgenden Werte (entsprechen den Werten in Versuch 8):

$\sigma_1 = 12,5$, $\sigma_2 = 0,02$ (Standard).
$\sigma_1 = 12,5$, $\sigma_2 = 0,16$ (vgl. Versuch 8a).
$\sigma_1 = 1,0$, $\sigma_2 = 0,02$ (vgl. Versuch 8b).
$\sigma_1 = 75,0$, $\sigma_2 = 0,004$ (vgl. Versuch 8c).

5   Versuchsumgebung für Kohonen-Netze

Der Aufruf des Programms erfolgt jeweils bei Versuch *i* (i = 6..9) mit **ko** *i* . Die in der Oberfläche dargestellten Parameter werden beim Start an das Netz-Programm übergeben, und dieses simuliert einen vollständigen Lerndurchlauf aus tmax Lernschritten. Dabei werden mindestens der Anfangs- und Endzustand des Netzes in die Datei **report_file** geschrieben. Wenn der Wert des Parameters **saving_period** geeignet gesetzt ist, wird in diesem Abstand der Zustand in die Datei **report_file** ausgegeben. Mit Hilfe der Prozedur **show** kann dann dieses Ergebnis angesehen werden (vorwärts und rückwärts!). So ist es möglich, Ergebnisse unterschiedlicher Lernläufe aufzuheben und zu vergleichen.

Hinweis: Bei den Versuchen ko 6 – ko 8 können bei älteren Programmversionen die Parameter *#units*, *sigma1*, *sigma2*, *delta* und *tmax* nur durch Editieren der Datei tsp.par im Verzeichnis Kohonen eingestellt werden. Die einzelnen Parameter sind in der Datei tsp.par folgendermaßen zu finden: *#units*: Zeile 1, *tmax*: Zeile 2, *delta*: Zeile 7, *sigma1*: Zeile 9, *sigma2*: Zeile 10. Diese Datei (tsp.par) kann während der Versuchsdurchführung geöffnet werden; in diesem Fall können die Parameter einfach durch *Editieren* und *Sichern* der Datei geändert werden.

Beschreibung der Befehle

file/	Mit **quit** wird das Programm beendet
set/	Hiermit können Parameter verändert werden (s. Beschreibung der Parameter).
learn	Startet das Kohonen-Lernprogramm. Es werden Zwischenzustände nach jeweils **saving_period** Schritten in der Datei **report_file** gespeichert. Nach Abschluß des Lernvorgangs wird automatisch der Viewer **show** aufgerufen, mit dem das Protokoll in der Datei **report_file** visualisiert wird.

show   Viewer, der die Berechnungsergebnisse in der Datei **report_file** zeigt.
                           Zur Navigation innerhalb des Reports dienen die Befehle: **first**, **<**,
                           >, **last**.

first   Anfang des Reports: gibt den ersten Zwischenzustand (nach
                           saving_period Schritten) aus.

<   Blättert rückwärts im Report: gibt den Zwischenzustand aus, der
                           saving_period Schritte vor dem aktuell angezeigten liegt.

>   Blättert vorwärts im Report: gibt den Zwischenzustand aus, der
                           saving_period Schritte nach dem aktuell angezeigten liegt.

last   Ende des Reports: gibt den letzten Zwischenzustand (nach **tmax**
                           Schritten) aus.

Beschreibung der Parameter

delta   Der Wert der Lernrate. Default: 0.8.

#units   Die Anzahl der Neuronen.

saving_period   Der Abstand zwischen zwei Ausgaben in Lernschritten. Default: 500.

sigma1   Der Anfangswert der Reichweite der Erregungsfunktion. Default:
                           12.5.

sigma2   Definiert die Geschwindigkeit der Abnahme der Erregungsreichweite.
                           Default: 0.02 (Default für $\sigma(t_{max})$ = sima1·sigma2 = 0.25).

tmax   Definiert die Gesamtzahl der durchlaufenen Lernschritte. Default:
                           6000.

pattern_file   Gibt den Namen der Eingabedatei an, in der die zu lernenden Muster
                           stehen.

report_file   Gibt den Namen der Ausgabedatei an, in der die Zwischenzustände
                           nach **save_period** Schritten gespeichert werden sollen.

Für die Versuche 6, 7 und 8 ist die Visualisierung auf das Traveling Salesman Problem
abgestimmt. Nach dem Aufruf **show** erscheint ein Fenster, in dem einige Angaben zum
Zustand des Netzes dargestellt werden (z.B. Zahl der Neuronen, Länge des aktuellen
Weges etc.) sowie eine graphische Darstellung des Problemes (die Städte in der Ebene
durch „x") und des Netzes (durch eine feine Linie miteinander verbundene Neuronen
„+").

Im Versuch 9 ist die Visualisierung der Referenzmuster etwas komplizierter, da die
Gewichtsvektoren (Referenzmuster) nicht 2-dimensional sind, sondern entsprechend der
Anzahl der Pixel 10·7 = 70-dimensional. Deshalb wird jeder Gewichtsvektor durch ein
Feld der Größe 10x7 repräsentiert und jedes Gewicht durch ein Zeichen: Mit steigendem
Gewicht verändert sich die Darstellung von „ " über die Zeichen „." , „:" und „+" bis
zum Zeichen „#" (negative Gewichte existieren nicht, da die Eingabemuster mit „0en"
und „1en" kodiert sind). Unter jedem dieser Felder wird ein Eintrag der Form X:Y/ZA
angezeigt. Dabei bedeuten: X die Nummer des angezeigten Neurons, Y die Anzahl der
„richtig" erkannten Muster der Form A , Z die Zahl der Muster mit „winner" X. Also
ungefähr so zu lesen: Für das Neuron Nummer X gehören Y der insgesamt Z gewonnenen
Muster zum Mustertyp A. Hierbei ist anzustreben, daß ein Neuron nur „winner" für
höchstens einen Mustertyp A ist, d.h. Y=Z. Umgekehrt bedeutet Y<Z, daß eine Fehl-

klassifikation vorliegt, denn das Neuron X ist „winner" für zwei Exemplare verschiedener Buchstabentypen. Da nicht alle Gewichtsvektoren gleichzeitig gezeigt werden können, visualisiert ein verschiebbares Fenster ein Teilstück der „Neuronenkette".

6 Versuche

Vorbemerkung

Bei den Versuchen werden die Parameter angegeben, die nicht dem Default-Wert entsprechen.

Versuch 1   Das Lernverfahren

Es ergeben sich Unterschiede zwischen der Präsentation von neuen Mustern und der Präsentation von bekannten, die bereits oft genug präsentiert wurden. Teilaufgabe a) bezieht sich auf neue, Teilaufgabe b) auf bekannte Muster.

Es werden die Muster aus der Datei „auf1.pic" gelernt. Hierzu muß die Lernablauf-verfolgung eingeschaltet, die Parameter **vigilance** auf 0.5 und **bias** auf 0.2 gestellt werden. Der Lernvorgang für jedes Muster zeigt unter der Rubrik **classes tested** diejenigen an, die vom AS vorgeschlagen und vom OS abgelehnt wurden. Vor dem ersten Durchgang für a) soll das Netz mit **reset** zurückgesetzt werden, vor dem weiteren für b) jedoch nicht.

a) Füllen Sie folgende Tabelle aus:

erster Lernzyklus:

pattern	classes tested	class selected
1	______	______
2	______	______
3	______	______
4	______	______

zweiter Lernzyklus:

pattern	classes tested	class selected
1	______	______
2	______	______
3	______	______
4	______	______

Erklären Sie jeweils, warum beim Lernen Erstklassifikationen von Mustern verworfen wurden.

b) Nach einer bestimmten Zahl von Durchläufen (in diesem Fall nach dem 2. Lernzyklus) stabilisiert sich das Netz, d.h. es werden erst nach Vorlage neuer Muster wieder Änderungen vorgenommen. Durch Wiederholung des Lernvorganges **learn** werden an das bereits stabilisierte Netz nur alte Muster angelegt. Wie verhalten sich nun OS und AS?

Versuch 2   Vigilance

Die Anzahl der Klassen, die gebildet werden, hängt stark von der Vigilance ab. Diese Abhängigkeit genauer soll untersucht werden.

Man kann die notwendigen Ergebnisse auch der Ausgabe am Ende des Lernablaufs entnehmen. Zum Einsparen von Bedienaufwand kann daher die Lernablaufver-folgung mit **break** abgeschalten werden.

a) Wählen Sie die Eingabe-Datei „auf2a.pic". Sie enthält 26 Buchstaben. Bestimmen Sie die Anzahl der Klassen für folgende Vigilance-Werte:

vigilance	0.25	0.50	0.75	0.85	0.90
used classes					

b) Wählen Sie die Eingabe-Datei „auf2b.pic". Sie enthält 10 Muster. Bestimmen Sie die Anzahl der Klassen für folgende Vigilance-Werte:

vigilance	0.25	0.50	0.75	0.85	0.90
used classes					

c) Welchen Vorteil haben hohe Vigilance-Werte?

d) Welchen Vorteil haben niedrige Vigilance-Werte?

e) Betrachten Sie die Dateien „auf2a.pic" und „auf2b.pic" am Bildschirm. Warum werden die Muster der ersten Datei bei mittleren Vigilance-Werten in relativ wesentlich mehr Klassen getrennt als die der zweiten?

Versuch 3   Bias (b)

Die Parameter **vigilance** bzw **bias** steuern das OS bzw. AS. Während das OS die Vergabe einer neuen Klasse erzwingen kann, indem es alle Klassifikationsvorschläge zurückweist, hat das AS das „Vorschlagsrecht" und kann eine belegte oder eine neue Klasse vorschlagen. Für niedrige Werte des Parameters **bias** favorisiert das AS Referenzmuster, die *relativ* viele „1en" mit der Eingabe **x** gemeinsam haben (Maximum von $|\mathbf{x} \wedge \mathbf{w}^k| / |\mathbf{w}^k|$), hingegen für große Werte Referenzmuster, die *absolut* viele „1en" mit der Eingabe **x** gemeinsam haben (Maximum von $|\mathbf{x} \wedge \mathbf{w}^k|$). Insbesondere für sehr großen **bias** wählt das AS das kleinste Obermuster, d.h. ein unbelegtes Referenzmuster, sofern kein kleineres (belegtes) Obermuster vorhanden ist (s. auch Aufgabe 2). Folglich kann durch die Wahl von **bias** b die Anzahl der Klassen beeinflußt werden, denn bei niedrigem Wert des Bias-Parameters versucht das AS ein Referenzmuster mit möglichst wenig zusätzlichen „1en" zu finden, d.h. mit minimalem Anpassungs- bzw. Änderungsaufwand des ART-Netzes, während bei großem Wert vom AS eher „großzügig" ein Obermuster oder gar ein unbelegtes Muster gewählt wird.

a) Überprüfen Sie Ihre Überlegungen zu Aufgabe 2c. In der Datei **auf3a.pic** sind drei Muster des Buchstabens **E** gespeichert: Muster 1 ist ein Teilmuster von Muster 3, Muster 2 ein Obermuster von Muster 3 (mit 20, 22 und 21 „1en"). Setzen Sie **vigilance** auf 0.95. Bis zu welchem Wert von **bias** b wird das Muster 3 dem Teil-Muster 1 zugeordnet bzw. ab welchem Wert dem Obermuster 2.

b) Setzen Sie **bias** auf 0 und **vigilance** auf 0.8. In der Datei **auf3b.pic** sind ebenfalls drei Muster des Buchstabens **E** gespeichert: Muster 1 und 2 sind Teilmuster von Muster 3 (mit 18,

19 und 21 „1en"). Beobachten Sie den Lernvorgang (**ltrace=1**). Warum wird Muster 3 der Klasse von Muster 1 zugeordnet, obwohl es mit Muster 2 mehr gemeinsame „1en" enthält?

c) Setzen Sie **vigilance** auf 0.5 und **bias** auf 100. In der Datei **auf3c.pic** sind die fünf Buchstaben B, C, G, K und L. Wieviele Klassen werden erzeugt? Warum gibt es mehr Klassen als Muster im **pattern_file**?

d) Setzen Sie **vigilance** auf 0.5. In der Datei **auf3d.pic** sind die Buchstaben wie in Versuch 2a gespeichert. Untersuchen Sie die Anzahl der Klassen für verschiedene Einstellungen von **bias** b. Verschaffen Sie sich mit **ltrace=1** einen Überblick, wieviele Klassen das AS durchschnittlich vorschlägt, und brechen Sie dieses nach einem Lernzyklus mit **break** ab.

bias	0	10	100	1000
used classes				

Was ist der Vorteil von einem kleinem Wert für **bias**?

Was ist der Vorteil von einem großem Wert für **bias**?

Warum gibt es für **bias**=10 und **bias**=100 „leere" belegte Klassen (d.h. Referenzmuster, die nicht mehr im Anfangszustand **1** sind und trotzdem für kein Muster „winner"), nicht aber für **bias**=0 und **bias**=1000 ?

Versuch 4   Lernreihenfolge

In dieser Aufgabe geht es darum, die Auswirkung der Präsentationsreihenfolge auf das Lernergebnis zu untersuchen. Hierzu werden die Bilder der Dateien „auf4a.pic" und „auf4b.pic" betrachtet (die Muster in auf4b.pic haben umgekehrte Reihenfolge).

a) Stellen Sie **vigilance** auf 0.95, setzen Sie das Netz zurück und lernen Sie „auf4a.pic". Führen Sie dasselbe mit „auf4b.pic" durch. Gibt es Unterschiede in der Klasseneinteilung? Gibt es Unterschiede in der Lerngeschwindigkeit (Anzahl der Präsentationen)? Erklären Sie das.

b) Wählen Sie aus „auf4c.pic" zwei Bilderserien so aus, daß sie die gleichen Bilder in unterschiedlicher Reihenfolge enthalten, aber unterschiedliche Klassen bilden. Kopieren Sie hierzu „auf4c.pic" nach „auf4d.pic" und „auf4e.pic" und editieren Sie die beiden Files.

Versuch 5   Beständigkeit gegen Verrauschen der Signale

Nicht immer liegt das zu lernende oder zu klassifizierende Material in der besten Form vor. Oft müssen Störungen und Verfälschungen berücksichtigt und mitverarbeitet werden. Dem wurde dadurch Rechnung getragen, daß das Programm Verrauschungen zu ermöglicht. In dem File „auf5a.pic" befinden sich verrauschte Bilder. Sie alle sind entstanden durch das Weglassen eines Pixels des „Fakultätslogos", das aus 28 Pixeln besteht (d.h. alle Muster bestehen aus 27 Pixeln).

a) Stellen Sie die Vigilance so ein, daß bei anliegenden Mustern noch Referenzmuster mit 25 Pixeln (zwei weniger als das Muster, drei weniger als das Logo) akzeptiert werden.

b) Schalten Sie die Lernablaufverfolgung an. Führen Sie die ersten neun Schritte des Lernens von „auf5a.pic" durch und füllen Sie dabei folgende Tabelle aus:

1. Präsentation des i-ten Musters	Nummer der Referenzklasse	Anzahl der Pixel der Referenzklasse		
		1. Klasse	2. Klasse	3. Klasse
1	_______	_______	_______	_______
2	_______	_______	_______	_______
3	_______	_______	_______	_______
4	_______	_______	_______	_______
5	_______	_______	_______	_______
6	_______	_______	_______	_______
7	_______	_______	_______	_______
8	_______	_______	_______	_______
9	_______	_______	_______	_______

Wieviele Klassen wurden in der Endübersicht angegeben? _______________________
Wieviele Muster liegen in einer Klasse (maximal)? _______________________

c) Wie würde das Experiment von 5a) bzw. 5b) verlaufen, wenn die Muster nicht ein Pixel weniger als das Logo enthielten (also Teilmuster wären), sondern 1 Pixel mehr (also Obermuster wären)?

Ggf. mit File „auf5b.pic" ausprobieren.

d) Welche der folgenden Aussagen sind Ihrer Meinung nach richtig. Begründen Sie die Antworten!
– „Hohe Werte für **bias** und **vigilance** führen zu übermäßig vielen Klassen, aber mit niedrigen Werten (b=0.2,p=0.6) ist das Verrauschungsproblem lösbar."
– „Über sehr lange Zeiträume führen verrauschte Muster immer zu mehr Klassen, als für eine sinnvolle Anwendung erwünscht sind."
– „Das Verrauschungsproblem ist prinzipiell unlösbar, da die Verrauschung bei jedem Verfahren jede sinnvolle Klasseneinteilung überlagert."

Versuch 6 Kohonen-Netze

Die erste Aufgabe zum TSP mit Kohonen soll vor allem dem Verständnis des Verfahrens dienen.

a) Starten Sie das Netz mit den Default-Parametern mehrfach (3-5mal) und schreiben Sie die Ergebnisse in verschiedene Ergebnisfiles, indem Sie den Wert der Variable **report_file** auf einen neuen Wert setzen (z.B. „aufg6a-1.erg" bis „aufg6a-3.erg").
Vergleichen Sie mit dem show-Befehl die Ergebnisse. Beobachten Sie mit >-forward und <-backward die Entwicklung des Netzes. Warum sind die Ergebnisse unterschiedlich?

b) Starten Sie das Netz mit der gleichen Eingabe, aber nur 50 Neuronen (**#units**=50). Was passiert?

c) Setzen Sie **#units** auf 150 zurück. Starten Sie das Netz mit den Standardparametern und dem **pattern_file** „aufg6c.cty". Warum findet das Netz die optimale Lösung (zwei an einer Stelle verbundene Kreise) nicht?

Versuch 7   Die Lernrate

In dieser Aufgabe soll untersucht werden, wie sich die Ergebnisse der Konvergenz des Netzes verändern, wenn die Lernrate verändert wird. Da die Differenzen der Ergebnisse relativ klein und nur statistisch erfaßbar sind, soll hier auf eine genaue Beobachtung des Netzverhaltens während des Lernens verzichtet werden, denn die Ausgaben benötigen Zeit. Setzen Sie dazu den Wert von **saving_period** auf einen Wert größer als **tmax**.
Als Maß für die Güte des Ergebnisses dient jetzt die Länge des gefundenen Weges. Dieser wird im Fenster der **show**-Prozedur angezeigt.

a) Hier soll die Anfälligkeit gegenüber Verkleinerung der Lernrate untersucht werden. Als Eingabe dient die Datei „aufg7a.cty". Setzen Sie den Wert für die Lernrate **delta** nacheinander auf die Werte 0.01, 0.1 und 0.8 (standard). Machen Sie mit jedem Wert eine Reihe von Lernläufen (mindestens je 5) und ermitteln Sie die mittlere Weglänge.

delta	0.01	0.1	0.8
mittlere Weglänge			

Machen Sie zusätzlich einige Versuche mit **delta** = 0.08 und **tmax** = 60000.

b) Jetzt die gleiche Untersuchung für die Vergrößerung der Lernrate. Als Eingabe dient „aufg7b.cty". Für **delta** sollen die Werte 0.9, 0.99 und 0.999 eingestellt werden.

delta	0.9	0.99	0.999
mittlere Weglänge	3.25	3.3	3.35

c) Was fällt beim Vergleich der Weglängen in einer Meßreihe miteinander und mit den Durchschnittswerten auf? Welche Rückschlüsse auf die Bedeutung der Lernrate lassen sich ziehen?

Versuch 8   Die Reichweite der Erregungsfunktion Sigma

Hier soll analog der vorhergehenden Aufgabe der Einfluß der Reichweite der Erregungsfunktion untersucht werden. Setzen Sie dazu **delta** auf den Wert 0.8 und zur besseren Beobachtung **saving_period** auf einen Wert von 500 (oder noch kleiner, aber Vorsicht, die Berechnung wird dann schnell sehr langsam!).

a) Als erstes soll der Endwert der Reichweite (Defaultwert: $\sigma(t_{max}) = 12.5 \cdot 0.002 = 0.25$) auf 2 vergrößert werden. Setzen Sie dazu den Wert von **sigma2** auf 2/**sigma1** (also 0.16). Starten Sie das Netz mit „aufg8a.cty" als Eingabe. Beschreiben Sie die Beobachtungen und versuchen Sie, diese zu begründen!

b) Verkleinern Sie nun den Parameter **sigma1** (den Anfangswert) auf 2.0 bzw. 1.0 und setzen Sie den Parameter **sigma2** entsprechend dem Defaultwert für $\sigma(t_{max}) = 0.25$ auf den Wert 0.125 bzw. 0.25. Beobachten Sie das Netz mit der Eingabe „aufg8b.cty". Beschreiben Sie die Beobachtungen und versuchen Sie, diese zu begründen!

c) Erhöhen Sie nun den Wert des Parameters **sigma1** drastisch auf 75.0 (#units/2) und senken Sie entsprechend den Parameter **sigma2** auf 0.0033 ab. Starten Sie mit der Eingabe „aufg6a.cty". Was passiert, und was bedeutet dies im Hinblick auf eine Optimierung bezüglich der Laufzeit des Lernens?

Versuch 9   Klassifikation mit Kohonen-Netzen

Ziel dieser Aufgabe ist es, anschaulich zu machen, daß mit Kohonen-Netzen auch klassifiziert werden kann. In Anlehnung an die vorausgegangenen Versuche zum TSP soll nun ein (eindimensionales) Neuronennetz auf die Struktur einer Mustermenge trainiert werden. Dabei soll deutlich werden, daß sich die Struktur der Muster auf der Neuronenkette stetig abbildet. Und zwar „stetig" in dem Sinne, daß auf der Kette benachbarte Neuronen ähnliche/benachbarte Muster gewinnen. Dabei soll ein verrauschtes Muster, das im Merkmalsraum ein Cluster von Pixelmustern liefert, durch wenige Neuronen abgebildet werden. Gelingt dies, ist eine Klassifikation mit einer zweiten Schicht von Neuronen trivial.

a) Lernen Sie die Muster im **pattern_file** buchstaben.pic. Beobachten Sie mit dem show-Kommando die Entwicklung des Netzes.

b) Setzen Sie die folgenden Parameter auf die angegebenen Werte und wiederholen Sie die Beobachtung mit einem neuen Ergebnisfile:

    delta   0,8
    sigma1   9,0
    sigma2   0,6667

Was ist über die Qualität der Abbildung der Muster zu sagen? Warum ist dies so?

7 Lösungen

Aufgabe 1

a) Das AS schlägt alle Vektoren in einer bestimmten Reihenfolge vor. Dabei kommt auch der noch nicht belegte einmal an die Reihe (wenn alle zuvor vorgeschlagenen vom OS abgelehnt wurden). Da das OS unbelegte Vektoren ($\mathbf{w^i = 1}$) wegen

$$\mathbf{x*w^i = x*1} = |x| \geq \rho \cdot |x|$$

nie ablehnt, wird dieser dann gewählt. Der Fall (3.2) des Lernalgorithmus (keine Bearbeitung) tritt daher nur auf, wenn es keine unbelegten Vektoren mehr gibt.

b) Wenn der erste Vorschlag des AS abgelehnt wird, kann der zweite Vorschlag ein schon benutzter Vektor sein, der auch vom OS akzeptiert werden kann. Ein Beispiel für diesen Vorgang findet sich bei Versuch 1a) beim Lernen des 3. Musters im 1. Zyklus. Vergleiche hierzu auch Aufgabe 2: Bei kleinem Bias b wird die Eingabe **x** vorzugsweise einem Teilmuster zugeordnet, dieses kann vom **OS** abgelehnt werden, während ein eventuell vorhandenes Obermuster vom **OS** stets akzeptiert wird ($\mathbf{x*w^i} = |x| \geq \rho * |x|$).

Aufgabe 2

a) (1) folgt direkt aus der Definition.

$$(2) \qquad \frac{\mathbf{x} * \mathbf{w}^i}{b + |\,\mathbf{w}^i\,|} = \mathrm{Max}\{\frac{\mathbf{x} * \mathbf{w}^j}{b + |\,\mathbf{w}^j\,|} : j \in I\}$$

$$<=> \qquad \frac{\mathbf{x} * \mathbf{w}^i}{1 + |\,\mathbf{w}^i\,|/b} = \mathrm{Max}\{\frac{\mathbf{x} * \mathbf{w}^j}{1 + |\,\mathbf{w}^j\,|/b} : j \in I\}$$

für $b \to \infty$:

$$<=> \qquad \mathbf{w}^i * \mathbf{x} = \max\{\mathbf{w}^j * \mathbf{x} \mid j \in I\}$$

b) Für b=0 ordnet das AS die Eingabe $\mathbf{x}$ dem Teilmuster $\mathbf{w}^1$, für b→∞ dem Obermuster $\mathbf{w}^2$ zu.

c) Das anliegende Muster wird dem Teilmuster zugeordnet, wenn $20/(b+20) > 21/(b+22)$ ist, und dem Obermuster, wenn $20/(b+20) < 21/(b+22)$ gilt. Durch Auflösen der Gleichung $20/(b+20) = 21/(b+22)$ nach b erhält man $b = 20$. Folglich wird für b>20 das Obermuster und für b<20 das Teilmuster bevorzugt.

Versuch 1

a) erster Lernzyklus:

pattern	classes tested	class selected
1	none	1
2	none	2
3	1	2
4	none	3

zweiter Lernzyklus:

pattern	classes tested	class selected
1	none	1
2	2,1,3	4
3	none	2
4	none	3

Klassifikationsvorschläge des Attentional Subsystem werden vom Orienting Subsystem verworfen, wenn sie zu wenige Pixel der zu lernenden Muster enthalten. Damit wird gewährleistet, daß eine bestimmte, von der Vigilance abhängige Menge der Information des zu klassifizierenden Gegenstandes im klassifizierten Muster vorhanden ist. Während des Lernvorganges läßt es sich nicht vermeiden, daß das AS für bisher noch nicht gelernte (3. Muster im ersten Zyklus) oder vorübergehend verlernte (2. Muster im zweiten Zyklus) unadäquate Vorschläge macht.

b) Das AS liefert stets Vorschläge, die vom OS akzeptiert werden. Somit ist in diesem Fall das OS nicht mehr notwendig, bis neue Muster angelegt werden.

Ausführliche Erklärung des Ergebnisses von b), nicht Bestandteil der Aufgabenstellung: Auch wenn Grossberg nicht zwischen einer Lernphase und einer Anwendungsphase unterscheidet, sondern ein Lifelong Learning während der Anwendung vor Augen hat, so kommt es doch vor, daß nur noch solche Muster zum Anliegen kommen, die dem Netz hinreichend bekannt sind. Dann nennt man das Netz stabil, da es sich durch das Anlegen der Muster nicht ändert. In der stabilen Phase wird bei Anlegen der bekannten Muster eine wesentlich effizientere Klassifikation erreicht: der erste Vorschlag des AS ist stets der richtige, das OS weist keine Klassifikation zurück. Dies ändert sich natürlich sofort, wenn eine neues ungelerntes Muster angelegt wird, daß die bisherige Klassifikation sogar zerstören kann.

Für die Eigenschaft, daß das AS im stabilen Netz stets sofort richtig klassifiziert, muß jedoch vorausgesetzt werden, daß der Bias b > 0 ist und das AS bei Mustern mit nicht eindeutigem „winner" stets demselben Neuron den Vorzug gibt (z.B. dem mit dem kleineren Index) oder der Bias b geeignet gewählt wird (irrational oder hinreichend groß).

Werden beide Vorausetzungen verletzt, kann sich in einem „stabilen" Netz stochastisch ein Lernvorgang ereignen, der nicht vorhersehbar ist. Die Stabilität eines Netzes ist daher nur im deterministischen Fall (oder bei geeignetem Bias b) eine sinnvolle Definition.

Für den deterministischen Fall wird nun die Stabilität gezeigt. Sei die Eingabe $\mathbf{x}$ bei der letzten Präsentation durch Neuron k klassifiziert worden und in der Zwischenzeit keine Änderungen der Referenzmuster aufgetreten, dann gilt $\mathbf{w}^k = \mathbf{x} \wedge \mathbf{w}^k$ und $\mathbf{x}*\mathbf{w}^k \geq \rho \cdot |\mathbf{x}|$. Falls Bias b=0, gilt

$$\frac{\mathbf{x}*\mathbf{w}^k}{b+|\mathbf{w}^k|} = \mathrm{Max}\{\frac{\mathbf{x}*\mathbf{w}^{k'}}{b+|\mathbf{w}^{k'}|} : k' \in I\} = 1.$$

Folglich wählt das AS entweder Neuron k oder ein anderes Neuron k' mit $\mathbf{x}*\mathbf{w}^{k'}=|\mathbf{w}^{k'}|$ bzw. $\mathbf{w}^{k'}= \mathbf{x} \wedge \mathbf{w}^{k'}$, d.h. insbesondere bei einer Anpassung ändert sich der zugehörige Gewichtsvektor $\mathbf{w}^{k'}$ nicht. Allerdings ist es im indeterministischen Fall möglich, daß die Klassenzuteilung zwischen den Referenzmustern $\mathbf{w}^k$ mit jeweils $\mathbf{w}^k = \mathbf{x} \wedge \mathbf{w}^k$ variiert.

Für Bias b>0 gilt für alle k' mit $\mathbf{x}*\mathbf{w}^{k'} < \rho \cdot |\mathbf{x}|$

$$\frac{\mathbf{x}*\mathbf{w}^{k'}}{b+|\mathbf{w}^{k'}|} \leq \frac{\mathbf{x}*\mathbf{w}^{k'}}{b+\mathbf{x}*\mathbf{w}^{k'}} < \frac{\rho \cdot |\mathbf{x}|}{b+\rho \cdot |\mathbf{x}|} \leq \frac{\mathbf{x}*\mathbf{w}^k}{b+\mathbf{x}*\mathbf{w}^k} = \frac{\mathbf{x}*\mathbf{w}^k}{b+|\mathbf{w}^k|} ,$$

d.h. das AS schlägt keine Referenzmuster vor, die das OS nicht akzeptiert.

Im indeterministischen Fall kann ein „quasi-stabiler" Zustand auftreten, wenn ein weiteres Neuron k' existiert mit

$$\frac{\mathbf{x}*\mathbf{w}^{k'}}{b+|\mathbf{w}^{k'}|} = \frac{\mathbf{x}*\mathbf{w}^k}{b+|\mathbf{w}^k|}.$$

Hierbei können wir zwei Fälle unterscheiden: (i) $|\mathbf{w}^k| \geq |\mathbf{w}^{k'}|$ und (ii) $|\mathbf{w}^k| < |\mathbf{w}^{k'}|$. Im Fall (i) gilt

$$\frac{\mathbf{x}*\mathbf{w}^{k'}}{b+|\mathbf{w}^{k'}|} \leq \frac{|\mathbf{w}^{k'}|}{b+|\mathbf{w}^{k'}|} \leq \frac{|\mathbf{w}^k|}{b+|\mathbf{w}^k|} = \frac{\mathbf{x}*\mathbf{w}^k}{b+|\mathbf{w}^k|} ,$$

d.h. nur für $\mathbf{x}*\mathbf{w}^{k'}=|\mathbf{w}^{k'}|$ kann das AS Neuron k' wählen, dabei wird aber der Gewichtsvektor wegen $\mathbf{x}*\mathbf{w}^{k'}=|\mathbf{w}^{k'}|$ nicht geändert, und das ART-Netz bleibt stabil.

Kritisch ist hingegen Fall (ii). Wie bereits in der Lösung von Aufgabe 2 c kann z.B. für b=20, k=1, k'=2, $|\mathbf{w}^1|=20$ und $|\mathbf{w}^2|=22$ ein „quasi-stabiler" Zustand auftreten und das AS nach beliebiger Zeit $\mathbf{w}^2$ statt $\mathbf{w}^1$ vorschlagen. Dabei wird $\mathbf{w}^2$ vom OS akzeptiert und angepaßt, d.h.

der Gewichtsvektor $\mathbf{w}^2$ geändert. Folglich ist dieses ART-Netz nicht stabil. Wenn jedoch der Bias b irrational oder hinreichend groß ist, kann im Fall (ii) die Gleichheit nicht auftreten:

$$\frac{\mathbf{x} * \mathbf{w}^{k'}}{b + |\mathbf{w}^{k'}|} = \frac{\mathbf{x} * \mathbf{w}^k}{b + |\mathbf{w}^k|}$$

$$\Rightarrow \mathbf{x} * \mathbf{w}^{k'} = \frac{b + |\mathbf{w}^{k'}|}{b + |\mathbf{w}^k|} \cdot (\mathbf{x} * \mathbf{w}^k)$$

$$\Rightarrow \frac{b + |\mathbf{w}^{k'}|}{b + |\mathbf{w}^k|} \cdot (\mathbf{x} * \mathbf{w}^k) \text{ ist eine natürliche Zahl}$$

$$\Rightarrow \frac{|\mathbf{w}^{k'}| - |\mathbf{w}^k|}{b + |\mathbf{w}^k|} \cdot (\mathbf{x} * \mathbf{w}^k) \text{ ist eine natürliche Zahl}$$

Letzteres kann jedoch nicht zutreffen, wenn b irrational oder hinreichend groß (etwa $b > 2 \cdot |\mathbf{w}^k|$) ist.

Für den deterministischen Fall oder geeignetes Bias b (um „quasi-stabile" Zustände auszuschließen) reicht eine zyklische p-fache Präsentation bei p Mustern, um Stabilität zu erzwingen.

Versuch 2

a)

vigilance	0.25	0.50	0.75	0.85	0.90
used classes	8	16	21	25	26

b)

vigilance	0.25	0.50	0.75	0.85	0.90
used classes	3	3	4	6	10

c) Hohe Vigilance-Werte erlauben eine feine Klassenunterteilung. Sind sie hoch genug, so erhält jedes Muster eine eigene Klasse.

d) Niedrige Vigilance-Werte sorgen für eine grobe Klassenunterteilung. Sie fassen ähnliche Muster zusammen, dies ist vor allem dann günstig, wenn Störungen zu überwinden sind.

e) „auf2b.pic" enthält eine Gruppe von neun Mustern, die sich paarweise nur um zwei Pixel unterscheiden. Sie werden aufgrund ihrer Ähnlichkeit erst bei sehr hohen Vigilance-Werten in eine größere Menge von Klassen unterteilt. Daher ist die Feinheit der Unterteilung bei einer Vigilance zwischen 0.50 und 0.85 bei den Mustern von „auf2b.pic" wesentlich geringer als bei „auf2a.pic".

Versuch 3

a) b>20 (vgl. Aufgabe 2c).

b) Für beide Muster ist die Aktivierung gleich ($|\mathbf{x} \wedge \mathbf{w}^1| / |\mathbf{w}^1| = 1 = |\mathbf{x} \wedge \mathbf{w}^2| / |\mathbf{w}^2|$), da beide *relativ* gleich viele „1en" mit Muster 3 gemeinsam haben. Es wird jedoch nicht berücksichtigt, daß Muster 2 mehr „1en" als Muster 1 besitzt und somit Muster 3 ähnlicher ist. Bei Gleichheit der Aktivierung wird vielmehr das Neuron mit dem kleineren Index gewählt. Dieses „Problem" läßt sich jedoch einfach dadurch beseitigen, daß **bias** b etwas größer als 0 gewählt wird (etwa 0.2).

c) Es werden sechs Klassen erzeugt. Zwei davon sind leer (Klasse 1 und 3). Warum Klassen leer werden können, läßt sich bereits mit den Buchstaben B, C und G (Datei auf3c_2.pic) beobachten: Nach dem ersten Durchlauf entspricht Klasse 1 dem Muster $B \wedge C$ und Klasse 2 dem Muster G. Im zweiten Durchlauf wählt nun das AS für Muster B eine neue Klasse, da Referenzmuster 1 durch die Anpassung (für C) zuviele „1en" verloren hat, ferner wählt das AS auch für Muster C neu die Klasse 2, da dessen zwischenzeitlich erzeugte Referenzmuster mehr gemeinsame „1en" hat als Referenzmuster 1. Somit ist Klasse 1 leer geworden.

d) **bias**	0	10	100	1000
used classes	14	16	20	26

Der Vorteil eines kleinen Wertes von Parameter **bias** liegt darin, daß durch vorsichtige Auswahl möglichst wenige Klassen erzeugt werden. Dabei werden jedoch häufig Referenzmuster vorgeschlagen, die das OS nicht akzeptiert. Bei großem Wert von Parameter **bias** hingegen werden die Vorschläge des AS meist akzeptiert. Hinweis: Bei größeren Werte für den Parameter **bias** werden nicht immer mehr Klassen erzeugt, es können unter Umständen auch weniger erzeugt werden: Vergleichen Sie hierzu Versuch 3c. Bei sehr großem **bias** (z.B. **bias** = 1000) wird für jedes Eingabemuster genau eine neue Klasse erzeugt und damit insgesamt nur 5 anstatt 6.

Bei **bias**=1000 schlägt das AS im ersten Lerndurchgang jeweils ein neues unbelegtes Muster vor, d.h. jedes Muster bekommt eine eigene Klasse. Anschließend ist das ART-Netz stabil. Bei **bias**=0 gibt es zumeist keine „leeren" unbelegten Klassen, da bei jeder Anpassung eines Referenzmusters k durch ein Eingabemuster i das Referenzmuster k (sofern keine weitere Anpassung von k erfolgt) bei einer zukünftigen Eingabe des Musters i maximal (d.h. mit 1) aktiviert und folglich (zumeist) wiederum „winner" wird (Neuronen mit kleineren Indices werden bevorzugt), d.h. die Klasse kann nicht leer werden. Ein „Ausnahmefall" hiervon ist die Datei auf3d_2.pic: Trotz **bias** = 0 wird bei **vigilance** = 0.1 die Klasse 2 leer.
Bei „mittleren" Werten des Parameters **bias** hingegen kann es vorkommen, daß „leere" unbelegte Klassen übrigbleiben.

Versuch 4

a) Während die Klasseneinteilung im Endergebnis gleich ist, ist die Lerngeschwindigkeit stark unterschiedlich (vier Lernzyklen gegen einen Lernzyklus).
Dieser Unterschied rührt daher, das bei der einen Datei die Muster in absteigender Reihenfolge vorliegen (jedes nachfolgende Muster enthält ein Pixel weniger als das vorhergehende); damit wird bei jeder Klasse der Repräsentant von dem nachfolgenden Muster überschrieben und so um ein Pixel gemindert. In jedem Lernzyklus legt das erste Muster eine neue Klasse an, deren Repräsentant einen Abstieg durchführt, bis er zwei Pixel oberhalb des nächsttieferen Repräsentanten liegenbleibt. Bei der Datei mit den aufsteigenden Mustern werden alle Repräsentanten bereits während des ersten Lernzyklus gewählt.

b) Bei der Konstruktion kann man ausnutzen, daß disjunkte Muster nie in dieselbe Klasse gewählt werden. Ist die Vigilance niedrig genug, werden sich überschneidende Muster (mit mindestens einem gemeinsamen Pixel) in gemeinsame Klassen gelegt. Dies führt zu folgender Konstruktion: a_1, a_2, a_3, a_4 seien disjunkte Pixel. Man wählt $M_1 = \{a_1,a_2,a_3\}$, $M_2 = \{a_2,a_3,a_4\}$, $M_3 = \{a_1\}$ und $M_4 = \{a_4\}$. Werden die Muster in der Reihenfolge M_1, M_4, M_2, M_3 präsentiert, so entstehen zwei Klassen mit Repräsentanten $\{a_1\}$ und $\{a_4\}$, werden sie jedoch in der Reihenfolge M_2, M_3, M_1, M_4 präsentiert, so entstehen drei Klassen mit Repräsentanten $\{a_2,a_3\}$, $\{a_1\}$ und $\{a_4\}$.

Im letzteren Fall enthält die erste Klasse M_2 und M_3, die im ersten Fall auf die Klassen von M_1 und M_4 verteilt werden.

Daher wählt man für die beiden neuen Files aus dem gegebenen „auf4c.pic" für das eine die Muster 1,2,3,4 und für das andere die Muster 3,4,1(=5. Muster), 2(=6. Muster) aus.

Versuch 5

a) Ein möglicher Wert für **vigilance** ist 0.9 (24/27 < **vigilance** < 25/27).

b) Bei jedem Schritt wird entweder eine bereits existierende Klasse gewählt (und deren Referenzmuster um ein Pixel reduziert) oder ein neue ausgesucht. Die neue Klasse wird stets dann gewählt, wenn die Pixelanzahl der bisherigen Referenzmuster auf 25 gesunken ist.
Die Tabelle muß wie folgt ausgefüllt werden:

1. Präsentation des i-ten Musters	Nummer der Referenzklasse	Anzahl der 1. Klasse	Pixel der 2. Klasse	Referenzklasse 3. Klasse
1	1	27	–	–
2	1	26	–	–
3	1	25	–	–
4	2	25	27	–
5	2	25	26	–
6	2	25	25	–
7	3	25	25	27
8	3	25	25	26
9	3	25	25	25

Wieviele Klassen wurden in der Endübersicht angegeben? 6 Klassen
Wieviele Muster liegen in einer Klasse (maximal)? bis zu 3 Muster / Klasse

c) Wenn alle Muster nur ein zusätzliches Pixel zu dem Grundmuster enthalten, werden alle auf das Grundmuster abgebildet. Verrauschungen, die nur aus wenigen zu-sätzlichen Pixeln bestehen, sind bei ART-Netzen unkritisch.

d) Aussagen mit zugehörigen Antworten.

– „Hohe Werte für **bias** und **vigilance** führen zu übermäßig vielen Klassen, aber mit niedrigen Werten (b=0.2,ρ=0.6) ist das Verrauschungsproblem lösbar."

Falsch: Auch bei niedrigen Werten (b=0.2,r=0.6) spaltet sich, wie Versuch 5b) zeigt, eine Klasse in viele auf. Somit ist das Verrauschungsproblem auch nicht gelöst. Richtig ist jedoch, daß die Klassenzahl bei diesen Werten nicht so schnell wächst wie bei anderen Kombinationen.

– „Über sehr lange Zeiträume führen verrauschte Muster immer zu mehr Klassen, als für eine sinnvolle Anwendung erwünscht sind."

Richtig: Falls man bei einer sinnvollen Anwendung weniger Klassen als unverrauschte Muster fordert. Die Formulierung „bei sinnvoller Anwendung erwünscht" ist jedoch etwas schwammig.

– „Das Verrauschungsproblem ist prinzipiell unlösbar, da die Verrauschung bei jedem Verfahren jede sinnvolle Klasseneinteilung überlagert."

Falsch: Es gibt auch hier Klassifikationsverfahren, das einfache ART1-Modell von Grossberg ist jedoch nicht geeignet.

Weitere Aussagen und Antworten

– „Zu einem bestimmten Zeitpunkt wird auch bei unbeschränktem Vorrat an unbelegten Klassen eine maximale Anzahl von Klassen belegt sein, ihre Anzahl wird ab dann nicht mehr zunehmen."

Richtig: Die Anzahl der Klassen kann 2^n (n ist Anzahl der Pixel pro Muster) nicht übersteigen.

– „Niedrige Werte für Vigilance und Biasing lösen das Problem nicht, da die Klasseneinteilung nicht mehr mit der gewünschten übereinstimmt, sondern durch die Verrauschung zu stark verwischt wird: Einerseits werden durch die niedrige Vigilance Klassen zusammengelegt, die man trennen wollte, andererseits werden durch das Rauschen einzelne Klassen in mehrere aufgespalten."

Richtig: Jedes Muster zerfällt in mehrere Klassen, verschiedene Muster können jedoch einige Klassen gemeinsam haben. Daher ist das Verfahren nur bei bestimmten Bedingungen an die Muster und einer Nachverarbeitung (Identifizierung zusammengehörender Klassen) brauchbar.

– „Wählt man Biasing und Vigilance groß genug, so erzeugt jede Verrauschung eines Musters eine eigene Klasse. Die Anzahl der Klassen hängt dann nur von der Streubreite des Rauschens ab."

Richtig: Bei hohem Biasing und hoher Vigilance wird eine Klasse nur dann nochmals verwendet, wenn das anliegende Muster mit dem gelernten identisch ist. Somit wird jede anliegende Verrauschung, die noch nicht aufgetreten war, einer neuen Klasse zugeordnet und diese nicht mehr verändert.

Versuch 6

a) Wegen der stochastischen Auswahl der „reizenden" Stadt ist Indeterminismus gegeben. Dadurch entwickelt sich der Netzzustand unterschiedlich, und es entstehen unterschiedliche Ergebnisse.

b) Durch die zufällige Verteilung der Neuronen auf der Kette entstehen Teilintervalle des Ringes, in denen weniger Neuronen als Städte vorhanden sind. Das Netz konvergiert gegen Zustände, denen illegale Wege entsprechen. Es werden keine Lösungen geliefert!!

c) Das alte Problem mit n≥2 konzentrischen Kreisen!! Das Netz versucht die Städte auf <u>einem</u> (deformierten) Kreis anzuordnen. Dies mißlingt oder liefert Lösungen, die deutlich suboptimal sind.

Versuch 7

a) **delta**	0.01	0.1	0.8
mittlere Weglänge	7.7	7.3	7.2

Mittlere Weglänge für **delta** = 0.08 und **tmax** = 60000: 7.2

b) **delta**	0.9	0.99	0.999
mittlere Weglänge	3.25	3.3	3.35

c) Für moderat veränderte Lernrate **delta** ist die Varianz deutlich größer als die Differenz der durchschnittlichen Längen. Nur im Grenzbereich deutliche Verschlechterung offensichtlich. Da eine Verkleinerung der Lernrate **delta** kleinere Anpassungsraten bedeutet, läßt sich dies kompensieren durch Erhöhen der Anzahl der Lernschritte, wobei feinere Schritte eher ein Vorteil sind. Eine Verkleinerung der Lernrate **delta** um den Faktor 10 und gleichzeitige Vergrößerung der Schrittanzahl **tmax** um den Faktor 10 sollte z.B. einerseits im Durchschnitt mindestens gleich gute Lösungen erbringen, aber die Lernzeit um den Faktor 10 vergrößern. Die Robustheit gegenüber der Wahl der Lernrate ist also unter anderem eine Konsequenz der Robustheit gegenüber der Anzahl der Lernschritte (je mehr desto besser). Offensichtlich gelten folgende Daumenregeln: Je größer die Anzahl der Lernschritte, desto besser der Durchschnittswert der Ergebnisse, aber auch desto größer die Lernzeit. Und je kleiner die Lernrate, desto geringer die Varianz der Ergebnisse.
Schlußfolgerung: Lernrate in großem Intervall relativ frei wählbar mit wenig Bedeutung für Qualität der Ergebnisse (sofern **tmax** hinreichend groß)!!

Versuch 8

a) In der Endphase reagiert das Netz nicht lokal genug und konvergiert nicht mehr gegen gültige Lösungen!! Da die Erregungsfunktion bis zu einem Abstand von etwa $1.5 \cdot \sigma(t)$ relevante Veränderungen um das Erregungszentrum erzeugt und $\sigma(t)$ bei diesen Einstellungen nicht unter 2 sinkt, werden immer zuviele Neuronen mitbewegt!

b) Das Netz reagiert von Anfang an nur lokal und kann keine globale Struktur entwickeln, die dem Problem entspricht. Es ist daher zufällig, ob das Netz gegen gültige Lösungen konvergiert oder nicht. Falls es konvergiert, sind die Lösungen in der Regel recht schlecht.

c) Am Anfang verharrt das Netz lange in Zuständen, die sehr wenige Strukturen darstellen und damit Information enthalten. Das gesamte Netz „springt" über die globale Struktur des Problems hin und her, ohne sich zu entfalten. Erst nach bei etwa $t = 0.35 \cdot$ tmax wird das gleiche Verhalten begonnen wie bei normaler Parametrisierung. Dadurch muß das Netz schneller konvergieren, und die Ergebnisse werden (zumindestens statistisch) schlechter. Hingegen kann der Aufwand für dieses erste Drittel einfach eingespart werden !!

Versuch 9

a) Das Netz konvergiert sehr schnell gegen Zustände, in denen einzelne Neuronen bestimmten Buchstaben zugeordnet sind. Evtl. sind einzelne Neuronen für verrauschte Muster spezialisiert (ein zusätzliches Pixel).

b) Das gesamte Netz springt sehr stark hin und her, da die Lernrate (delta) sehr hoch ist. Da die Nachbarschaft sehr große Werte hat (am Anfang 9 = sigma1 und am Ende 6=sigma1 · sigma2), konvergiert es nicht mehr lokal, sondern springt als ganzes durch die Gegend (durch den Zustandsraum). Daher werden nicht mehr alle Buchstaben sauber erkannt.

Kapitel 5

Backpropagation I

1 Einführung

Backpropagation ist ein Verfahren des überwachten Lernens. Wir haben in den Versuchen zum Perzeptron und zum Palmnetz bereits Beispiele für solche Verfahren kennengelernt. Beim überwachten Lernen werden Assoziationen (x^μ, y^μ) gelernt, die aus einem Eingabemuster x^μ und einer Sollausgabe y^μ bestehen. In seiner Lernphase eignet sich das Netz die Assoziationen durch schrittweise Verbesserung an. In seiner Kannphase soll das Netz dann zu gegebenem Eingabemuster x^μ die richtige Sollausgabe y^μ liefern.

Die bisherigen Modelle unterlagen alle Einschränkungen hinsichtlich der Eingabemuster x^μ. Bei der Hebbregel konnten im allgemeinen nur zueinander orthogonale Eingabemuster beliebigen Sollausgaben zugeordnet werden. Bei der Perzeptron- und bei der Deltaregel mußten die Eingabemuster (nach der Vorverarbeitung) wenigstens linear trennbar sein, beim Palm-Netz und beim Hebb-Assoziator waren unkorrelierte Eingabemuster, d.h. Muster mit geringem Overlap, Voraussetzung für erfolgreiches Lernen.

Bei Backpropagation sind diese Einschränkungen aufgehoben sind. Beliebigen voneinander verschiedenen Eingabemustern können beliebige Ausgabemuster zugeordnet werden. Dennoch hat die Zuordnung eine Stetigkeitseigenschaft: Hinreichend ähnliche Eingabemuster haben ähnliche Ausgaben zur Folge. Diese Eigenschaft erlaubt es, sinnvoll von bekannten Trainingsdaten auf neue, unbekannte Fälle zu schließen (Generalisierung durch Interpolation).

Backpropagation ist eine Verallgemeinerung der Deltaregel für Netze mit mehreren Verarbeitungstufen. Daher wird in der Literatur auch synonym die Bezeichnung *generalisierte Deltaregel* verwendet.

2 Das Backpropagation-Modell

In den folgenden Abschnitten wird zunächst beschrieben, wie Netze für Backpropagation aussehen und in der Kannphase arbeiten. Dann wird der Backpropagation-Lernalgorithmus vorgestellt. Dabei werden Netze betrachtet, die aus N Neuronen bestehen.

2.1 Die Neuronen

Ein Neuron i eines Netzes hat N Eingänge, die die Ausgangssignale (ihre Aktivierungen) von anderen Neuronen aufnehmen können. Außerdem gibt es einen weiteren Eingang, den Bias (alias Schwellwert, Threshold, Eingang der Rekurrenz-Unit, äußeres Feld usw.), der das Neuron mit einem konstanten Eingabesignal versorgt. Diese Signale sind reelle Zahlen aus dem Intervall [0, 1]. Das Eingabesignal am Bias ist konstant gleich 1. Jedem dieser Eingänge ist ein Gewicht zugeordnet, das durch eine reelle Zahl w_{ij} für den j-ten Eingang des i-ten Neurons bzw. θ_i für den Bias dargestellt wird.

Sein eigenes Ausgangssignal s_i berechnet ein Neuron nach

$$s_i = f(net_i), \text{ wobei } net_i = \sum_{j=1}^{N} (w_{ij} \cdot s_j) - \theta_i$$

Die Netzeingabe net_i ist also eine Linearkombination der Eingangssignale. Auf die Netzeingabe wird dann die in der Regel nicht-lineare Funktion f angewendet, um das Ausgabesignal s_i des Neurons zu berechnen.

In den folgenden Ausführungen wird für f immer die sogenannte logistische Aktivierungsfunktion verwendet, die sigmoid[1] ist.

$$f(net_i) = \frac{1}{1 + e^{(-net_i)}}$$

Die logistische Aktivierungsfunktion ist streng monoton steigend, stetig und differenzierbar. Die erste Ableitung, die später bei der Lernregel noch benötigt wird, läßt sich aus dem Funktionswert an der Ableitungsstelle der Funktion ermitteln. Man kann leicht nachrechnen, daß gilt

$$\frac{d}{dnet_i} f(net_i) = f(net_i) \cdot (1 - f(net_i))$$

2.2 Die Netztopologie

Netze für Backpropagation bestehen aus mehreren Neuronenschichten. Die Neuronen einer Schicht sind nicht miteinander verbunden. Kein Neuron ist mit sich selbst verbunden. Verbindungen bestehen ausschließlich von jedem Neuron einer Schicht zu jedem Neuron der nächst höheren Schicht. (Das gilt natürlich nicht für die Neuronen der höchsten Schicht.) Solche Netze nennt man auch *Multilayer Feedforward Networks*.

Eine Zwischenschicht, die weder direkt Eingaben bekommt noch direkt Ausgaben liefern kann, nennt man *versteckte Schicht* (*hidden layer*).

Wenn zwischen dem Neuron j und dem Neuron i eine Verbindung besteht, so wird das durch $w_{ij} \neq 0$ dargestellt. Besteht keine Verbindung, ist $w_{ij} = 0$, d.h. Neuron j hat keinen Einfluß auf Neuron i. Daraus folgt, daß für jedes Neuron j gilt: $w_{jj} = 0$. Außerdem kann wegen der geschichteten Anordung der Neuronen nicht gleichzeitig $w_{ij} \neq 0$ und $w_{ji} \neq 0$ gelten.

---

[1] Sigmoid heißt: ähnlich der Sigmafunktion σ: $R \rightarrow R$, $\sigma(x) = 0$ für $x < 0$ und $\sigma(x) = 1$ sonst.

Eine solche Topologie ist insbesondere zyklenfrei. Der Ansatz läß sich für beliebige zyklenfreie Topologien verwenden. Wir wollen uns hier jedoch auf am meisten verwendeten Spezialfall einer geschichteten Topologie beschränken.

2.3 Die Kannphase

In der Kannphase sind die Gewichte und der Bias konstante Größen. Jedes Neuron i berechnet nun sein Ausgangssignal s_i, sobald sich irgendein Eingangssignal ändert. Die Neuronen der untersten Schicht haben allerdings keine Eingangssignale. Sie sind die Verbindung des Netzes mit der Außenwelt. Ihr Ausgangssignal wird (von außen) vorgegeben und bleibt während der Kannphase konstant. Man sagt auch, daß die Aktivierung dieser Neuronen festgeklemmt ist.

Aus der Topologie des Netzes, die keine Zyklen enthalten darf, kann man leicht ableiten, daß die Ausgangssignale der Neuronen der letzten Schicht nach einiger Zeit stabil sind, wenn die Eingabe in das Netz sich nicht ändert. Man kann die Funktionsweise des Netzes also so auffassen, daß aus einem n-stelligen Eingabevektor (den festgeklemmten Aktivierungen der n Neuronen der untersten Schicht) ein m-stelliger Ausgabevektor (die stabilen Aktivierungen der m Neuronen der höchsten Schicht) berechnet wird. Das Netz realisiert also eine mathematische Funktion von $\mathbf{R}^n \rightarrow \mathbf{R}^m$. Im Kontext von Mustererkennungsaufgaben nennt man eine solche Funktion auch *Pattern Associator*. Eingabemuster, die aus n Komponenten bestehen (z.B. die n Pixel eines Grauwertbildes), werden mit bestimmten Sollausgaben, die aus m Komponenten bestehen, verknüpft ("assoziiert").

2.4 Die Lernphase

Welche Funktion von einem Netz realisiert wird, hängt von der Wahl der Gewichte w_{ij} und den Biaswerten θ_i ab. Der Kern von Backpropagation ist nun eine Methode, mit der die Gewichte den vorgegebenen Mustern entsprechend eingestellt werden können.

Die Idee des Verfahrens ist: Zuerst klemmt man die Neuronen der untersten Schicht an ein Eingabemuster und wartet, bis die Ausgabeneuronen stabil sind. Wenn die Aktivierungen der Ausgabeneuronen bereits dem Ausgabemuster entsprechen, ist man fertig. Ist das noch nicht der Fall, verstellt man die Gewichte zwischen der letzten und der vorletzten Schicht so, daß der Fehler etwas kleiner wird. Außerdem verschickt man Signale an die Neuronen der nächsttieferen Schicht, je nachdem wie stark diese zur Beseitigung des Fehlers beitragen sollen. Diese Neuronen verstellen nun wiederum ihre Eingangsgewichte, um einen Teil des Restfehlers zu beseitigen. Für die verbleibende Abweichung schicken sie wiederum Signale an ihre Vorläufer. Dieses Verfahren setzt sich rekursiv bis zu den Eingabeneuronen fort.

Dadurch wird erreicht, daß die Fehlerkorrektur nicht an einer bestimmten Stelle im Netz erfolgt, sondern auf alle Gewichte des Netzes verteilt wird. Ein Vorteil dieses verteilten Vorgehens ist, daß einzelne Gewichte nur wenig geändert werden müssen. Das ist wichtig, weil man mehrere Musterpaare nacheinander einlernen will. Da jedes Musterpaar nur kleine Änderungen vornimmt, beeinflussen sich die Änderungen der verschiedenen Musterpaare nur wenig. Normalerweise wird man allerdings jedes Musterpaar mehrmals einlernen müssen.

In Formeln gefaßt sieht das Backpropagation-Lernen so aus: Nachdem ein Eingabemuster x an die Neuronen der untersten Schicht geklemmt worden ist, stellt sich bei den Ausgabeneuronen die stabile Aktivierung s^x_i ein. Die Abweichung $e^{(x,y)}_i$ zur Sollausgabe y beträgt für ein Ausgabeneuron i

$$e^{(x,y)}_i = y_i - s^x_i$$

Als Fehler $E^{(x,y)}$ dieses Musters definiert man die Hälfte der Quadratsumme der Abweichungen aller Ausgabeneuronen

$$E(x,y) = \frac{1}{2}\sum_i (e^{(x,y)}_i)^2 = \frac{1}{2}\sum_i (y_i - s^x_i)^2$$

wobei der Index i die Nummern aller Ausgabeneuronen durchläuft.

Der Gesamtfehler E des Netzes ist dann die Summe über die Fehler aller Muster, die gelernt werden sollen

$$E = \frac{1}{2}\sum_{(x,y)} E(x,y) = \frac{1}{2}\sum_{(x,y)} \left(\sum_i (e^{(x,y)}_i)^2\right).$$

Die Fehlerfunktion E hängt zunächst einmal von den Mustern (x,y) ab. Für eine feste Mustermenge M kann man E aber auch als Funktion der Netzgewichte betrachten. Die Gewichte w_{ij} und θ_i gehen ja in die Berechnung von s^x_i ein. Ziel der Lernphase ist die Bestimmung der Gewichte, bei denen die Fehlerfunktion (also der Gesamtfehler) möglichst klein wird. Hier liegt es nahe, den Gradienten g der Funktion zu bestimmen (durch Ableiten nach den Gewichten) und dann die Gewichte in Richtung des absteigenden Gradienten (also Richtung -g) zu verschieben, bis ein (lokales) Minimum erreicht wird oder die Fehlerfunktion hinreichend klein geworden ist. Abbildung 1 veranschaulicht das Verhalten der Fehlerfunktion in Abhängigkeit eines einzelnen Gewichtes.

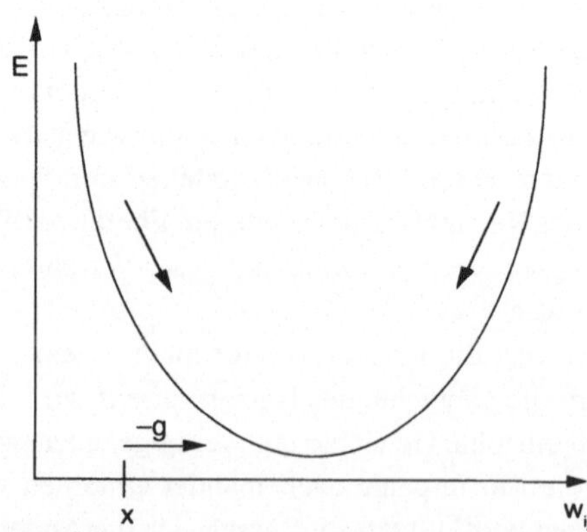

Abb. 1. Abhängigkeit der Fehlerfunktion E von einem Gewicht w_{ij}

An der Stelle x zeigt der absteigende Gradient -g nach rechts zum Minimum hin. Es ist also sinnvoll, w_{ij} größer zu wählen. Solche Verfahren nennt man *Gradientenabstiegsverfahren*. Anschaulich kann man sich die Fehlerfunktion als eine mehrdimensionale Gebirgslandschaft vorstellen. Gradientenabstieg heißt dann, daß man jeweils in der steilsten Richtung seinen Weg fortsetzt, bis man ein Tal erreicht. Dabei darf man die Schrittweite, d.h. die Veränderung des Gewichts w_{ij}, nicht zu groß machen. Der Fehler E kann sich sonst leicht wieder vergrößern.

Wählt man hingegen die Schrittweite zu klein, dann benötigt man sehr viele Schritte, um in die Nähe des nächsten (lokalen) Minimums zu gelangen.

Rechnet man den Gradienten aus, so erhält man folgende Formeln für die Gewichtsveränderungen in Richtung des absteigenden Gradienten:

$$\Delta w_{ij}(x,y) = -\Delta \cdot \frac{\partial E(x,y)}{\partial w_{ij}} \quad \text{und} \quad \Delta\theta_i(x,y) = -\Delta \cdot \frac{\partial E(x,y)}{\partial \theta_i}$$

Der Faktor D, die sogenannte Lernrate, bestimmt wie groß der Schritt ist, der entgegen der Richtung des Gradienten gemacht wird. Verbleibt die Berechnung der Ableitungen:

$$\frac{\partial E(x,y)}{\partial w_{ij}} = \frac{\partial E(x,y)}{\partial s_i}\frac{\partial s_i}{\partial w_{ij}} = \frac{\partial E(x,y)}{\partial s_i} s^x_i (1 - s^x_i) \, s^x_j$$

und

$$\frac{\partial E(x,y)}{\partial \theta_i} = \frac{\partial E(x,y)}{\partial s_i}\frac{\partial s_i}{\partial \theta_i} = \frac{\partial E(x,y)}{\partial s_i} s^x_i (1 - s^x_i)$$

Definieren wir nun

$$\delta_i = - \frac{\partial E(x,y)}{\partial s_i} s^x_i (1 - s^x_i) \, ,$$

als Fehlersignal des Neurons i, dann gilt

$$\Delta w_{ij}(x,y) = \Delta \cdot \delta_i \cdot s^x_j \quad \text{und} \quad \Delta\theta_i(x,y) = \Delta \cdot \delta_i.$$

Verbleibt die Berechnung von $\frac{\partial E(x,y)}{\partial s_i}$ bzw. δ_i. Falls Neuron i ein Ausgabeneuron ist, gilt:

$$\frac{\partial E(x,y)}{\partial s_i} = y_i - s^x_i \quad \text{bzw.} \quad \delta_i = - (y_i - s^x_i) \, s^x_i (1 - s^x_i)$$

Andernfalls gilt rekursiv:

$$\frac{\partial E(x,y)}{\partial s_i} = \sum_k \frac{\partial E(x,y)}{\partial s_k} \cdot \frac{\partial s_k}{\partial net_k}\frac{\partial net_k}{\partial s_i}$$

$$= \sum_k \frac{\partial E(x,y)}{\partial s_k} s^x_k (1 - s^x_k) \, w_{ki}$$

bzw. $\quad \delta_i = \sum_k \delta_k \, w_{ki} \, s^x_i (1 - s^x_i)$

Durch die Verwendung der Fehlersignale δ_i vereinfacht sich die Berechnung der Rekursion, da der Faktor $s^x_i\,(1 - s^x_i)$ außerhalb der Summe nur einmal multipliziert werden muß im Unterschied zur Rekursion von $\partial E(x,y)/\partial s_i$, bei der der Faktor $s^x_k\,(1 - s^x_k)$ innerhalb der Summe liegt und deshalb mehrfach multipliziert werden muß.

Aufgabe 1   Arbeitsweise von Backpropagation

Gegeben sei das Netz aus Abb. 2. Es besteht aus fünf Neuronen, die auf drei Schichten verteilt sind. In der Eingabeschicht und im Hidden Layer sind jeweils zwei, in der Ausgabeschicht ist ein einzelnes Neuron. Die Zahlen an den Pfeilen sind die Gewichte wij,, die Zahlen in den Neuronen die Biaswerte qi, die kleinen Zahlen neben den Neuronen die Nummern der Neuronen. An der Eingabeschicht liegt das Eingabemuster x = (0, 1) an. Die geforderte Soll-

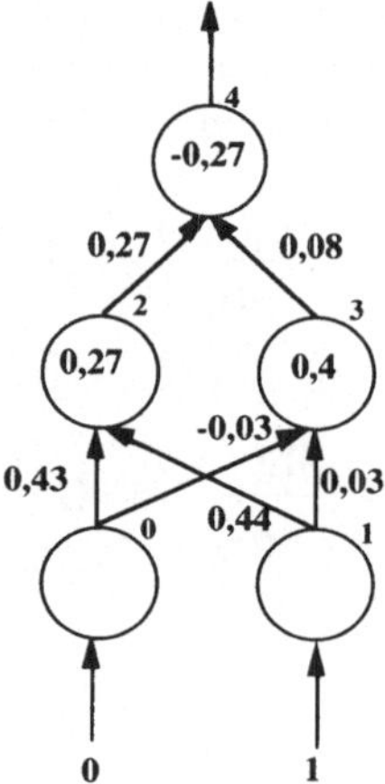

Abb. 2. Ein Feed-Forward-Netz mit Gewichten und Eingabemuster

Beachten Sie, daß die Eingabeneuronen nur Platzhalter für die Eingaben sind. Eingabeneuronen haben keine innere Struktur (Schwellwert, Aktivierungsfunktion) und es gilt für sie $s^x_i = x_i$.

(a) Berechnen Sie die Ausgabesignale s^x_i aller Neuronen des Netzes. Bestimmen Sie den Fehler $e^{(x,y)} = y_i - s^x_i$ des Ausgabeneurons.

(b) Berechnen Sie die Fehlersignale δ_i für die in Frage kommenden Neuronen.

(c) Machen Sie einen Lernschritt mit Lernrate $\Delta = 0,5$. Wiederholen Sie jetzt mit dem geänderten Netz (a). Hat sich der Fehler verringert?

2.5 Backpropagation als Perzeptron

Feed-Forward-Netze sind offensichtlich eine Verallgemeinerung des Perzeptrons. Im folgenden wollen wir untersuchen, ob auch die Backpropagation-Lernregel eine Verallgemeinerung der Perzeptron-Lernregel ist.

Aufgabe 2   Backpropagation als verallgemeinertes Perzeptron

Im folgenden wollen wir zeigen, daß sich mit Feed-Forward-Netzen mit genau einem Ausgabeneuron und ohne versteckte Neuronen (hidden neurons) alle linearen Trennungsprobleme lösen lassen.

Bei einem linearen Trennungsproblem sind zwei Mengen $A = \{a_1, ..., a_p \mid a_i \in R^n\}$ und $B = \{b_1, ..., b_q \mid b_i \in R^n\}$ gegeben. Gesucht wird ein Vektor $w \in R^n$ und eine Zahl $\theta \in R$, so daß für alle $x \in A$ $w*x \geq \theta$ und für alle $y \in B$ $w*y < \theta$.

Zeigen Sie dazu:

(a) $w * x > 0$ genau dann, wenn $s_a > 0.5$, wobei s_a die Aktivierung des Ausgabeneurons ist.

(b) In unserer Definition von Backpropagation muß für die Eingabemuster x immer gelten $x \in [0, 1]^n$, während die $a_i, b_i \in R^n$ sind. Geben Sie eine lineare Transformation an, die die Muster a_i, b_i aus den Mengen A und B auf entsprechende Muster $a'_i, b'_i \in [0,1]^n$ abbildet und zeigen Sie dann für $A' = \{a'_1, ..., a'_p\}$ und $B' = \{b'_1, ..., b'_q\}$:

A und B sind genau dann linear trennbar, wenn A' und B' linear trennbar sind.

(c) Kann man jetzt folgern, daß Backpropagation alle linear trennbaren Probleme lösen kann, d.h. eine echte Verallgemeinerung der Perzeptron Lernregel ist?

2.6 Generalisierung und Overlearning

Bei den bisherigen Betrachtungen sind wir davon ausgegangen, daß eine feste Menge $M \subseteq \{(x, y) \in ([0,1]^n, [0,1]^m)\}$ gegeben ist und das Netz seine Gewichte so einstellen soll, daß bei Eingabe eines x das dazugehörige y ausgegeben wird.

In praktischen Anwendungen ist die Trainingsmenge M, die explizit zum Training zur Verfügung steht, oft nur ein kleiner Ausschnitt aus einer viel größeren Menge G, die sogar unendlich viele Muster enthalten kann. Ein (künstliches) Beispiel wäre die Menge $G = \{(x,y) \mid x, y \in [0, 1], y = x^2\}$. Wenn wir die Menge G, d.h. die Funktion $y = x^2$, mit einem Netz lernen wollten, könnten wir zum Training nur eine endliche Teilmenge $M \subseteq G$ verwenden. Die Menge G ist zudem in der Regel unbekannt. Kennt man nämlich G, gibt es meist einfachere Algorithmen, um die unterliegende Funktion zu berechnen.

Ein Netz, das mit M trainiert wurde, liefert für jede Eingabe x eine Ausgabe, natürlich auch für solche x, die in M gar nicht vorkommen. Wie gut oder schlecht ein Netz für solche nicht trainierten Eingaben die Ausgabe interpoliert, nennt man seine Generalisierungsfähigkeit.

Wenn die Generalisierung bzgl. G das Ziel ist, dann genügt es nicht mehr, einfach die bekannte Teilmenge M möglichst gut einzulernen. Beim Training von Netzen kann man nämlich oft beobachten, daß die zunächst schlechte Generalisierungsfähigkeit sich zwar bis zu einem bestimmten Punkt verbessert, dann aber wieder abnimmt, obwohl der Fehler der Trainingsmuster aus M weiterhin fällt. Dieses Phänomen bezeichnet man als "Overlearning". Wenn das Netz sich zu sehr auf die Beispiele in M einstellt, ist es überspezialisiert für die "allgemeinen" Fälle aus G.

Aufgabe 3   Generalisierung und Overlearning

Überlegen Sie:

(a) Ein Aspekt der guten Generalisierungsfähigkeit von Backpropagation ist die Eigenschaft ähnliche Eingaben mit ähnlichen Ausgaben zu beantworten. Warum ist das so, und welche Rolle spielt dabei die Größe der Gewichte im Netz?

(b) Aus einer Anwendung sei eine Menge von Mustern M hervorgegangen, die nur einen kleinen endlichen Ausschnitt aus der unterliegenden Menge aller Muster G darstellt. Sie wollen nun ein Netz trainieren, das G möglichst gut annähert. Um Overlearning zu verhindern, ist es nicht sinnvoll, die Muster aus M unter allen Umständen so fehlerfrei wie nur möglich zu lernen. Man muß also das Training rechtzeitig abbrechen. Ohne Kenntnis von G ist aber die Generalisierungsfähigkeit im jeweiligen Trainingszustand unbekannt. Wie könnte man (vorausgesetzt M ist eine umfangreiche, repräsentative Stichprobe für G) die Generalisierungsfähigkeit bzgl. G simulieren?

3 Versuchsumgebung

Der Aufruf des Programms erfolgt jeweils bei Versuch *i* durch den Befehl **bpI** *i*. Auf der Bildschirmmaske sind die Bezeichnungen wie folgt zu lesen:

$$\text{weights} \sim w_{ij}, \text{ biases} \sim - \theta_i,$$
$$\text{net\_input} \sim net_i, \text{ activation} \sim s_i,$$
$$\text{delta} \sim \delta_i, \text{ pss} \sim E^{(x,y)}, \text{ tss} \sim E,$$
$$\text{lrate} \sim \Delta.$$

epoch gibt die Anzahl der bereits durchgeführten Trainingsläufe an, und **cpname** den Namen des zuletzt bearbeiteten Musters. Die Gewichte w_{ij} sind mit dem Faktor 100, die Fehlersignale δ_i mit dem Faktor 1000 skaliert.

Beschreibung der Befehle

file/	Mit **quit** wird das Programm beendet
set/	Hiermit können Parameter verändert werden (siehe Beschreibung der Parameter weiter unten)
mode/	Mit **actifunc** kann die Aktivierungsfunktion, die von allen Neuronen benutzt wird, eingestellt werden. Gültige Werte sind **logistic, paraboloid** und **frank.**
	Mit **lgrain** kann der Lernmodus bestimmt werden. Damit kann man zwischen learning by **epoch** und learning by **pattern** auswählen.
	Mit **lrate_control** sind verschiedene Anpassungen der Lernrate verfügbar. Zulässige Werte sind **standard, constant** und **newton.** Wird der Parameter **follow** auf 0 gesetzt, unterbleibt die Berechnung von **gcor.** Dadurch läuft der Simulator wesentlich schneller.

test
Namen oder Nummer eines Musters eingeben, das durch das Netz propagiert werden soll. Dabei werden die Gewichte nicht verändert.

show
Alle gespeicherten Muster werden der Reihe nach durch das Netz propagiert. Mit **continue** schaltet man zum nächsten Muster weiter, mit **break** werden alle weiteren Muster ohne Abfrage an das Netz gelegt. Man kann dann den Gesamtfehler aller Muster in **tss** ablesen.

learn
Es werden alle Muster, so oft wie #epochs angibt, dem Netz zum Lernen präsentiert. Gilt **lgrain pattern**, werden die Muster immer in der Reihenfolge wie im Patternfile präsentiert.

learn_permuted
Wie **learn**, allerding werden bei **lgrain pattern** die Muster innerhalb einer Epoche in einer zufällig permutierten Reihenfolge präsentiert.

reset_to_random_weights
Alle Ergebnisvariablen (tss, pss, thamdis, phamdis, gcor usw.) werden zurückgesetzt, die Gewichte auf die Werte der letzten Zufallsinitialisierung. So ist es möglich, einen Trainingslauf mit zufällig initialisierten Gewichten mehrmals exakt zu reproduzieren. Es werden *nicht* die Gewichte aus **weight_file** neu geladen.

reset_to_weight_file
Alle Ergebnisvariablen (tss, pss, thamdis, phamdis, gcor, usw.) werden zurückgesetzt. Die Gewichte werden aus der Datei **weight_file** neu geladen.

random_weights
Die Gewichte und Biaswerte werden zufällig initialisiert. Die Werte werden gleichverteilt aus einem Intervall der Breite **wrange** gewählt, das symmetrisch um den Nullpunkt liegt.

tss_graph
Öffnet ein Fenster, in dem graphisch der Verlauf der Fehlerfunktion (**tss**) im Verlauf der Trainingsepochen dargestellt wird. Nochmaliges Drücken des Buttons schließt das Fenster wieder.

Beschreibung der Parameter

pss
Der Fehler des aktuellen Musters **cpname** als Summe der Fehlerquadrate der Ausgabekomponenten

tss
Summe der **pss** über alle Muster des **pattern_file**.

phamdis
Der Fehler des aktuellen Musters **cpname** als Klassifizierungsfehler bezüglich der Schwelle 0.5. Liegen Sollausgabe und tatsächliche Ausgabe beide oberhalb von 0.5 oder beide unterhalb von 0.5 ist **phamdis** 1, sonst 0. Dieses Fehlermaß ist bei Klassifizierungsanwendungen hilfreich.

thamdis
Summe der **thamdis** über alle Muster des **pattern_file**.

gcor
Korrelation der letzten Gewichtsänderung mit der vorletzten Gewichtsänderung dar. Der Wert 1.0 bedeutet, daß zweimal hintereinander die gleiche Änderung ausgeführt wurde, -1.0 daß die Änderungen im Vorzeichen genau entgegengesetzt waren. 0 bedeutet, daß die beiden Änderungen nicht korreliert waren.

single_flag	Falls **1** wird bei **learn** und **learn_permuted** nach jeder Epoche angehalten. Bei **continue** wird mit der nächsten Epoche fortgefahren, **break** bricht das Lernen ab.
#epochs	Anzahl der Epochen, die bei **learn** und **learn_permuted** gelernt werden soll.
lrate	Die Lernrate Δ.
momentum	Das Lernmoment (s. Versuch 4)
ecrit	Fällt **tss** unter den Wert **ecrit**, werden **learn** und **learn_permuted** abgebrochen. Bei **ecrit** = 0 ist dieser Mechanismus abgeschalten.
hamcrit	Fällt **thamdis** unter den Wert **hamcrit**, werden **learn** und **learn_permuted** abgebrochen. Bei **hamcrit** = 0 ist dieser Mechanismus abgeschalten.
wrange	Gibt die Intervallbreite für die Bestimmung der Zufallsgewichte durch **random_weights** an.
pattern_file	Eine Datei mit Trainingsmustern laden (*.pat).
weight_file	Eine Datei mit Gewichten und Biaswerten laden (*.wts).
save_weights	Aktuelle Gewichte und Biaswerte auf Datei (*.wts) schreiben.

4 Versuche

Versuch 1   Übereinstimmung von Formeln und Implementierung

Die Berechnungen von Aufgabe 1 können Sie jetzt mit Hilfe des Simulationsprogrammes überprüfen. Starten Sie dazu *bpI 1*.

Als einziges Muster ist jetzt p01 geladen, bei dem **x** = (0, 1) und **y**=(1) ist. Invertiert dargestellte Zahlen sind negativ zu lesen. Kommalose Zahlen sind mit dem Faktor 1/100 zu skalieren, die Werte für *delta* als Ausnahme mit 1/1000.

(a) Berechnen Sie nun mit dem Kommando **test p01** die Aktivierungen und den Fehler. Haben Sie in Aufgabe 1 das gleiche ausgerechnet? Beachten Sie, daß bias = - θ ist.

Einen Lernschritt können Sie mit dem Kommando **learn** ausführen lassen. Vergleichen Sie wieder mit den Werten aus Aufgabe 1!

(b) Machen Sie mehrere Lernschritte, bis der Fehler unter 0,04 fällt. Wie lange dauert das?

(c) Wiederholen Sie Teil (b) mit verschiedenen Lernraten, nämlich 0,1; 1; 10 und 100. Das setzen der Lernrate Δ geschieht mit **set lrate 0.1**. Um den Simulator wieder in seinen Ausgangszustand zu versetzen geben Sie **reset_to_weight_file** ein und dann, um wieder mit den gleichen Gewichten zu beginnen, **set weight_fileauf1.wts**.

Der Simulator macht so viele Lernschritte, wie mit **set #epochs** eingestellt wurde, hört jedoch schon vorher auf, falls der Fehler kleiner als **set ecrit** (voreingestellt sind 0.04) wird. Wählen Sie für **#epochs** (Anzahl der Lernschritte) zum Beispiel 30.

Bestimmen Sie für jede Lernrate die Anzahl der notwendigen Lernschritte.

Versuch 2   Das XOR-Problem

Beim XOR-Problem sollen folgende vier Muster gelernt werden:

((0,0), 0)
((0,1), 1)
((1,0), 1)
((1,1), 0).

Die beiden Musterklassen sind nicht linear trennbar, können also nicht mit dem einfachen Perzeptron ohne *hidden layers* gelernt werden.

Dieser Aufgabe liegt wieder das gleiche Netz wie Aufgabe 1 zugrunde. Die Anzahl der Lernschritte ist wieder auf 30 gesetzt und das Abbruchkriterium auf 0,04. Starten Sie den Simulator mit **bpI 2.**

(a) Benutzen Sie **show**, um der Reihe nach alle Muster an die Eingabeneuronen des Netzes festzuklemmen. Beobachten Sie die Aktivierung des Ausgabeneurons. Warum sind sich die Werte so ähnlich? Bedenken Sie dabei die Größe der Gewichte, die Aktivierungsfunktion, und den Einfluß der versteckten Neuronen.

(b) Benutzen Sie **learn,** um das Netz mit den vier Mustern zu trainieren. Mit **set single_flag 1** kann man jeden Lernschritt am Bildschirm verfolgen, mit **reset_to_weight_file** wieder den Ausgangszustand herstellen.

Nach wievielen Schritten sind die Muster gelernt? Beschreiben Sie die Veränderung der Lerngeschwindigkeit (d.h. die Geschwindigkeit der Fehleränderung) in Abhängigkeit von der Anzahl der Lernschritte.

(c) Das Ausgabeneuron realisiert nach dem Lernen die Boolsche Funktion XOR. Realisieren die beiden Hidden Neurons auch Boolsche Funktionen? Wenn ja, welche?

Versuch 3   Brechung von Symmetrien

Starten Sie den Simulator mit **bpI 3.** Alle Einstellungen entsprechen Versuch 2, mit Ausnahme der Gewichte, die alle auf 0.5 gesetzt sind. Wenn Sie den Simulator zurücksetzen wollen: **reset _to_weight_file.**

(a) Erklären Sie anhand der Formeln, warum jetzt nichts gelernt wird.

(b) Als Abhilfe wählt man zu Beginn nicht zu große zufällige Gewichte. Je nach Belegung der Gewichte ergibt sich ein anderer Startpunkt für die Minimumsuche in der Energielandschaft. Mit dem Kommando **random_weights** können Sie jeweils eine neue zufallsabhängige Belegung der Gewichte einstellen. Die Werte sind gleichverteilt aus einem Intervall der Breite **set wrange,** das symmetrisch zu 0 liegt.

Machen sie für **wrange** 0,1; 1; 10; 100 jeweils 10 Trainingsversuche. Wie ändert sich die Lerngeschwindigkeit?

Versuch 4   Lernrate und Momentum

Starten Sie den Simulator mit **bpI 4**. Alle Einstellungen entsprechen Versuch 2. In den bisherigen Aufgaben wurde das Backpropagationverfahren nicht ganz so benutzt, wie es im Kapitel 1 vorgestellt wurde. Setzen Sie bitte den Simulationsparameter **set momentum** auf 0. Jetzt haben Sie „reines" Backpropagation.

(a) Vergleichen Sie das Lernverhalten von momentum 0 mit momentum 0.9, dem Wert , der bisher eingestellt war. Wie ändert sich das Lernverhalten? Zum Rücksetzen können Sie wieder **reset_to_weight_file** verwenden. Verwenden Sie auch **random_weights,** um neue zufallsbelegte Gewichte zu erhalten.

Beachten Sie dabei den als **gcor** angezeigte Wert. Er stellt die Korrelation der letzten Gewichtsänderung mit der vorletzten Gewichtsänderung dar. Der Wert 1.0 bedeutet, daß zweimal hintereinander die gleiche Änderung ausgeführt wurde, -1.0 daß die Änderungen im Vorzeichen genau entgegengesetzt waren. 0 bedeutet, daß die beiden Änderungen nicht korreliert waren.

Was bewirkt nun der Parmeter **momentum**? Normalerweise werden die Gewichte im Lernschritt Nummer t einfach um $\Delta w_{ij}(t)$, bzw. $\Delta\theta_i(t)$ geändert. Ist der Parameter **momentum** aber ungleich 0, so wird die tatsächlich ausgeführte Änderung $\Delta\underline{w}_{ij}(t)$, bzw. $\Delta\underline{\theta}_i(t)$ berechnet als

$$\Delta\underline{w}_{ij}(t) = \Delta w_{ij}(t) + \text{momentum} * \Delta\underline{w}_{ij}(t\text{-}1) \quad \text{bzw.}$$

$$\Delta\underline{\theta}_i(t) \; = \Delta\theta_i(t) + \text{momentum} * \Delta\underline{\theta}_i(t\text{-}1).$$

Damit wird erreicht, daß eine einmal eingeschlagene Richtung im Raum der Gewichte nicht so schnell wieder verlassen werden kann. Es besteht immer die Tendenz in der alten Richtung weiterzulaufen. Anschaulich entspräche das einer großen Kugel, die über eine Hügellandschaft rollt. Kleinere Unebenheiten des Bodens wird sie einfach überrollen, während eine kleine Kugel jeder kleinen Rille im Boden folgen muß.

Es wird sich noch zeigen, daß das Momentum vor allem beim **learning by pattern** hilfreich ist und dabei Werte größer als 1 im Allgemeinen nicht sinnvoll sind (vergl. Backpropagation II, Aufg. 3).

(b) Wie weit muß man **set lrate** erhöhen, damit Backpropagation ins Oszillieren kommt, d.h. **gcor** oft ein negatives Vorzeichen zeigt?

Wählt man learning by epoch und benutzt kein Trägheitsmoment, dann zeigt ein oszillierendes **gcor** an, daß die Schrittweite falsch gewählt wurde. Ist allerdings das Moment groß eingestellt (nahe bei 1), dann korrelieren aufeinanderfolgende Gewichtsänderungen aufgrund des Momentumterms fast immer. Folglich ist dann **gcor** kein geeignetes Kriterium für die Einstellung der Schrittweite.

Erhöhen Sie das **momentum**, um das Oszillieren (gcor) zu beseitigen. Wird jetzt noch was gelernt?

Versuch 5   Lokale Minima

Starten Sie den Simulator mit **bpI 5**. Versuchen Sie mit allen Tricks, die sie bisher kennen (Lernrate, Momentum verändern), mit den geladenen Gewichten das Netz zu trainieren. Vergessen auf keinen Fall, vor jedem Trainingslauf die Gewichte aus der Datei *auf6.wts* mit **reset_to_weight_file** wieder neu zu initialisieren.

Wenn Ihnen das mit „vernünftigen" Werten für **lrate** und **momentum** gelingt: Glückwunsch! Falls nicht, kann man sicher sein, daß der Gradientenabstieg hier in einem lokalen Minimum der Fehlerfunktion stecken bleibt? Beachten Sie besonders die Werte **activation** und **delta.**

Versuch 6   Aktivierungsfunktionen

Die logistische Aktivierungsfunktion, die bisher immer verwendet wurde, ist nicht die einzig mögliche. Für den Gradientenabstieg kommt grundsätzlich jede differenzierbare Funktion in Frage. Damit sich die Neuronen des Modells ähnlich wie ein biologisches Neuron verhalten, das nur zwischen zwei Potentialen hin- und herschwankt, wählt man die Funktion sigmoid, d.h. im Graphen ähnlich der Sigma-Funktion.

Mit **mode actifunc paraboloid** und **mode actifunc frank** stehen Ihnen neben **mode actifunc logistic** zwei weitere sigmoide Aktivierungsfunktionen zur Verfügung.

Die logistische Funktion ist definiert als

$$f_{\text{logistisch}}(x) = \frac{1}{1 + e^{(-x)}}$$

Die paraboloide Funktion besteht aus zwei Parabelbögen, die in Geraden übergehen:

$$f_{\text{paraboloid}}(x) = \begin{cases} 0 & \text{für } x < -5 \\ (x+5)^2 / 50 & \text{für } -5 \leq x < 0 \\ 1 - (x-5)^2 / 50 & \text{für } 0 \leq x < 5 \\ 1 & \text{für } x \geq 5 \end{cases}$$

Wie groß ist die 1. Ableitung von $f_{\text{paraboloid}}$ für $|x| > 5$? Welche Konsequenzen läßt das für das Lernen bei betragsmäßig so großen Netzeingaben erwarten ?

Die Franksche Funktion ist besonders einfach berechenbar:

$$f_{\text{frank}}(x) = 0{,}5 \cdot \frac{x}{1 + |x|} + 0{,}5$$

Die Graphen der Funktionen und deren Ableitungen finden Sie im Anhang.

Wählen Sie sich eine der beiden Funktionen und entwerfen Sie einen Leistungstest, um zu ermitteln, ob diese Funktion besser ist als der Standard, nämlich die logistische Funktion. Nehmen Sie das XOR-Problem um diesen Test auszuführen. Ermitteln Sie zunächst das Kriterium für *besser*. Dafür kommen Lerngeschwindigkeit und Lerngenauigkeit in Frage. Berücksichtigen Sie, daß man die Gewichte vorbelegen muß! Machen Sie für jede Einstellung der Parameter 10 Trainingsläufe mit 10 verschiedenen Startgewichten.

Verändern Sie höchstens zwei der Parameter (d.h. lassen Sie alle anderen für alle Testläufe konstant) und zwar in jeweils drei bis vier Schritten ($\rightarrow$ 9 bis 16 zu testende Parameterkombinationen).

Als Kriterium kommen die Lerngeschwindigkeit bei optimal eingestellter Lernrate, die Robustheit gegenüber Einstellungen der Lernrate und die Robustheit der Lerngeschwindigkeit gegenüber der Anfangsbelegung der Gewichte in Frage.

Versuch 7   Interne Repräsentation

Die Gewichte im Netz bedingen eine Repräsentation der realisierten Funktion durch die Aktivierungen der Neuronen. Man kann das Lernen also auch als Suche nach einer geeigneten Repräsentation in der hidden layer auffassen. An Beispiel eines Kodieres/Dekodierers wollen wir untersuchen, wie solche Repräsentationen aussehen.

Die Aufgabe besteht darin, die Aktivierungen von vier Eingabeneuronen in vier Ausgabeneuronen identisch auszugeben. Das Problem dabei ist, daß im *hidden layer* lediglich zwei Neuronen zur Verfügung stehen. Um die Eingabedaten durch diesen Flaschenhals zu befördern, müssen sie anders kodiert und zur Ausgabe dann wieder dekodiert werden. Folgende Muster sollen gelernt werden:

$$(\ (0,0,0,1), \ (0,0,0,1) \ )$$
$$(\ (0,0,1,0), \ (0,0,1,0) \ )$$
$$(\ (0,1,0,0), \ (0,1,0,0) \ )$$
$$(\ (1,0,0,0), \ (1,0,0,0) \ )$$

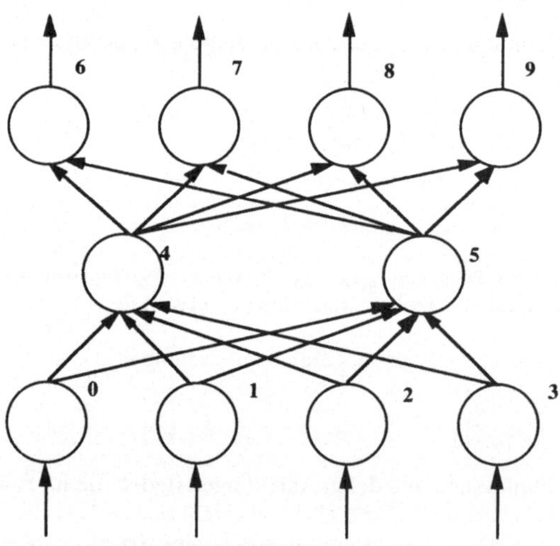

Abb. 3. Das Enkoder-/Dekoder-Netzwerk

(a) Finden Sie mit **bpI 7** mehrere Lösungen. Sind sich diese Lösungen ähnlich? Worin liegt (falls vorhanden) diese Ähnlichkeit?

(b) Welchen „Code" läßt Backpropagation die Aktivierungen der beiden hidden neurons realisieren?

Versuch 8   Scheitern bei linear trennbaren Lernmengen

Wie bereits in der Einführung erwähnt, ist Backpropagation eine Verallgemeinerung der Delta-regel. Dabei erhebt sich die Frage, inwieweit sich Backpropagation auch für das Eintrainieren eines Perzeptrons eignet, d.h. für das einfachste Multilayer Perzeptron (Abb. 4) mit nur einem Ausgabeneuron und ohne verborgene Schicht. Der folgende Versuch zeigt, daß Lernprobleme konstruierbar sind, bei denen Backpropagation kläglich scheitert, obwohl diese linear trenn-bar sind: Ausgehend von einer korrekten Trennhyperebene verlernt Backpropagation diese Lösung und konvergiert gegen eine fehlerbehaftete Lösung.

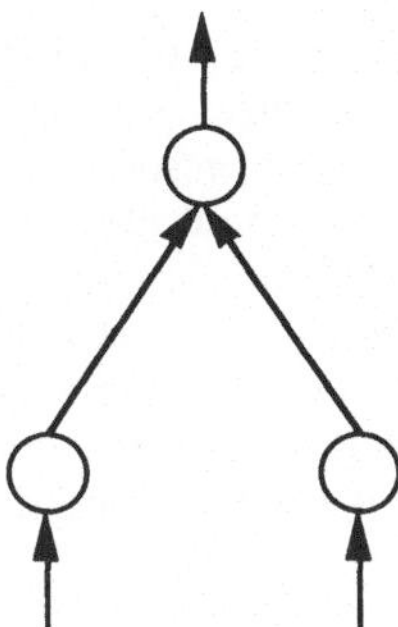

Abb. 4. Ein einfaches Netz ohne hidden units

a) In der Datei auf8.pat befinden sich vier verschiedene Assoziationen, wobei die erste und zweite jeweils 30-fach auftritt. Zeichnen Sie sowohl die Lernmuster als auch eine Trenn-gerade in Abb. 5 ein.

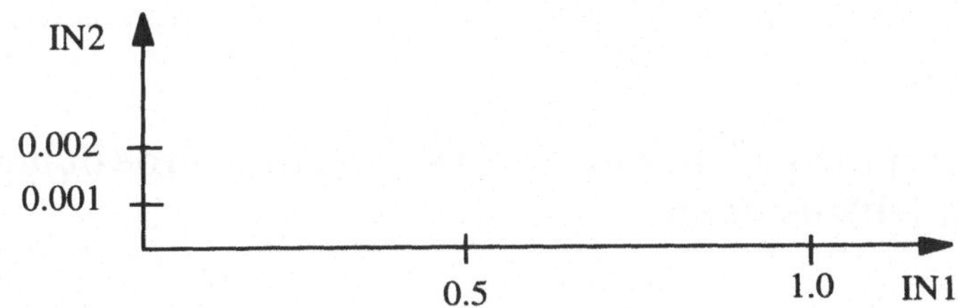

Abb. 5. Eingaberaum (Achtung: Komponente IN2 ist extrem gestreckt)

b) Laden Sie die Lernmenge aus der Datei auf8.pat und die Gewichte aus der Datei auf8.wts. Kontrollieren Sie nun mit **show** das Verhalten des neuronalen Netzes und beachten Sie hier-bei insbesondere tss und thamdis. Welche Beziehung besteht zwischen dem Vorzeichen von **net_input** und **target** , wenn thamdis = 0 gilt?

c) Wegen thamdis=0 beschreiben die Gewichte in auf8.wts eine korrekte Trenngerade. Trotz-dem ist der quadratische Fehler **tss** recht groß. Durch welche einfache Manipulation der Ge-wichte können Sie diesen Fehler beliebig klein machen?

Überprüfen Sie Ihren Vorschlag, indem Sie damit eine neue Gewichtsdatei erzeugen und durch **show** testen. Falls Ihnen hierzu nichts einfällt, betrachten Sie die Datei auf8_100.wts. Durch welche Operation ist diese aus der Datei auf8.wts erzeugt worden?

d) Lernen Sie nun die Lernmenge mit **learn** (Einstellung: xgraph=3000, y-graph=15, #epochs=1000). Welche Muster werden falsch klassifiziert?
Gegen welchen Wert strebt das Verhältnis von Gewicht w_1 und Schwelle θ?
Gegen welchen Wert strebt das Verhältnis von Gewicht w_2 und Schwelle θ?
Versuchen Sie damit näherungsweise die Trenngerade zu bestimmen, gegen die der Gewichtsvektor strebt.
Skizzieren Sie diese Trenngerade in Abb. 5.

Versuch 9   Generalisierungsfähigkeit und Overlearning

(a) Sehen Sie sich einmal die Datei **gesamt.pat** mit Trainingsmustern an und skizzieren Sie die Muster (x, y) mit Punkten bzw. Kreuzen, je nachdem, ob der Punkt x im Einheitsquadrat auf y gleich "1" bzw "0" abgebildet werden soll. Sie sehen, daß es sich um eine Fortsetzung des XOR-Problems handelt. Starten Sie mit **bpI 9** den Simulator. Es ist jetzt wieder das Standard-XOR-Problem geladen. Die Variable **tss** zeigt dabei an, wie groß die Quadratfehlersumme für die Muster in **xor.pat** ist. Mit **set corsspat_file gesamt.pat** und **cross_test** können Sie feststellen, wie groß der Fehler für die gesamte Menge ist. Setzen Sie **#epochs** auf 30 und skizzieren Sie alle 30 Epochen die Werte von **tss** für **gesamt.pat** und **xor.pat.** Der Simulator benutzt nur die Muster des **pattern_file** zum Lernen. Der Fehler des pattern_file wird mit **tss_graf** skizziert.
Macht sich ein Overlearning-Effekt bemerkbar?

(b) In praktischen Anwendungen hat man in der Regel die Gesamtmenge der Muster nicht gegeben. Um ein Overlearning zu vermeiden, teilt man die Menge der Muster, die man bekommen kann, in zwei Teile auf: ein Trainingsset und ein Testset. Erzeugen Sie zwei Dateien Datei **test.pat** und **cross.pat**, die jeweils 30 "zufällig" aus **gesamt.pat** gezogene Muster enthalten. Trainieren Sie das Netz solange, bis der **tss** von **test.pat** den niedrigsten Wert hat, den Sie erreichen können. Dieses Verfahren heißt in der Literatur auch "Crossvalidation". Wie verhalten sich die Fehlerkurven von Test- und Trainingsset zueinander im Vergleich zu (a) ?

5 Anhang: Die Graphen der Aktivierungsfunktionen und ihrer Ableitungen

Die logistische Funktion $f_{\text{logistisch}}(x) = \dfrac{1}{1 + e^{(-x)}}$

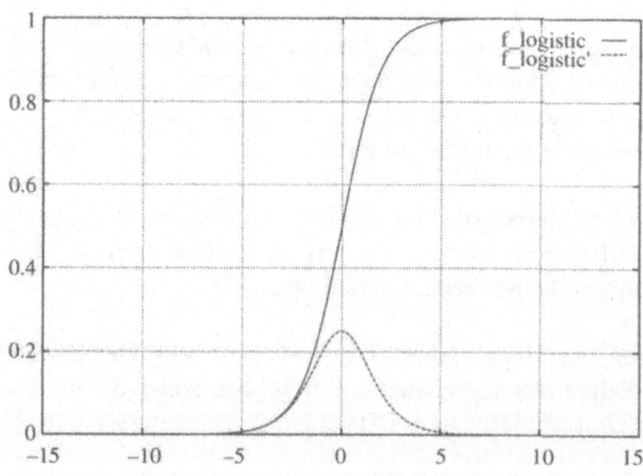

Die paraboloide Funktion $f_{paraboloid}(x) = \begin{cases} 0 & \text{für } x < -5 \\ (x+5)^2/50 & \text{für } -5 \le x < 0 \\ 1-(x-5)^2/50 & \text{für } 0 \le x < 5 \\ 1 & \text{für } x \ge 5 \end{cases}$

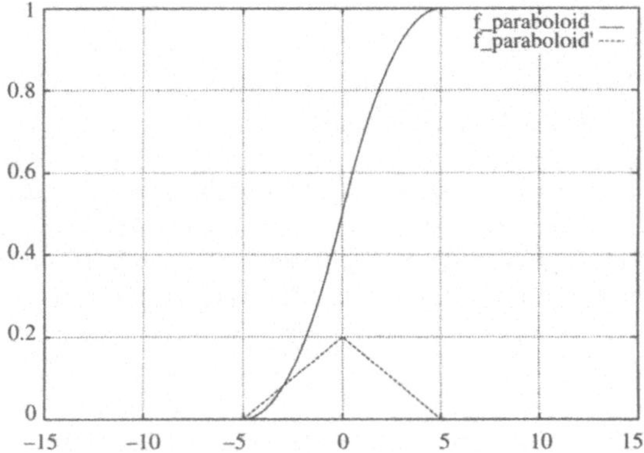

Die Franksche Funktion $f_{frank}(x) = 0{,}5 \cdot \dfrac{x}{1+|x|} + 0{,}5$

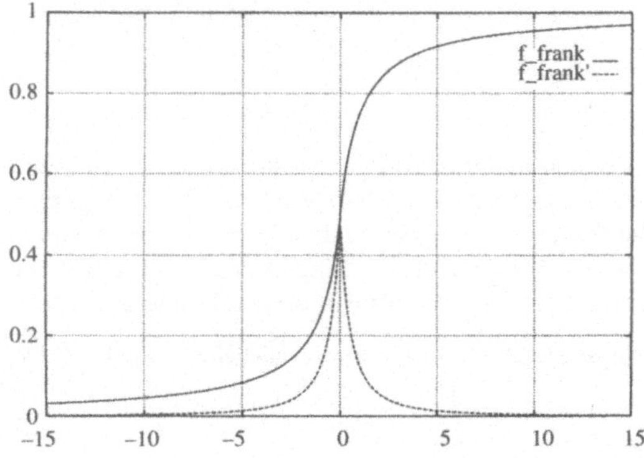

6 Lösungen

Aufgabe 1

s. Versuch 1.

Aufgabe 2

(a) $\mathbf{w} * \mathbf{x} > 0 \; \Longleftrightarrow \; f_{sig}(\mathbf{w}*\mathbf{x}) > \dfrac{1}{2}$

(b) Die Einschränkung des Modells ist gemacht, damit die Eingaben in Rechnungen wie Neuronen behandelt werden können. Sie ist aber keineswegs notwendig.

Die lineare Abbildung, die die Daten auf den Einheitswürfel abbildet, definieren wir komponentenweise. Deshalb können wir uns im folgenden auf eine Komponente beschränken und setzen o.B.d.A. n=1 voraus:

Sei m = min (A $\cup$ B), M = max (A $\cup$ B), dann bildet die lineare Funktion

$$h(x) = \frac{x - m}{M - m}$$

die Mengen A und B auf das Intervall [0,1] ab.

(c) Nein, denn die Perzeptron Lernregel findet immer eine Trennung, wenn es denn eine gibt (Konvergenztheorem), Backpropagation aber nur von geeigneten Startgewichten aus (lokale Minima, Randminima, vgl. Versuch 8). Dafür kann aber auch BP unter Verwendung von hidden layers Trennungsprobleme lösen, die nicht linear trennbar sind!

Aufgabe 3

(a) Die Funktion, die ein BP-Netz realisiert, ist stetig und der Betrag der ersten Ableitung beschränkt. Große Gewichte ermöglichen schärfere Übergänge der logistischen Funktion und damit ein "unstetigeres" Verhalten.

(b) Aufteilung der Muster in Trainings- und Testset: Cross Validation. Funktioniert dann, wenn beide Mengen hinreichend groß und repräsentative Stichproben für G sind.

Versuch 1

(a) Die Ergebnisse stimmen hoffentlich bis auf Rundungsfehler mit der Bildschirmausgabe überein. Beachten Sie, daß der Simulator immer mit voller Genauigkeit rechnet , auch wenn er die Werte gerundet darstellt. Nach dem Start des Simulatiors bekommen Sie dem Aufruf von **test p01** die richtigen Werte angezeigt. Einen Lernschritt führen Sie mit **learn** durch. Dann können Sie die richtigen Werte sofort am Bildschirm ablesen.

Der Fehler für das Eingabemuster hat sich im Lernschritt von pss = 0.1518 auf pss = 0.1395 verbessert.

(b) Nach dem 7. Lernschritt liegt pss bei 0.0346

(c) lrate   epochs
     0.1   17
       1   5
      10   2
     100   2 (pss sogar = 0.000)
scheinbar: je höher lrate, desto schneller. Andere Aufgaben zeigen das Gegenteil!

Versuch 2

(a) Für alle Muster beträgt die Aktivierung des Ausgabeneurons 0.60 oder 0.61. Die Ähnlichkeit entsteht, weil
- alle Gewichte gleichermaßen klein im Betrag sind,
- die net_i alle ebenfalls betragsmäßig klein um 0 liegen,
- die Aktivierungsfunktion (maximale Steigung 0.25) diesen Unterschied noch weiter nivelliert.

(b) Nach 289 Schritten ist tss < 0.04.
Bis etwa Epoche 230 geht das Lernen (= fällt der tss) sehr langsam, dann wird es zusehends schneller.

(c) Das eine macht OR, das andere AND.

Versuch 3

(a) Das Update der Gewichte ist identisch, wenn sich die Erregung des Neurons und die Größe des Gewichts gleichen. Bei symmetrischen Gewichten findet also ein symmetrischer Update statt.

(b) Für wrange=1 geht das Lernen am besten, mit wrange 10 geht es noch. Bei wrange 0.1 und 100 wird fast gar nicht gelernt.

Versuch 4

(a) Das Lernen dauert viel länger. Nach 1840 Lernschritten wird erst tss=0.04 erreicht: Mit momentum wurde die Schrittweite verkleinert!

(b) Setzt man lrate auf 10, so wird das Vorzeichen von gcor immer wieder negativ. (Bei lrate 0.5, wie voreingestellt, passiert das nur vorübergehend!) Erhöht man das Momentum auf 10, verschwindet es in der Regel wieder, aber die Gewichte werden zu groß. Es findet keine Verbesserung von tss mehr statt..

Anm.: Die genauen Zahlen hängen natürlich von der Vorbelegung der Gewichte ab.

Versuch 5

Es ist nicht möglich, definitiv zu sagen, ob hier ein lokales Minimum vorliegt. Immerhin finden noch Veränderungen statt.

Die Delta für die beiden Hidden Units sind nahezu gleich 0 für alle Muster. Hier verändert sich also fast nichts mehr. Zwei Muster haben bei der Ausgabeunit größere Deltas (etwa +0.125 und -0.124). Hier sind aber auch die Aktivierungen gleich (etwa 0.5). Das hat zur Folge, daß sich die daraus jeweils resultierenden Änderungen gegenseitig aufheben.

Versuch 6

Die Franksche Funktion lernt anfänglich schneller, kommt dann mit dem Lernen aber nur langsam voran. Ihre Steigung ist mehr um den Nullpunkt herum konzentriert. (s. Bild im Anhang) Weil anfänglich bei Zufallsgewichten die Netzeingaben alle um 0 herum liegen (s. auch Aufgabe 3 (a)), werden diese durch die große Ableitung schnell in die Randbereiche der Funktion expediert, wo Änderungen (kleine Ableitung) nur noch sehr langsam vonstatten gehen.

Die paraboloide Funktion lernt oftmals gar nicht, wenn sie aber lernt, dann extrem schnell. Insbesondere bei lrate = 0.5 lernt sie mit guter Wahrscheinlichkeit schneller als die logistische Funktion. Ist lrate > 2, lernt sie fast gar nicht mehr.

Diese Funktion hat bei $|net_i| > 5$ die Ableitung 0. Geraten die Netzeingaben einmal in diesen Bereich (s. Formeln), findet keine Veränderung der Gewichte mehr statt.

Die logistische Funktion liegt mit ihrem Steigungsverhalten etwa in der Mitte.

Streckung und Stauchung der Funktionen sind unerheblich, sie können vollständig durch die Parameter Gewicht, lrate und momentum simuliert werden.

Versuch 7

(a) Bei den Kodiergewichten und den Dekodiergewichten gibt es jeweils die Kombinationen ++, +-, -+, -- für sich entsprechende Eingabe- und Ausgabeneuronen.

(b) Die Aktivierungen realisieren einen Binärcode, denn es gibt nur extrem hohe oder extrem niedrige Aktivierungen.

Versuch 8

a)

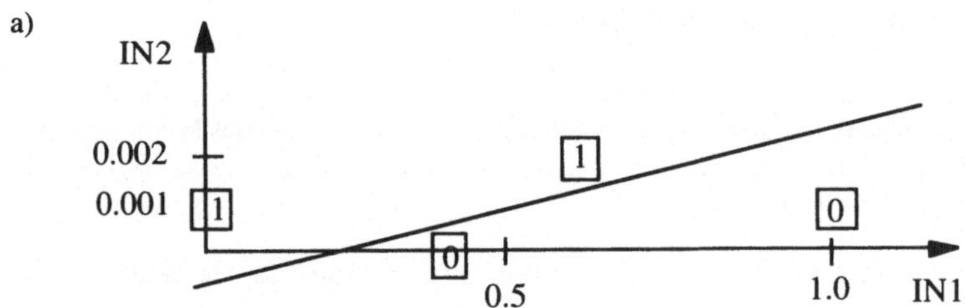

b) target = 1 <=> net_input > 0   bzw.   target = 0 <=> net_input < 0

c) Durch die skalare Multiplikation mit einer großen Konstanten. Dadurch bleibt zum einen die zugehörige Trenngerade (allgemein: Hyperebene) invariant und zum andern bei allen Mustern das Vorzeichen von **net_input** erhalten, während sich der Betrag jeweils vervielfacht, d.h. die Ausgabe geht in Sättigung (Ausgabe ≈ 1 für hohen positiven **net_input** und Ausgabe ≈ 0 für hohen negativen **net_input**). Die Gewichte in auf8_100.wts wurden jeweils mit Faktor 10000 multipliziert.

Allgemein läßt sich bei jedem Multilayer Feedforward Network, das auf der Lernmenge keinen Vorzeichenfehler (thamdis=0) macht, durch eine skalare Multiplikation der Ausgabeschicht mit einer großen positiven Konstanten der quadratische Fehler (tss) beliebig klein machen!!

d) Welche Muster werden falsch klassifiziert?

Die Muster p2 = (1.0, 0.001) und p3 = (0 , 0.001)

Gegen welchen Wert strebt das Verhältnis von Gewicht w_1 und Schwelle θ?
        2 : -1

Gegen welchen Wert strebt das Verhältnis von Gewicht w_2 und Schwelle θ?
        $\approx 1 : -13$

Versuchen Sie damit näherungsweise die Trenngerade zu bestimmen, gegen die der Gewichtsvektor strebt:

$$26 \cdot IN1 + 1 \cdot IN2 - 13 = 0 \quad \text{bzw.} \quad 26 \cdot IN1 + IN2 = 13$$

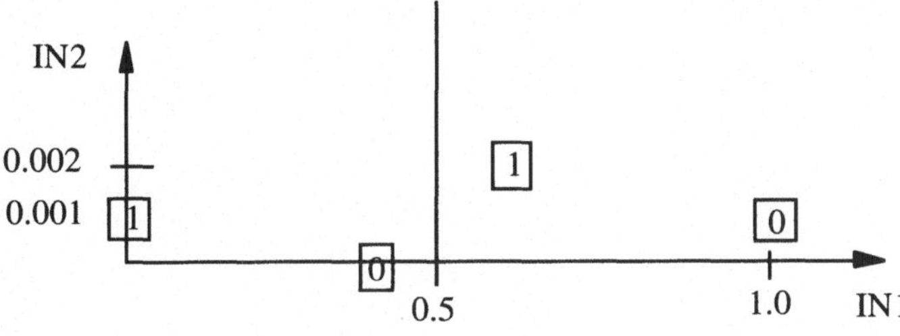

Versuch 9

(a) Es macht sich ein deutlicher Overlearning-Effekt bemerkbar. Der Fehlerverlauf für Trainings- und Testset ist

Epoche	0	30	60	90	120	150	180	210	240	270
Trainingsset	1.1	1.0	1.0	1.0	1.0	1.0	1.0	0.9	0.7	0.2
Testset	36	31	30	30	30	30	30	31	32	37

Man sieht deutlich, daß zunächst der Fehler auf dem Testset ebenfalls fällt, ab Epoche 210 aber wieder ansteigt, obwohl der **tss** der Trainingsmenge sehr stark fällt.

(b) Die Ergebnisse fallen je nach der getroffenen Auswahl unterschiedlich aus. Es ist jedoch fast immer zu beobachten, daß der Fehler für Test- und Trainingsset lange Zeit parallel fällt. Erst nach einer relativ großen Anzahl von Epochen (ca > 500) beginnt der Fehler des Testsets zu steigen.

Kapitel 6

Backpropagation II

1 Einführung

In diesem Kapitel soll das im Kapitel Backpropagation I beschriebene Verfahren vertieft und an einer etwas größeren Anwendung ausprobiert werden. Als Anwendung dient die Endphase des Mühlespiels. Man kann mit Hilfe von Backpropagation Bewertungsfunktionen für Strategiespiele lernen.

Wie schon im Kapitel Backpropagation I erwähnt, ist Backpropagation ein Lernverfahren des überwachten Lernens für Feed-Forward-Netze. In der Kannphase liefert ein Netz zu einem n-dimensionalen Eingabevektor $\mathbf{x}$ einen m-dimensionalen Ausgabevektor $\mathbf{y}$, der aus den Aktivierungen der Ausgabeneuronen des Netzes besteht. Es realisiert also eine Funktion von $\mathbf{R}^n \rightarrow \mathbf{R}^m$. Dabei berechnet jedes Neuron i des Netzes seine Aktivierung s_i nach der Formel

$$s_i = f(net_i), \text{ wobei } net_i = \sum_{j=1}^{N} (w_{ij} \cdot s_j) - \theta_i.$$

f ist meist die logistische Funktion

$$f(net_i) = \frac{1}{1 + e^{(-net_i)}}$$

die wir im folgenden stets verwenden werden.

In der Lernphase werden dem Netz Muster $(\mathbf{x},\mathbf{y})$ eintrainiert, indem die Gewichte w_{ij} und θ_i verändert werden. In einem Lernschritt wird für jedes Gewicht eine Gewichtsveränderung Δw_{ij} bzw. $\Delta \theta_i$ bestimmt und zu dem jeweiligen Gewicht addiert. Diese Änderungen werden so berechnet:

$$\Delta w_{ij} = \sum_{(\mathbf{x},\mathbf{y})} \Delta w_{ij}(\mathbf{x},\mathbf{y}) \quad \text{und} \quad \Delta \theta_{ij} = \sum_{(\mathbf{x},\mathbf{y})} \Delta \theta_{ij}(\mathbf{x},\mathbf{y}), \text{ wobei}$$

$$\Delta w_{ij}(\mathbf{x},\mathbf{y}) = \Delta \cdot \delta_i \cdot s^{\mathbf{x}}_j \quad \text{und} \quad \Delta \theta_i(\mathbf{x},\mathbf{y}) = -\Delta \cdot \delta_i.$$

Dabei steht δ_i (genannt Fehlersignal eines Neurons) bei Ausgabeneuron i für:

$$\delta_i = e^{(\mathbf{x},\mathbf{y})}_i \cdot f'(net_i) = (y_i - s^{\mathbf{x}}_i) \cdot s^{\mathbf{x}}_i (1 - s^{\mathbf{x}}_i),$$

und bei den Neuronen der tieferen Schichten für

$$\delta_i = (\sum_j \delta_j w_{ji}) \cdot f'(net_i) = (\sum_j \delta_j w_{ji}) \cdot s^{\mathbf{x}}_i (1 - s^{\mathbf{x}}_i).$$

Backpropagation realisiert einen Gradientenabstieg bezüglich der sogenannten Energiefunktion E mit

$$E = \sum_{(x,y)} E^{(x,y)} = \sum_{(x,y)} \sum_{i} (y_i - s^{x_i})^2$$

Dabei durchläuft i nur die Nummern der Ausgabeneuronen.

2 Weitere Eigenschaften von Backpropagation

2.1 Learning by Pattern/by Epoch

Backpropagation minimiert die Fehlerfunktion E, die für jedes zu lernende Muster $(\mathbf{x},\mathbf{y})$ einen Summanden hat. Jedem dieser Summanden entspricht ein Summand $\Delta w_{ij}(\mathbf{x},\mathbf{y})$ bzw. $\Delta\theta_i(\mathbf{x},\mathbf{y})$ der Gewichtsveränderung Δw_{ij} bzw. $\Delta\theta_i$.

Für die Berechnung jedes einzelnen Summanden muß sein Eingabemuster $\mathbf{x}$ festgeklemmt, dann die Aktivierungen s_i und schließlich die Gewichtsänderungen $\Delta w_{ij}(\mathbf{x},\mathbf{y})$ bzw. $\Delta\theta_i(\mathbf{x},\mathbf{y})$ berechnet werden. Die Änderungen werden aufsummiert und dann erst der Gewichtsmatrix zugeschlagen.

Ein Vorschlag, das Verfahren zu vereinfachen und vielleicht sogar zu beschleunigen, besteht darin, die Gewichtsänderungen für die einzelnen Muster nicht getrennt (Speicherplatz!) aufzusummieren, sondern diese Änderungen jeweils sofort auf die Gewichtsmatrix zu addieren. Dieses Verfahren nennt man *Learning by Pattern*. Das Standardverfahren heißt *Learning by Epoch*.

Learning by Pattern spart auf jeden Fall für jedes Gewicht einen Speicherplatz. Außerdem könnte man hoffen, daß sich das Lernen beschleunigt. Innerhalb eines Lerndurchlaufs durch alle Muster (engl. epoch) können die letzten Muster davon profitieren, daß die ersten die Gewichte schon ein Stück in Richtung auf ein Minimum der Energiefunktion verschoben haben.

Diese Beschleunigung tritt keineswegs immer ein. Versuch 1 wird das an Beispielen näher beleuchten.

2.2 Netze ohne Bias

In unserem Modell von Backpropagation gibt es zwei Arten von Gewichten, die Verbindungsgewichte w_{ij} und die Biasgewichte θ_j. In den Formeln, die dem Modell zugrunde liegen, werden beide Sorten von Gewichten ähnlich behandelt.

Aufgabe 1   Einheitliche Gewichte

Skizzieren Sie eine Konstruktion, die zu einem beliebigen Feed-Forward-Netz A mit Biasgewichten ein funktionsgleiches Feed-Forward-Netz A´ liefert, bei dem alle Biasgewichte den Wert 0 haben.

Hinweis: Macht man aus einem Biasgewicht ein Verbindungsgewicht, so muß dieses an den Ausgang eines Neurons angeschlossen werden. Benutzen Sie dafür zusätzliche Neuronen.

2.3 Problem der langen Täler

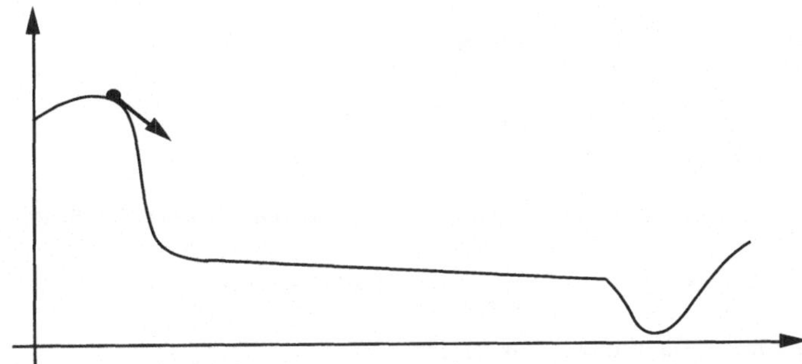

Abb. 1. Lokales Minimum mit vorgelagertem langem Tal

In Abb. 1 zeigt der Punkt den Startwert eines Gradientenabstiegs an. Bis das Minimum erreicht wird, muß erst der längere, relativ flache Abschnitt passiert werden. Wegen seiner Flachheit fällt auch der Gradient sehr klein aus. Hier werden also relativ viele Schritte gemacht. Für solche Fälle wünscht man sich eine variable Schrittweitensteuerung. Eine Möglichkeit wäre, die Änderung in Richtung des absteigenden Gradienten mit konstanter Größe auszuführen, eine andere, in jedem Schritt die Energiefunktion um einen festen Betrag c zu verkleinern.

Aufgabe 2 Schrittweitensteuerung

(a) Geben Sie Formeln für die Berechnung der Schrittweite (= Lernrate) Δ in jedem Lernschritt an, so daß die beiden oben genannten Möglichkeiten realisiert werden. Betrachten Sie nur Netze ohne Biasgewichte. Beachten Sie, daß dann $\Delta \mathbf{w} = - \Delta \cdot \mathbf{grad}(E)$ ist.

(b) Verallgemeinern Sie auf Netze mit Biasgewichten.

Hinweis: Bei der zweiten Möglichkeit ist $c = |\, E(w(t+1)) - E(w(t))\,|$. Benutzen Sie bei beiden Teilaufgaben die Annäherung $c \approx |\, grad(E) * (w(t+1) - w(t))\,|$. Diese Abschätzung ähnelt dem Ansatz des Newton-Verfahrens.

Aufgabe 3 Trägheitsmoment in langen Tälern

Im folgenden wollen wir untersuchen, wie sich das Trägheitsmoment (s. Kapitel Backpropagation I) in langen Tälern auswirkt. Wir betrachten wieder Netze ohne Bias und nehmen vereinfachend an, daß grad(E) konstant ist, also ist auch die Gewichtsänderung ein konstanter Vektor $\mathbf{w}_0$. Die Updateregel mit Trägheitsmoment m lautet dann

$$\Delta \mathbf{w}(t+1) = \mathbf{w}_0 + \alpha \cdot \Delta \mathbf{w}(t) \quad (\text{o.B.d.A. sei } \Delta \mathbf{w}(0) = 0).$$

Die Änderung der Gewichtsmatrix w, über t Lernschritte akkumuliert, ergibt dann

$$\mathbf{w}(t) - \mathbf{w}(0) \;=\; \sum_{i=1}^{t} \Delta \mathbf{w}(i) \;=\; \sum_{i=1}^{t} \sum_{j=0}^{i-1} (\alpha^{j} \cdot \mathbf{w}_0)$$

$$=\; \left(\sum_{i=1}^{t} \frac{\alpha^{i} - 1}{\alpha - 1} \right) \cdot \mathbf{w}_0 \quad (\text{geom. Reihe})$$

$$= \frac{1}{\alpha - 1}(-t + \sum_{i=1}^{t} \alpha^i) \cdot \mathbf{w}_0$$

$$= \frac{1}{\alpha - 1}(-t + \frac{\alpha^{t+1} - 1}{\alpha - 1} - 1) \cdot \mathbf{w}_0$$

$$= \frac{1}{(\alpha - 1)^2}(\alpha^{t+1} - \alpha(t+1) + t) \cdot \mathbf{w}_0$$

(a) Für $\alpha > 1$: Schätzen Sie die Funktion $\mathbf{w}(t) - \mathbf{w}(0)$ mit dem O-Kalkül ab.

(b) Für $\alpha < 1$: Sei $\Delta\mathbf{w}'(t) = \frac{1}{1-\alpha} \cdot \mathbf{w}_0$ und $\mathbf{w}'(0) = \mathbf{w}(0)$.

Bestimmen Sie $\lim (\mathbf{w}(t) - \mathbf{w}'(t))$ für $t \to \infty$.

(c) Was folgern Sie daraus für den Nutzen des Trägheitsmomentes in langen flachen Tälern?

2.4 Backpropagation für Boolesche Funktionen

Wenn man Backpropagation benutzt, um Boolesche Funktionen zu lernen, dauert es unter Umständen sehr lange, bis die Aktivierungen der Ausgabeneuronen hinreichend nahe bei 1 bzw. 0 sind. Man kann viel schneller den gewünschten Erfolg haben, wenn man bei jedem Ausgabeneuron Aktivierungen $\geq 0,5$ als 1, andere Aktivierungen als 0 interpretiert. Genau das leistet das Nachschalten eines Schwellwertelementes Q mit einer Schwelle von 0.5

$$\Theta(x) = \begin{cases} 1 & \text{für } x \geq 0,5 \\ 0 & \text{sonst} \end{cases}$$

Aufgabe 4   Netzoptimierung bei Booleschen Funktionen

Gegeben eine Menge M von Mustern $(\mathbf{x}^i, y^i)$ mit $y^i \in \{0, 1\}$ und ein Feed-Forward-Netz ohne Biasgewichte. $y(\mathbf{w}, \mathbf{x}^i)$ sei die Aktivierung des Ausgabeneurons des Netzes bei Gewichtsmatrix $\mathbf{w}$ und Eingabemuster $\mathbf{x}^i$.

Zeigen Sie: Falls bereits eine Gewichtsmatrix $\mathbf{w}$ gefunden wurde, so daß $\Theta(y(\mathbf{w}, \mathbf{x}^i)) = y^i$ für alle Muster aus M, dann läßt sich die Energiefunktion E beliebig nahe an 0 annähern.

Hinweis: Konstruieren Sie zu $\mathbf{w}$ eine neue Gewichtsmatrix $\mathbf{w}'$, indem Sie bestimmte Gewichte mit einer Konstanten C multiplizieren (vgl. Versuch 8 im Kapitel Backpropagation 1).

3 Das Mühlespiel

3.1 Die Spielregeln

Mühle ist nicht nur eines der ersten Strategiespiele, das Kinder zu lernen pflegen, es ist auch eines der ältesten Spiele der Menschheit überhaupt. Frühe Zeugnisse finden sich in den Ruinen Trojas und in ägyptischen Tempelanlagen aus dem 2. vorchristlichen Jahrtausend. Auch bei den römischen Legionären war eine Variante des Spieles in regem Gebrauch.

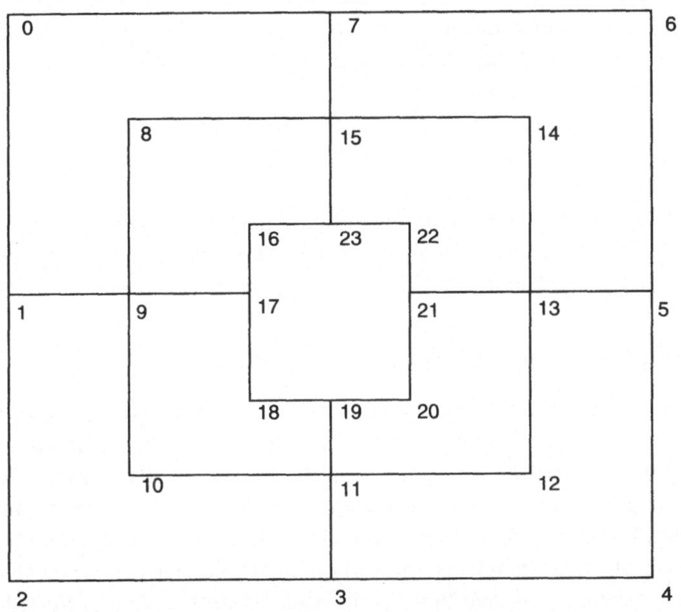

Abb. 2. Das Spielbrett des modernen Mühlespiels

Für die Anwendung mit Backpropagation wollen wir uns auf die Endphase des Spieles in seiner modernen Form beschränken. Gespielt wird auf einem Spielbrett, auf dem ein Graph mit Knoten und Kanten aufgezeichnet ist (s. Abb. 2). Jeder Spieler hat 9 Steine, die im Verlauf des Spiels auf die Knoten des Graphen gesetzt werden können. Das Endspiel beginnt, sobald jeder der beiden Spieler noch genau 3 seiner Spielsteine auf dem Spielbrett hat. Abwechselnd muß nun jeder der beiden Spieler einen seiner eigenen Spielsteine auf ein beliebiges anderes freies Feld setzen. Gewonnen hat der Spieler, der zuerst seine drei Steine auf paarweise benachbarte Felder setzt, so daß die drei Steine auf einer Geraden stehen. Man sagt, der Spieler habe eine Mühle gemacht.

Ein Endspiel endet unentschieden, wenn nach einer vorher vereinbarten Zahl von Zügen keiner der beiden Spieler eine Mühle machen konnte.

3.2 Überlegungen zur Spielstrategie

1. Hat der Spieler am Zug die Möglichkeit, eine Mühle zu machen, so muß er das auf jeden Fall tun, denn damit hat er ja gewonnen. Man sagt, der Spieler macht eine offene Mühle zu.

2. Hat der Spieler am Zug keine offene Mühle, aber sein Gegner, so muß er einen seiner Steine in diese offene Mühle setzen. Tut er das nicht, wird er im nächsten Zug verlieren.

3. Hat weder der Spieler am Zug noch sein Gegner eine offene Mühle, so sollte der Spieler versuchen, einen Stein so zu versetzen, daß er gleichzeitig zwei Mühlen offen hat. Sein Gegner kann dann nur eine der offenen Mühlen blockieren, und im nächsten Zug wird der Spieler mit der anderen Mühle gewinnen. Man sagt, der Spieler macht eine L-Figur, weil die Kanten, die die drei Steine auf dem Brett verbinden, ein „L" bilden.

4. Liegt keine der drei genannten Situationen vor, soll der Spieler am Zug eine offene Mühle machen. Dadurch behält er die Initiative. Sein Gegner muß nun (siehe 2.) damit reagieren, daß er diese Mühle blockiert.

Mit der in den Regeln 1-4 angegeben Spielheuristik spielt man bereits deutlich über Anfängerniveau. Die Beachtung der Regeln 1-3 ist sogar in jedem Fall notwendig für ein optimales Spiel. Die Beachtung der Regeln reicht aber keineswegs aus, um optimal spielen zu können. Auch wenn Mühle im Rufe besonderer Trivialität steht, darf man nicht übersehen, daß es im Endspiel Situationen gibt, bei denen ein Spieler (optimales Spiel des Gegners vorausgesetzt) erst nach 26 (Halb-)Zügen gewinnen kann.

3.3 Abbildung von Stellungen in Merkmale

Um Stellungen des Mühlespiels in Trainingsmuster für Backpropagation zu verwandeln, muß man zuvor eine geeignete Kodierung finden. Die Regeln des Spiels sorgen für eine Einteilung in verschiedene Spielphasen, in denen bedingt durch andere Regeln andere Strategien angewandt werden müssen. Daraus resultiert auch der Bedarf an spielphasen-spezifischen Kodierungen, wie sie im folgenden dargestellt werden. Der Spieler, der gerade am Zug ist, wird einfach als Spieler bezeichnet, der Nachziehende als Gegner.

Insgesamt wurde zwischen fünf Spielphasen unterschieden und für jede eine andere Merkmalsmenge verwendet:

- Phase 0: Beide Spieler setzen Steine, Eröffnungsphase.
- Phase 1: Beide Spieler ziehen.
- Phase 2: Spieler am Zug springt, Gegner zieht.
- Phase 3: Spieler am Zug zieht, Gegner springt.
- Phase 4: Beide Spieler springen, Endspiel.

Im Verlauf dieses Versuchs werden Sie sich hauptsächlich mit der Phase 4, dem Endspiel, befassen. Passende Kodierungen für die Spielphasen 0-3 finden Sie im Anhang zu diesem Versuch.

Zuvor noch ein paar Definitionen:

Als *Reihe* werden drei hintereinanderliegende Felder bezeichnet, die durch eine Linie verbunden sind. Insgesamt gibt es 16 Reihen.

– Ein Spieler hat einen *offenen Zweier*, wenn er auf einer Reihe zwei Steine besitzt und das dritte Feld leer ist.

– Ein Spieler hat einen *offenen Einer*, wenn auf einer Reihe ein Stein von ihm steht und die beiden restlichen Felder leer sind.

– Ein Spieler hat eine *Raute*, wenn er zwei offene Zweier besitzt, die senkrecht aufeinander stehen, ein gemeinsames Feld haben und dieses Feld leer ist.

– Eine Raute wird als *reine Raute* bezeichnet, wenn das leere Feld eines der Mittelfelder 9, 11, 13, 15 ist.

– Ein Raute oder eine reine Raute ist *blockiert*, wenn das leere Feld von einem gegnerischen Stein besetzt ist.

– Ein Spieler hat eine *Mühle*, wenn er auf einer Reihe drei eigene Steine stehen hat. Eine *Mühle* ist *blockiert*, wenn sich keiner der drei Steine bewegen kann. Eine *Mühle* des Gegners ist *blockierbar*, wenn der Spieler sie in einem Zug blockieren kann.

– Ein Spieler hat eine *offene Mühle*, wenn er im nächsten Zug eine neue Mühle aufbauen kann, ohne daß ihn der Gegner daran hindern kann.

– Eine *blockierte offene Mühle* ist eine offene Mühle, deren leeres Feld durch einen Gegnerstein besetzt ist.

– Der Gegner hat eine *blockierbare offene Mühle*, wenn der Spieler in einem Zug das leere Feld besetzen kann.

– Jetzt folgt die Aufzählung der Merkmale des Endspiels. Für Merkmale mit binärer Information werden die Werte 0,0 und 1,0 verwendet, ansonsten ist der Wertebereich angegeben.

Spielphase 4: Das Springen

0 :	Anzahl Steine Gegner /4
1 :	Anzahl Steine Spieler /4
2-9 :	Anzahl nach Feldern

Es gibt vier verschiedene Arten von Feldern. Man kann das Spielfeld in drei Kreise aufteilen, den äußeren, den mittleren und den inneren mit den Feldern   0-7, 8-15 und 16-23. Der innere und der äußere Kreis sind austauschbar. Auf jedem Kreis gibt es nur zwei Arten von Feldern: Eckfelder und Mittelfelder. Auf dem äußeren sind beispielsweise die Felder 0,2,4,6 die Eckfelder, die restlichen die Mittelfelder. Insgesamt gibt es daher vier Arten von Feldern: Eck- und Mittelfelder auf dem mittleren Kreis sowie Eck- und Mittelfelder auf den anderen Kreisen.

Die Anzahl der eigenen und der gegnerischen Steine auf den verschiedenen Arten von Feldern wird gezählt und durch vier geteilt. Das ergibt insgesamt acht Merkmale, die in folgender Reihenfolge verwendet werden:

2 :	Ecken außen Gegner
3 :	Ecken außen Spieler
4 :	Mittelfelder außen Gegner
5 :	Mittelfelder außen Spieler
6 :	Ecken innen Gegner
7 :	Ecken innen Spieler
8 :	Mittelfelder innen Gegner
9 :	Mittelfelder innen Spieler

10-12 :   Abstände: Drei Merkmale, die den Zusammenhalt der eigenen sowie der gegnerischen Steine bewerten. Dazu werden paarweise die jeweiligen Steine durchgegangen und ihre Entfernung aufsummiert. Der Entfernungswert wird ohne die Betrachtung von eigenen oder gegnerischen Steinen als Hindernisse berechnet. Als Entfernung zwischen zwei Steinen wird die Anzahl von Zügen genommen, die einer der beiden brauchen würde, um das Feld des anderen zu erreichen. Dabei werden alle anderen Steine als nicht vorhanden betrachtet. Nachdem sämtliche Entfernungen aufsummiert worden sind, werden sie auf einen Wert zwischen 0 und 2 normiert. Feature 11 ist der Zusammenhalt des Gegners, Feature 13 der des Spielers, mit Feature 12 wird die gleiche Methode zum Berechnen der durchschnittlichen Entfernung zwischen Steinen verschiedener Farbe verwendet.

13-47 :   Reihendiagnose. Jetzt folgt ein größerer Block von Merkmalen, die Reihendiagnose genannt werden. Für eine gegebene Spielsituation unterscheiden sich die 16 Reihen durch ihre Belegung mit eigenen und gegnerischen Steinen. Das kann ein eigener oder ein gegnerischer offener Zweier sein, offene Einer oder Mühlen sind möglich, aber auch eine leere Reihe oder eine Reihe mit einem eigenen sowie einem gegnerischen Stein. Insgesamt gibt es zehn mögliche Arten der Belegung mit Steinen, wenn man die Reihenfolge außer acht läßt. Die Anzahl dieser verschiedenen Arten von Reihen wird gezählt, durch 2 geteilt und dann an zehn Eingabeneuronen angelegt. Weiterhin werden für alle offenen Einer und offenen Zweier diejenigen Reihen betrachtet, die senkrecht zu ihnen sind und durch die leeren Felder der Einer oder Zweier gehen. Wenn z.B. ein offener Zweier auf den Feldern 14, 15 und 8 vorhanden ist und das Feld 15 dabei leer ist, so werden als senkrechte Reihe die Felder 7, 15 und 23 betrachtet. Für die senkrechten Reihen zu offenen Einern und Zweiern gibt es insgesamt sechs Arten der Belegung mit Steinen, da ein Feld ja immer leer ist. Diese werden für folgende vier Möglichkeiten gezählt: für senkrechte Reihen zu eigenen und gegnerischen offenen Zweiern sowie senkrechte Reihen zu eigenen und zu gegnerischen offenen Einern. Insgesamt ergibt das weitere 24 Merkmale. Die Anzahl der gezählten Arten von Reihen wird wieder durch 2 geteilt. Die Reihenfolge :

13 :   Anzahl leere Reihen
14 :   Anzahl offene gegnerische Einer
15 :   Anzahl offene gegnerische Zweier
16 :   Anzahl gegnerische Mühlen
17 :   Anzahl eigene offene Einer
18 :   Anzahl der Reihen, auf denen beide Spieler jeweils einen Stein haben
19 :   Anzahl gegnerische blockierte Zweier
20 :   Anzahl eigene offene Zweier
21 :   Anzahl eigene blockierte Zweier
22 :   Anzahl eigene Mühlen

Jetzt werden nur die senkrechten Reihen zu gegnerischen offenen Zweiern betrachtet:

23 :   Anzahl leere Reihen
24 :   Anzahl gegnerische offene Einer
25 :   Anzahl gegnerische offene Zweier

26 :   Anzahl eigene offene Einer
27 :   Anzahl Reihen, auf denen beide Spieler jeweils einen Stein haben
28 :   Anzahl eigene offene Zweier
39-34 :   Es werden nur die senkrechten Reihen zu eigenen offenen Zweiern betrachtet, Reihenfolge wie 23-28.
35-40 :   Es werden nur die senkrechten Reihen zu gegnerischen offenen Einern betrachtet, Reihenfolge wie 23-28.
38-43 :   Es werden nur die senkrechten Reihen zu eigenen offenen Einern betrachtet, Reihenfolge wie 23-28.
44-47 :   Kreisstatistik. Für diese Merkmale wird die Anzahl der Steine berechnet, die beide Spieler auf dem Kreis besitzen, auf dem sie die meisten Steine haben. Die Anzahl minus 1 wird einem Eingabeneuron eingegeben, außerdem wird die Anzahl der gegnerischen Steine auf diesem Kreis multipliziert mit 2/3, einem anderen Neuron eingegeben. Für den Gegner ergibt das die Merkmale 44 und 45 und für den Spieler 46 und 47.

Die im Praktikum verwendeten Netze haben für eine Stellung jeweils 60 Eingabeneuronen. Oben nicht aufgeführte Eingabeneuronen werden auch nicht benutzt, d.h. ihre Aktivierung ist konstant gleich 0,0.

4 Versuchsumgebung

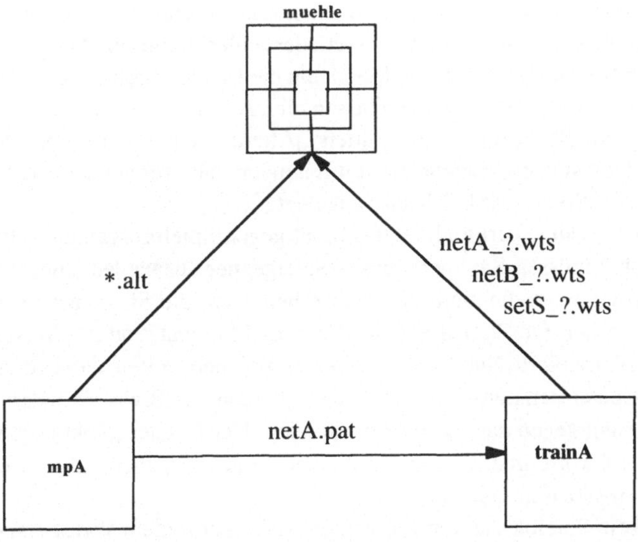

Abb. 3. Übersicht über die Versuchsumgebung. Jeder Kasten enspricht einem Programm; an den durchgezogenen Pfeilen stehen die Namen der Dateien, mit deren Hilfe die Programme miteinander kommunizieren. "?" steht für ein Ziffer ∈ {0..4}, die Nummer der Spielphase.

4.1 Der Netzsimulator

Bei den Versuchen wird der gleiche Simulator für Backpropagation verwendet wie im Kapitel Backpropagation I. Dort können Sie die Funktionsweise nachlesen.

Die Trainingsmuster für den Simulator werden mit Hilfe des Mühleprogramms erstellt. Hier können Sie interaktiv während des Spiels gegen Ihr Netz Spielalternativen angeben, die in bestimmten Dateien (*.alt) gespeichert werden. Mit **mpA** werden dann aus diesen Spielalternativen-Dateien die Trainingsmuster (*.pat) erstellt.

4.2 Das Mühleprogramm

Mit **bpII muehle** kann man das Mühleprogramm starten. Am Bildschirm wird das Spielbrett abgebildet. Direkt am Spielbrett wird angezeigt, wieviele Steine jeder Spieler auf der Hand (Vorrat) und wieviele er bereits verloren hat. Außerdem wird angezeigt, wer gerade am Zug ist. Die beiden abgebildeten Spielsteine sollen die Vorratsstapel der Spieler andeuten.

Rechts neben dem Brett findet sich das jeweils aktive Auswahlmenü. In der ersten Zeile wird der Menütitel angezeigt, darunter ein Eingabefeld für Dateinamen u.ä. gefolgt von den Auswahlpunkten. „Freies Setzen" aktiviert einen Stellungseditor. Hier können Stellungen beliebig manipuliert werden. Sie können Steine beliebig versetzen und vom Vorrat zu den verlorenen Steinen eines Spielers legen und umgekehrt. Im Endspiel ist immer Vorrat=0 und Verloren=6. Beim Verlassen des Editors wird die Stellung auf ihre Zulässigkeit hin überprüft und als aktuelle Stellung übernommen.

„Mensch-Mensch" ermöglicht das Spiel gegen sich selbst oder einen anderen Spielpartner, der die Programmoberfläche bedienen kann. Außerdem können hier Zugalternativen markiert werden. Man führt einen Zug aus und aktiviert dann „+Alternative" oder „-Alternative", um den Zug als besser oder schlechter gegenüber anderen markierten Zügen dieser Stellung zu bewerten. Man kann die für eine Stellung erfaßten Alternativen im unteren Protokollfenster anzeigen lassen mit „Altern. anzeigen" oder auch zur Weiterverarbeitung mit Backpropagation mittels „Altern. sichern" auf eine Datei schreiben. Dabei wird der Name im Eingabefeld mit Extender „.alt" verwendet. Die Dateien werden im Verzeichnis „Spiele" ASCII-lesbar angelegt.

„Mensch-Maschine" ermöglicht das Spiel gegen Spielprogramme. Mit der Funktion „Gegner Wahl" müssen Sie zuerst einen Spielgegner auswählen. „netzA" und „netzB" sind Spielprogramme, die neuronale Netze benutzen, die Sie selbst trainieren werden. Mit „netzA" haben Sie Zugriff auf das Netz, daß Sie während des Versuchs trainieren. Wenn Sie zwei trainierte Netze miteinander vergleichen wollen, dann können Sie einfach die Gewichtsdatei netA.wts unter dem dem Namen netB.wts speichern. Mit „netzB" können Sie dann gegen das zweite Netz spielen. Der Gegner „Sokrates" ist ein speziell für die Phase 4 vortrainiertes Netz, das einen Eindruck geben kann, wie weit der hier vorgestellte Ansatz führen kann.

Während ein Spielpartner am Zug ist, erscheint bei seinem Vorratsstapel die Anzeige „aktiv". Währenddessen ist die graphische Programmoberfläche verriegelt.

„Maschine-Maschine" ermöglicht es, zwei Spielprogramme gegeneinander spielen zu lassen. Zuvor müssen diese Programme mit „Gegner Wahl" und „Spieler Wahl" geladen werden. Mit „Start Spieler" oder „Start Gegner" beginnt das Spiel. Es dauert so lange, bis die maximale Anzahl von Spielzügen, die mit „Optionen" eingestellt werden kann, erreicht ist oder einer der beiden Spieler gewinnt. Währenddessen kann das Spiel nicht unterbrochen werden.

„Protokoll" erlaubt das Schreiben, Einlesen und Inspizieren von Spielprotokollen. Sie werden wie die Spielalternativen im Verzeichnis Spiele abgelegt, jedoch mit dem Extender „.pro". Hier kann man den Verlauf des letzten Spiels jederzeit rekapitulieren und gegebenenfalls zurücksetzen. Beim Verlassen dieses Menüs wird die angezeigte Stellung als aktuelle Stellung übernommen. Mit dem nächsten Zug geht der Rest des Spielprotokolles verloren. Im Menü „Protokoll" kann man nicht auf dem Spielbrett ziehen!

Im Menü „Optionen" kann man mit der Funktion „Ferndiagnose" die Spielprogramme veranlassen, Diagnose-Informationen über ihren Ablauf auszugeben (Datei: diagnose.txt). Insbesondere die für eine Stellung ermittelten Merkmale und der letzte Auswahlvorgang werden dokumentiert.

Hinweis: Falls bei älteren Programmversionen das Mühleprogramm beim Zugriff auf Dateien einen Fehler meldet, ändern Sie das aktuelle Arbeitsverzeichnis folgendermaßen:
1. Markieren Sie mit einem Mausklick das Symbol für das Neuronale-Netze-Praktikums-Programm.
2. Wählen Sie im Menü *Datei* des Programmanagers den Befehl Eigenschaften.
3. Ergänzen Sie den Eintrag im Feld *Arbeitsverzeichnis* (z.B. C:\nn-prakt) durch \bpII (im obigen Beispiel C:\nn-prakt\bpII).

4.3 Die Mustererzeugung

Um aus den Alternativdateien die entsprechenden Trainingsmuster für Backpropagation zu machen, benutzen Sie den Befehl **bpII mpA** <file1 ...>. Die Ausgaben werden in der Datei netA.pat abgelegt. Will man mit **mpA** Muster für alle Alternativdateien erzeugen, deren Name mit einem „x" beginnt, gibt man ein:

```
bpII mpA Spiele/x*.alt
```

Dabei sollten die Dateien <file 1...> aus der gleichen Spielphase sein, denn die Merkmale, aus denen die Muster bestimmt werden, sind phasenabhängig, wie oben beschrieben.

4.4 Die Spielpartner

Es stehen die Spielpartner Zufall, Sokrates, netzA und netzB zur Verfügung. Diese Partner suchen aus allen möglichen Zügen in einer Situation den „besten" heraus. Als Bewertungsfunktion wird ein Neuronales Netz verwendet, außer bei Zufall, einem einfachen Zufallszuggenerator. Die Gewichte für die Netze werden Sie in den Versuchen erzeugen. Die Netzgewichte werden in den Dateien **netX_?.wts** bzw. von den Spielpartnern gesucht. Dabei ist $X \in \{S, A, B\}$ je nach Partner und $? \in \{0..4\}$ je nach Spielphase. Fehlt das Netz für eine Spielphase, versucht **bpII muehle** ersatzweise das Netz für Phase 4, das Endspiel, zu laden. Gelingt das nicht, spielen Sie mit undefinierten Gewichten.

Die Bewertungsfunktion erhält als Eingabe zwei in einer Stellung mögliche Spielzüge. Diese Eingaben werden als Eingabemuster für das Netz, wie in 3.3 beschrieben, kodiert. Die Aktivierung des Ausgabeneurons des Netzes zeigt dann an, welcher der beiden Züge der bessere ist. Um den besten Zug zu ermitteln, gehen die Spielprogramme nach einem K.-o.-Prinzip vor.

Zu einer Stellung erzeugen sie zunächst die Menge aller möglichen legalen Folgezüge und verfahren nach folgendem Algorithmus im K.-o.-System:

```
vorläufig_bester := irgend_ein_Element(Zug_Menge(Stellung));
für jedes Element z aus Zug_Menge(Stellung)
        begin
        falls Netz_Bewertung(vorläufig_bester, z) > 0,5
                dann vorläufig_bester := z;
        end;
/* vorläufig_bester enthält jetzt den ausgewählten „besten" Zug */
```

Netz_Bewertung berechnet zunächst in der gleichen Art wie **mpA** die Eingabemuster für das Netz und läßt das Netz dann seine Aktivierung berechnen. Die Aktivierung des Ausgabeneurons wird von Netz_Bewertung zurückgegeben.

5 Versuche

Versuch 1 Learning by Pattern/by Epoch

(a) Starten Sie noch einmal wie im Versuch Backpropagation I den Simulator mit dem Befehl **bpII 1**. Ermitteln Sie nochmals mit **learn** (standard training by epoch), wieviele Lernschritte notwendig sind, bis die Energiefunktion E (= tss, total sum of squares) den Wert 0.04 unterschreitet.

Schauen Sie sich auch einmal die dabei verwendeten Muster in der Datei xor.pat an. Hinter dem Namen des Musters kommt in jeder Zeile die Eingabe **x**, gefolgt von der Sollausgabe y.

(b) Setzen Sie den Simulator mit **reset_to_weight_file** zurück, laden Sie die gleichen Gewichte wie bei (a) mit **weight_file auf1.wts** und dann mit **pattern_file xor_mlt1.pat** andere Trainingsmuster. Sie werden feststellen, daß diese Datei jedes der Muster aus xor.pat genau 5 mal enthält.

Wieviele Lernschritte sind jetzt notwendig, um tss < 0.04 zu erreichen? Bedenken Sie, daß der Fehler jedes Musters jetzt auch 5fach bei tss zu Buche schlägt!

Wie erklären Sie sich das Ergebnis?

(c) Wie muß die Lernrate verändert werden, um die gleiche Lerngeschwindigkeit zu erhalten?

$$\Delta_{neu} := \underline{\qquad\qquad}$$

Überprüfen Sie Ihre Vermutung. Nehmen Sie dazu **bpII 1** und verwenden Sie dann **set lrate** Δ_{neu}, um die Lernrate zu verändern.

(d) Setzen Sie nun die Lernrate wieder auf 0,5 (**set lrate 0,5**). Überzeugen Sie sich mit **mode lgrain** davon, daß bisher learning by epoch aktiviert war. Ändern Sie nun die Einstellung in **mode lgrain pattern**. Wie lange dauert jetzt das Training von xor.pat bzw. xor_mlt1.pat und xor_mlt2.pat (die Datei xor_mlt2.pat enthält bis auf die Reihenfolge) dieselben Muster wie xor_mlt1.pat)?

(e) War vielleicht die Schrittweite zu niedrig? Verfünfachen Sie wiederum die Lernrate (**set lrate 2,5**). Wie lange dauert jetzt das Training von xor.pat bzw. xor_mlt1.pat und xor_mlt2.pat ?

 (f) Wann bringt learning by pattern einen Vorteil? Betrachten Sie dazu die folgenden Extremfälle der Musteranordnung und ihre Auswirkung auf die effektive Lernrate und die Anzahl der Lernschritte:

$$\mathbf{p}^1,..., \mathbf{p}^1, \mathbf{p}^2,..., \mathbf{p}^2, \quad ... \quad , \mathbf{p}^n,..., \mathbf{p}^n \quad \text{(vgl. Datei xor\_mlt1.pat)}$$

und$\quad\quad\mathbf{p}^1, \mathbf{p}^2,...,\mathbf{p}^n, \quad ... \quad , \mathbf{p}^1, \mathbf{p}^2,..., \mathbf{p}^n \quad$ (vgl. Datei xor_mlt2.pat)

wobei$\quad\quad\mathbf{p}^i = (\mathbf{x}^i, \mathbf{y}^i)$.

Versuch 2   Richtige Netzgröße

Bei einem gegebenen Problem, das man mit Backpropagation lösen will, muß man sich für eine bestimmte Netzgröße und Netztopologie entscheiden. Wir wollen diese Faktoren im folgenden anhand des Parity-Problems untersuchen.

Die n-stellige Boolesche Funktion Parity$_n$ (odd parity) sei wie folgt definiert:

$$\text{Parity}_n(x_1, ..., x_n) = 1 \quad \Leftrightarrow \quad (\sum_{i=1}^{n} x_i) \bmod 2 = 1$$

Für das 4-stellige Parity-Problem benötigt man offensichtlich vier Eingabeneuronen und ein Ausgabeneuron. Die notwendigen Trainingsmuster finden Sie in der Datei par4.pat.
Die Muster mit gerader und mit ungerader Parität sind nicht linear trennbar. Man wird also auch hidden neurons benötigen.

Beim Simulator sind noch die Anzeigen **thamdis** und **phamdis** zu erwähnen. Sie funktionieren analog **tss** und **pss**. **phamdis** zeigt bei einem Muster (x,y) an, für wieviele der Ausgabeneuronen i $\Theta(s_i) = \Theta(y_i)$ ist. **thamdis** summiert den Wert von **phamdis** für alle Muster. Bei Booleschen Funktionen zählt also **thamdis** die Anzahl der falsch klassifizierten Muster.

Mit **set hamcrit n** kann man den Simulator (analog **ecrit**) veranlassen, mit dem Training aufzuhören, sobald **thamdis** $< n$ gilt.

(a) Versuchen Sie es mit folgendem Ansatz. Nehmen Sie nur einen einzigen hidden layer mit zwei hidden neurons. Mit **bpII 2a** können Sie solch ein Netz starten. Es hat die Topologie entsprechend Abb. 4.

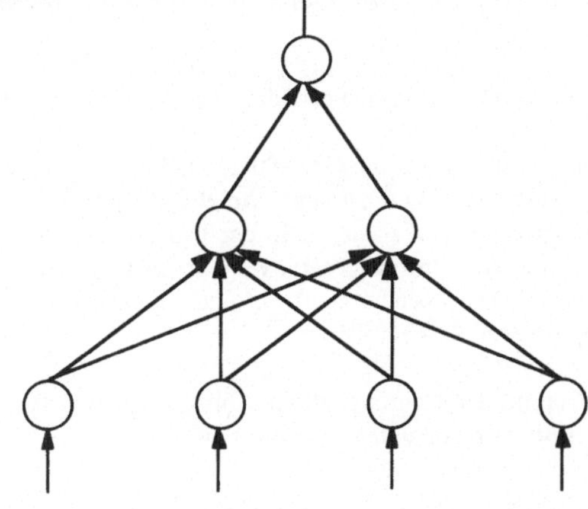

Abb. 4. Ein Netz mit (zu) wenigen Neuronen für das Parity$_4$-Problem

Trainieren Sie das Netz eine Zeitlang mit den bereits geladenen Mustern aus par4.pat. Mit dem Befehl **random_weights** können Sie neue Zufallsvorbelegungen für die Gewichte erhalten. Möchten Sie einen Lauf mit den gleichen Zufallsgewichten wiederholen, dann benutzen Sie **reset_to_random_weights.**

(b) Nachdem das Netz bei (a) vielleicht zu klein war, probieren Sie es einmal mit dem Netz aus Abb. 5.

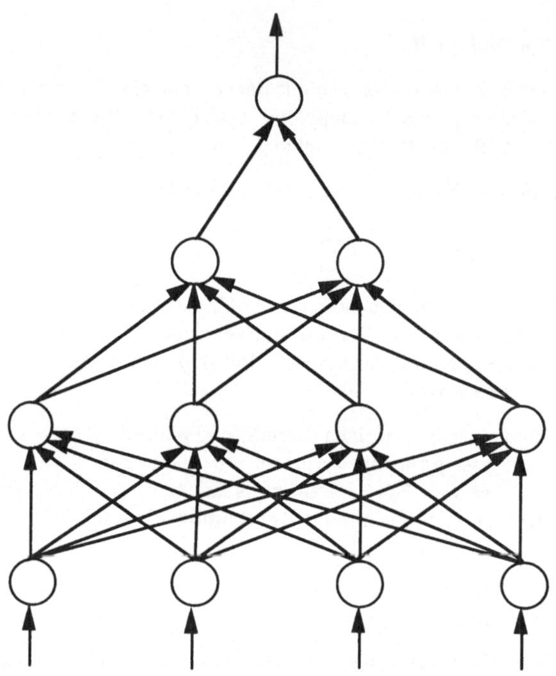

Abb. 5. Ein Netz mit 2 hidden layers für das Parity$_4$-Problem

Mit **bpII 2b** können Sie es in den Simulator laden. Versuchen Sie, dem Netz das Parity$_4$-Problem einzulernen.
Gelingt ihnen das nicht, so stellen Sie die Gewichte von Hand ein. Sie können das dadurch tun, daß Sie die Datei par4b.wts editieren und mit **weight_file par4b.wts** laden oder einfach mit **bpII 2b** den Simulator nochmals starten. In der Datei stehen zunächst die w_{ij} in der Reihenfolge, in der sie am Bildschirm angezeigt werden. Dann kommen vier 0en (die nicht benötigten Biasgewichte der Eingabeneuronen), gefolgt von den Biasgewichten, ebenfalls in der am Bildschirm angezeigten Reihenfolge.

Hinweis: Realisieren Sie mit den Neuronen die in Abb. 6 eingetragenen Funktionen. Bauen Sie die Funktionen schrittweise von unten nach oben auf.

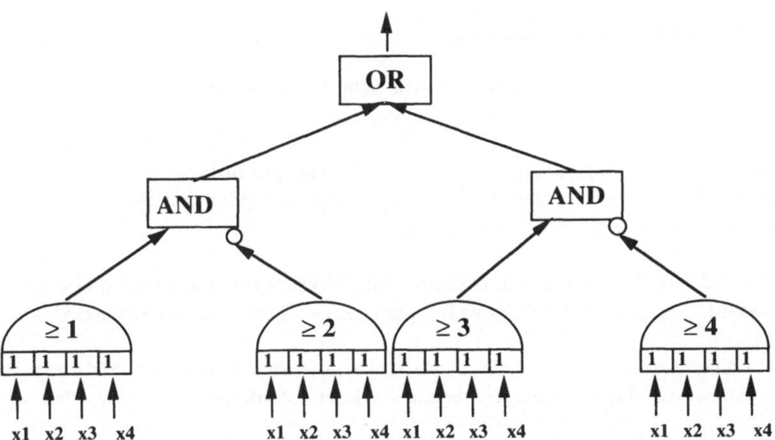

Abb. 6. Eine Lösung für das Parity$_4$-Problem mit Schwellwertelementen und Logikgattern. Die Schwellwertelemente schalten, wenn die Anzahl der geschalteten Eingänge größer als die Schwelle ist.

(c) Wenn es Ihnen in (a) und (b) nicht gelungen ist, ohne konstruktive Nachhilfe erfolgreich zu lernen, dann probieren Sie es einmal mit dem Netz aus Abb. 7.

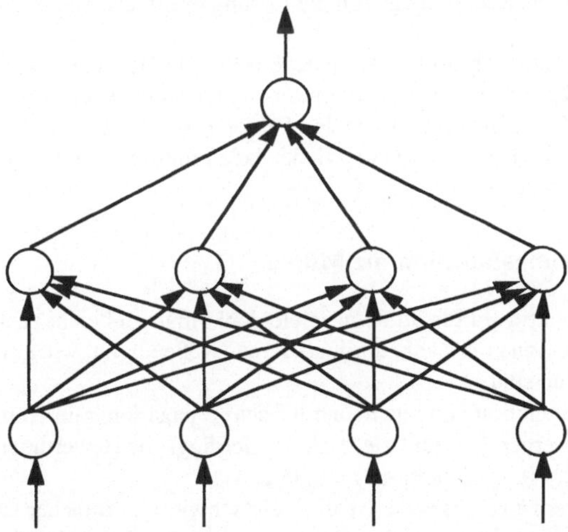

Abb. 7. Netz mit einem genügend breitem hidden layer für das Parity$_4$-Problem

Es ist eine Erweiterung des Netzes von (a). Mit den bei **bpII 2c** geladenen Gewichten ist es möglich, erfolgreich zu lernen. Machen Sie dazu **set #epochs 5000** und **learn.** und warten Sie dann geduldig, bis die Simulation so weit ist.

Versuch 3   Schrittweitensteuerung

In diesem Versuch wollen wir die beiden Schrittweitensteuerungsverfahren aus Aufgabe 2 ausprobieren. Als Beispiel dient wieder das XOR-Problem.

(a) Starten Sie das Ihnen bereits bekannte XOR-Netz mit **bpII 3**. Sie wissen aus Versuch 1a, wieviele Schritte bis zu einer akzeptierten Lösung notwendig sind. Beobachten Sie den Verlauf des Fehlers **tss** während des Trainings.

(b) Trainieren Sie das Netz mit der konstanten Schrittweite, indem Sie **mode lrate_control constant** eingeben. Die Größe des Betrages der Gewichtsänderung können Sie mit **set lrate** eingeben.
Bestimmen Sie diese Größe so, daß die Anzahl der Lernschritte ungefähr 200 beträgt. Skizzieren Sie dann alle 30 Lernschritte den Verlauf der Energiefunktion tss in einem Diagramm.

(c) Machen Sie das gleiche mit der Schrittweitensteuerung nach dem Newtonverfahren. Sie können diese mit **mode lrate_control newton** einstellen. Die Sollabnahme c der Energiefunktion können Sie hierbei mit **set lrate** einstellen.

Versuch 4   Netzoptimierung bei Booleschen Funktionen

(a) Wenn Sie den Simulator mit **bpII 4** starten, erhalten Sie ein Netz, dessen Gewichte so eingestellt sind, daß es das Parity_8-Problem löst. Starten Sie das Training einfach mit **learn.** Finden Sie heraus, warum das Netz die Lösung verlernt. Ändern Sie den verantwortlichen Parameter so, daß das Backpropagation die Lösung optimiert, d.h. *tss* verkleinert.

(b) Starten Sie nochmals mit **bpII 4**. Speichern Sie die Gewichte mit **save_weights v4.wts** ab. Editieren sie dann diese Datei. Ändern Sie die Gewichte nach der Methode von Aufgabe 4 so ab, daß der Fehler um wenigstens den Faktor 100 kleiner wird. Mit **weight_file v4.wts** können Sie die veränderten Gewichte wieder laden und mit **show** sich von der Richtigkeit Ihrer Lösung überzeugen.

Versuch 5   Bewertungsfunktion für Mühle

Bei Bewertungsfunktionen für Strategiespiele denkt man vielleicht zuerst an eine Funktion, die jeder Spielsituation eine Zahl zuordnet, deren Größe angibt, wie gut die Siegchancen für den Spieler am Zug sind.
Auch eine solche Funktion f könnte man mit Backpropagation trainieren. Da es ein Verfahren des überwachten Lernens ist, muß der Lehrer allerdings die Bewertungen vorgeben können, etwa f(Situation1) = 0.9, f(Situation2) = 0.85 usw.
Bewertungen so genau vorzugeben, ist aber sehr schwierig. Einfacher ist es, in einer gegebenen Situation zu entscheiden, welcher von zwei möglichen Zügen der bessere ist. Man erhält so eine Bewertungsfunktion g, wobei g(Situation, Zug1, Zug2) $\leq$ 0,5 bedeutet, daß Zug1 besser ist als Zug 2, und g(Situation, Zug1, Zug2) > 0,5, daß Zug2 der bessere der beiden Züge ist. In diesem Versuch werden wir immer solche Bewertungsfunktionen verwenden.
Um in einer Situation mit g den besten Zug zu ermitteln, verwenden wir ein K.-o.-System, wie es in Kapitel 4.4 beschrieben ist.
Um die Bewertungsfunktion von einem Netz berechnen zu lassen, nehmen wir Netze mit genau einem Ausgabeneuron, dessen Aktivierung den Funktionswert von g darstellen soll. Die Eingabeneuronen teilen sich in zwei Gruppen auf, die jeweils Merkmale einer der beiden Stellungen kodieren, die entstehen, wenn man in einer Situation Zug1 bzw. Zug2 ausführt.

(a) Starten Sie mit **bpII muehle** das Mühleprogramm. Wählen Sie **Mensch-Maschine, Gegner Wahl, netzA**. Laden Sie dann durch Eintippen von **spring00** mit **Protokoll** und **Laden** eine Endspielstellung. Beachten Sie, daß nur in den Menüs „Mensch-Mensch" und „Mensch-Maschine" gezogen werden kann. Sonst wird ein Zugversuch abgewiesen.
Jetzt können Sie gegen das Netz spielen, indem Sie mit der Maus die Spielsteine bewegen. Das Netz für die Bewertungsfunktion von netzA enthält jetzt zufallsvorbelegte Gewichte. Machen Sie sich klar, daß auch intelligent aussehende Züge nur das Ergebnis eines etwas komplizierteren Zufallszug-Generators sind. Schließlich ist das Netz noch nicht trainiert.

(b) Mit **Optionen, Partnerdiagnose, Fertig** können Sie sich für jede Stellung und jeden Zug die berechneten Eingabemuster ansehen. Es werden jeweils der „vorläufig_beste" und ein Alternativzug aufgelistet, der gerade betrachtet wird. So können Sie auch den Fortgang des K.-o.-Systems verfolgen. Die Auflistung finden Sie in der Datei diagnose.txt.

(c) Zum Trainieren des Netzes brauchen Sie bewertete Zugalternativen. Stellen Sie dazu im MUEHLE-Menü MENSCH-MENSCH ein. In den Spielprotokolldateien **spring00** bis **spring07** finden Sie für jede der Strategieregeln aus Kapitel 3.2 zwei Stellungen. Bewerten Sie geeignete Zugalternativen, und speichern Sie diese am besten unter gleichem Namen als Zugalternativdateien ab. Spielprotokolle haben die Endung *.pro, Spielalternativen-Dateien die Endung *.alt.
Um eine Alternative zu erfassen machen Sie zunächst einen Zug und wählen dann „+Alternative" oder „-Alternative", je nachdem ob dieser Zug der bessere oder der schlechtere der beiden Züge ist. Dabei wird automatisch der Zug wieder zurückgenommen und im Zugprotokollfenster die erfaßte Alternative angezeigt. Dann machen Sie den alternativen Zug und bewerten diesen ebenfalls. Sie können sich jederzeit die Liste der erfaßten Alternativen zu einem Zug mit „Alternativen anzeigen" ausgeben lassen.
Achten Sie darauf, immer wenigstens eine positive und eine negative Alternative anzugeben. Sie können allerdings für eine Stellung mehrere positive/negative Alternativen angeben. Für jede Kombination +Alternative/-Alternative werden jeweils zwei Trainingsmuster erzeugt.
Mit der Funktions „Alternativen sichern" werden unter dem angezeigten Filenamen die Alternativen gesichert. Als Dateiendung wird automatisch *.alt angehängt.
Jetzt können Sie mit **bpII mpA Spiele/spring*.alt** die Trainingsmuster erzeugen und dann mit **trainA** im Simulator trainieren. Wenn Sie mit dem Trainingsergebnis zufrieden sind (z.B. thamdis < 3), speichern Sie mit **weight_file netA_4.wts** die Gewichte ab. Im Mühleprogramm **Gegner Wahl, netzA**, werden jetzt die neuen Gewichte vom Spielpartner netzA benutzt. Wiederholen Sie den Zyklus Bewerten - Muster erzeugen - Trainieren - Spielen, bis Sie mit der Spielfähigkeit des Programmes zufrieden sind.

(d) Unter den Namen test-000, test-001, ... finden Sie einige vorbereitete Stellungen. Laden Sie diese der Reihe nach in das Mühleprogramm (**Protokoll, Laden**) und beobachten Sie, wie sich Ihr Netz in diesen Situationen, für die es nicht trainiert wurde, verhält. Verbessern Sie durch Hinzufügen von Trainingsbeispielen Ihr Netz soweit, bis Sie glauben, daß es reif für einen Praxistest ist.

(e) Für Unentwegte: Trainieren Sie auch Netze für andere Spielphasen. Die Gewichtsdateien müssen dann **netA_0.wts, netA_1.wts, netA_2.wts, netA_3.wts** heißen.

(f) Vergleichen Sie Ihr Netz im Endspiel mit dem Gegner „**Sokrates**", einem vortrainierten Netz, das die gleichen Merkmale und die gleiche Netztopologie wie „netzA" benutzt.
Auf daß der Bessere gewinne!

6 Anhang

Merkmale für die Spielphasen 1-3 des Mühlespiels
Der Mustererzeuger mpA erzeugt je nach Spielphase unterschiedliche Muster aus den
Spielalternativen-Dateien. Sie können also auch die anderen Spielphasen trainieren. Für
jede Phase sollten Sie daher ein eigenes Netz aufgrund phasenspezifischer Alternativen-
Dateien erstellen. Im folgenden sind die implementierten Merkmale für die einzelnen
Spielphasen beschrieben.

Spielphase 0 : Steine werden gesetzt, Eröffnung

0 :	Anzahl Steine Gegner /4
1 :	Anzahl Steine Spieler /4
2-9 :	Anzahl nach Feldern, wie Spielphase 4
10 :	Letzter Zug der Eröffnung Ja/Nein
11-13 :	Abstände, wie Merkmale 10-12 von Spielphase 4

14, 15 :   Dreiersumme. Es ist jedoch auch wichtig, die Abstände zwischen den Steinen unter Berücksichtigung von Hindernissen zu betrachten. Dazu wird das
Spielfeld als Graph betrachtet. Zuerst werden sämtliche Knoten, auf denen
sich ein gegnerischer Stein befindet, aus dem Graph entfernt, ebenso sämtliche Verbindungen zu diesen Knoten. Dann werden mit einem Algorithmus
aus der Graphentheorie sämtliche kürzesten Entfernungen zwischen allen
Feldern mit eigenen Steinen berechnet. Auf die gleiche Weise werden die
minimalen Entfernungen zwischen den gegnerischen Steinen berechnet. Damit wird nun ein Merkmal berechnet, das Dreiersumme genannt wird. Es
wird dabei davon ausgegangen, daß es für einen Spieler günstig ist, immer
mindestens drei Steine nahe beieinander zu haben, da diese eine Mühle bilden können. Zum Berechnen dieses Merkmals werden für alle Steine die
Entfernungen zu den nächsten beiden Steinen gleicher Farbe ausgerechnet.
Die Entfernung kann dabei zwischen 1 und 8 schwanken. Hat der Stein zu
weniger als zwei anderen Steinen eine Verbindung, so wird jeweils eine
Entfernung von 12 eingesetzt. Die beiden Entfernungen werden addiert und
dann für alle eigenen und gegnerischen Steine getrennt aufsummiert. Das
Ergebnis wird wieder auf 0 bis 2 normiert, die Normierung hängt natürlich
von der jeweiligen Anzahl der Steine ab. Das ergibt dann zwei Merkmale,
das erste für den Gegner, das zweite für den Spieler. Je höher der Wert dieses Merkmals, desto schlechter für den betreffenden Spieler.

16-49 :   Reihendiagnose, wie Merkmale 13-46 von Spielphase 4

50, 51 :   Zugmöglichkeiten; ein Merkmal, das angibt, wieviele Zugmöglichkeiten
beide Spieler hätten, wenn dies eine Stellung aus Spielphase 1, dem Ziehen,
wäre. Das Schließen einer Mühle wird als ein Zug betrachtet. Dieses Merkmal ist wichtig, um nicht blockiert zu werden. Merkmal 50 ist die Anzahl
der Züge des Gegners, Merkmal 51 die des Spielers, jeweils /16.

Spielphase 1: Das Ziehen

0 :	Anzahl Steine Gegner /4
1 :	Anzahl Steine Spieler /4
2-9 :	Anzahl nach Feldern, wie in Spielphase 4
10 :	Gegner hat genau vier Steine, Ja/Nein
11 :	Gegner hat vier oder fünf Steine
12 :	Spieler hat genau vier Steine
13 :	Spieler hat vier oder fünf Steine
14-16 :	Abstände, wie Merkmale 10-12 von Phase 4
17, 18 :	Dreiersumme, wie Merkmale 14 und 15 von Phase 0

Für die folgenden Merkmale wurden ebenfalls die „Abstände mit Hindernissen" benutzt.

20 :	Der Gegner hat eine offene Mühle in $n>0$ Zügen, die nicht blockiert werden kann (Ja/Nein). Dieses Merkmal wird für beliebig große n berechnet.
21 :	Falls vorheriges Merkmal=Ja, dann gebe diesem Neuron $n/3$ für das kleinste solche n ein.
22 :	Der Spieler hat eine offene Mühle in $n>0$ Zügen, die nicht blockiert werden kann.
23 :	Falls vorheriges Merkmal=Ja, dann gebe diesem Neuron $n/3$ für das kleinste solche n ein.
24 :	Anzahl der blockierten Mühlen des Gegners /2.
25 :	Anzahl der blockierbaren Mühlen des Gegners /2.
26 :	Anzahl der nicht blockierbaren Mühlen des Gegners /2.
27 :	Anzahl der blockierten Mühlen des Spielers /2.
28 :	Anzahl der nicht blockierten Mühlen des Spielers /2.
29 :	Anzahl der offenen Mühlen des Gegners /2.
30 :	Anzahl der offenen, blockierbaren Mühlen des Gegners /2.
31 :	Gegner hat offene Mühle in einem Zug.
32 :	Gegner hat offene Mühle in einem Zug, blockierbar.
33 :	Gegner hat offene Mühle, selbst wenn ihm der Spieler einen beliebigen Stein wegnimmt.
34 :	Gegner hat offene Mühle in einem Zug, selbst wenn der Spieler einen Stein wegnimmt.
35 :	Gegner hat offene Mühle in einem Zug, blockierbar, selbst wenn der Spieler einen Stein wegnimmt. Merkmale 33-35 werden nur berechnet, falls der Spieler eine offene Mühle hat.
36 :	Nicht verwendet, d.h. immer gleich 0.
37 :	Anzahl der offenen Mühlen des Spielers /2.
38 :	Spieler hat offene Mühle in einem Zug.
39 :	Spieler hat offene Mühle in einem Zug, blockierbar.
40 :	Anzahl der Rauten des Gegners /2.
41 :	Anzahl der Rauten des Spielers /2.
42, 43 :	Zugmöglichkeiten, wie Merkmale 50,51 von Spielphase 0

Spielphase 2 und 3: Einer der Spieler springt, der andere zieht.

0 :	Anzahl Steine springender Spieler /4. Da ein Zug vorausgerechnet wird, ist diese Merkmal sinnvoll, weil es auch geschehen kann, daß der springende Spieler nach dem Zug nur noch zwei Steine besitzt!
1 :	Anzahl Steine ziehender Spieler /4
2-9 :	Anzahl nach Feldern, wie in Spielphase 4, ersetze aber „Gegner" durch „springenden Spieler" und „Spieler" durch „ziehenden Spieler"
10 :	Ziehender Spieler hat genau vier Steine
11 :	Ziehender Spieler hat vier oder fünf Steine
12-14 :	Abstände, wie Merkmale 10-12 von Phase 4
15 :	Dreiersumme, wie Merkmale 14 und 15 von Phase 0, jedoch nur ein Merkmal für den ziehenden Spieler
16 :	Springender Spieler hat eine Mühle (Ja/Nein).
17 :	Anzahl der offenen Zweier des springenden Spielers /2.
18 :	Minimale Anzahl von Zügen, die der ziehende Spieler braucht, um den am weitesten entfernten offenen Zweier zu blockieren /3. Falls der springende Spieler keinen offenen Zweier besitzt, =0.
19 :	Minimale Anzahl von Zügen, die der ziehende Spieler braucht, um den am weitesten entfernten offenen Einer des springenden Spielers zu blockieren / 3. Sonst =0.
20 :	Anzahl Mühlen des ziehenden Spielers /2.
21 :	Anzahl offener Zweier ziehender Spieler /2.
22 :	Anzahl offener Mühlen ziehender Spieler /2.
23 :	Anzahl offener, blockierter Mühlen ziehender Spieler /2.
24 :	Anzahl Rauten ziehender Spieler /2.
25 :	Anzahl blockierter Rauten ziehender Spieler /2.
26 :	Anzahl reine Raute ziehender Spieler /2.
27 :	Anzahl reine, blockierte Rauten ziehender Spieler /2.
28 :	Anzahl der offenen Mühlen in einem Zug, die nicht durch Öffnen einer Mühle entstehen für den ziehenden Spieler /2.
29 :	Anzahl der offenen Mühlen in zwei Zügen, die nicht durch Öffnen einer Mühle entstehen für den ziehenden Spieler /2.
30 :	Ziehender Spieler besitzt in einem Zug eine reine Raute.
31, 32 :	Mit diesen beiden Merkmalen wird angegeben, ob der ziehende Spieler in $n>0$ Zügen eine offene Mühle hat. Seien $n1$ und $n2$ die beiden kleinsten n, für die das gilt. Falls es kein $n1$ und/oder $n2$ gibt, für die das gilt, oder wenn sie höhere Werte als 7 haben, werden sie zu 7 gesetzt. Dann sind die Werte der beiden Merkmale $(7-n1)/2$ und $(7-n2)/2$. Je höher diese Werte also sind, desto besser für den ziehenden Spieler.
33 :	Ein Kriterium, das angibt, ob der springende Spieler dem ziehenden Spieler den viertletzten Stein wegnehmen kann, ohne sofort zu verlieren. Dieses Merkmal wird nur berechnet, wenn der ziehende Spieler genau vier Steine hat und der springende Spieler eine Mühle schließen kann.

7 Lösungen

Aufgabe 1

Möglichkeit 1: Je Schicht ein neues Neuron i, dessen Eingangsgewichte alle 0 sind

$\rightarrow net_i = 0 \rightarrow s_i = \dfrac{1}{2}$. Man wählt also die Gewichte zu den Neuronen j der nächsten Schicht als $w_{ji} = -2\theta_j$.

Beachten Sie: Die Neuronen der Eingabeschicht sind „dummys". Ihr (im Modell vorhandener) Bias wird nie gebraucht, weil ihre Aktivierung aus der externen Eingabe festgeklemmt wird!

Möglichkeit 2: Ein einziges Neuron in der Eingabeschicht genügt, das mit allen anderen Neuronen aller höheren Schichten verbunden wird mit $w_{ji} = -2\theta_j$.
Der Effekt ist der gleiche wie bei 1. Hier wird aber das Schichtungsprinzip durchbrochen, das (warum eigentlich?) oft gefordert wird.
„Schwäche" beider Möglichkeiten: Das zusätzliche Neuron der Eingabeschicht darf natürlich nicht in seiner Aktivierung durch wechselnde Eingaben festgeklemmt werden. Jetzt sind nicht mehr alle Neuronen der 1. Schicht auch gleichzeitig Eingabeneuronen.

Aufgabe 2

(a) (i) Wähle $\Delta = \dfrac{k}{\| \operatorname{grad} E \|} \Rightarrow \| \Delta w \| = \| \dfrac{k}{\| \operatorname{grad} E \|} \cdot \operatorname{grad} E \| = k$

k bezeichnet hier die konstante Schrittweite.

(b) (ii) Es soll gelten $c = | E(w(t+1)) - E(w(t)) |$

$$\approx | \operatorname{grad} E * (w(t+1) - w(t)) |$$
$$= | \operatorname{grad} E * \Delta \cdot \operatorname{grad} E |$$
$$= \Delta \cdot \| \operatorname{grad} E \|^2$$

Man wähle also $\Delta = \dfrac{c}{\| \operatorname{grad} E \|^2}$

Aufgabe 3

(a) $O(\alpha^t)$

(b) $w(t) - w'(t)$

$$= w(t) - w(0) + w(0) - w'(t)$$

$$= \frac{1}{(\alpha - 1)^2}(\alpha^{t+1} - \alpha(t+1) + t) \cdot w_0 + w(0) - (t \cdot \frac{1}{1-\alpha} \cdot w_0 + w(0))$$

$$= (\frac{\alpha^{t+1} - \alpha t - \alpha + t}{(\alpha - 1)^2} + \frac{t(\alpha - 1)}{(\alpha - 1)^2}) \cdot w_0$$

$$= \frac{\alpha^{t+1} - \alpha}{(\alpha - 1)^2} \cdot w_0 \text{ strebt gegen } -\frac{\alpha}{(\alpha - 1)^2} \cdot w_0 \text{ für } t \rightarrow \infty$$

Beachten Sie: Die Startgewichte w(0) sind etwas anderes als der konstant angenommene Gradient w_0 !

Die Differenz ist also eine Konstante und desto kleiner, je flacher das Tal ist.

(c) In langen flachen Tälern ist $\alpha > 1$ gefährlich, weil sich die Gewichtsupdates dadurch exponetiell aufschaukeln und damit den Gradientenabstieg außer Kraft setzen.

Ein $\alpha < 1$ ist zwar nicht schädlich, bewirkt aber (bei hinreichend flachem Tal) nichts weiter als eine Veränderung der Lernrate $\Delta := \Delta \cdot \dfrac{1}{1-\alpha}$.

Aufgabe 4

Man multipliziert einfach die Gewichte zur Ausgabeschicht mit einer hinreichend großen Konstanten C.

Ist nämlich die Ausgabe $\qquad\quad y > \dfrac{1}{2}$ bzw. $y < \dfrac{1}{2}$,

dann ist $\qquad\qquad\qquad\quad \text{net} > 0 \ \text{ bzw. } \text{net} < 0.$

Durch das Durchmultiplizieren wird aber einfach der Betrag von net um das C-fache größer. Dadurch wird auch der Betrag von y näher zu 1 bzw. 0 getrieben.

Versuch 1

(a) 285

(b) 102
Die 5fache Anzahl der Muster bewirkt eine Verfünffachung des Gradienten von E, der für jedes Muster einen Summanden hat. Die Wirkung entspricht einem Hochsetzen von Δ auf das 5fache.
Die Steigung von E ist hier so groß, daß die Verfünffachung des Fehlers in wenigen Schritten wettgemacht werden kann.

(c) bei $\alpha = 2.5$ statt 0.5: 97 Lernschritte
etwas schneller als (b), weil der Fehler jedes Musters nur einfach in E eingeht.

(d) xor.pat: $\qquad$ 298
$\quad$ xor_mlt1.pat: $\quad$ 97
$\quad$ xor_mlt2.pat: $\quad$ 84

(e) xor.pat: $\qquad$ 69
$\quad$ xor_mlt1.pat: $\quad$ konvergiert nicht
$\quad$ xor_mlt2.pat: $\quad$ 17

(f) Learning by pattern hilft also nur, wenn mehrere Muster redundant, oder wenigstens einander ähnlich sind. Offensichtlich spielt auch die Anordnung der Muster eine Rolle. Stehen alle ähnlichen hintereinander, entspricht das einem großen Schritt in eine Richtung, die für viele andere Muster falsch sein kann!

Ist #Lernschritte die Anzahl der Lernschritte und $\#p^i$ die Anzahl der Mustervervielfachungen, so gilt:

Die 1. Anordnung entspricht etwa $\Delta := \Delta \cdot \#p^i$, also einer Erhöhung der Lernrate

Die 2. Anordnung entspricht $\#\text{Lernschritte} := \dfrac{\#\text{Lernschritte}}{\#\,p^i}$

Nur die 2. Anordnung ist wünschenswert, weil man so die Lerngeschwindigkeit erhöhen kann, auch wenn eine Erhöhung der Lernrate (Oszillieren) nicht mehr möglich ist. Es ist deshalb in der Praxis anzustreben, daß identische bzw. ähnliche Muster gleichmäßig in der Lernreihenfolge verstreut liegen. Weil man bei automatisch erzeugten Mustern aus einer Anwendung nicht weiß, welche Muster einander ähneln, kann man das durch Zufallsanordnungen der Lernmenge (Permutieren) in jedem Lernschritt annähern.

Versuch 2

(a) Geht nicht (prinzipiell).

(b) Geht praktisch nicht; eine günstige Zufallsvorbelegung zu finden, ist offensichtlich zu unwahrscheinlich, aber dennoch möglich. Eine Musterlösung ist in der Gewichtsdatei par4b_opt.wts zu finden.

Versuch 3

(a) Bei lrate 0.5 braucht man 285 Lernschritte (bei lrate 2.5 nur 95 Schritte). Der Fehler fällt bis Lernschritt 200 kaum, dann aber sehr steil.

(b) Bei lrate 0.01 braucht man 215 Lernschritte (bei lrate 0.5 nur 33 Schritte!). Der Fehler fällt relativ gleichmäßig während des ganzen Lernverfahrens.

(c) Bei lrate 0.0005 braucht man 205 Lernschritte. Das Lernverfahren ist sehr instabil, sobald der Gradient flach ist, besteht durch die große Schrittweite die Gefahr, daß der der Gesamtfehler tss sich verschlechtert (siehe auch Verlauf am Anfang in tss_graph).

Der Versuch zeigt, daß die dynamische Anpassung der Schrittweite große Rechenzeitvorteile erbringen kann. Insbesondere Bereiche mit flachem Gradienten werden so schneller überbrückt. In der Literatur gibt es in der Zwischenzeit eine Reihe von Verfahren, die je nach Anwendung um 1-2 Größenordnungen schneller sind als normales Backpropagation (z.B. RPROP, s. Literaturverzeichnis).

Versuch 4

(a) Die Lernrate ist einfach zu groß, der (kleine) Bereich des lokalen Minimums wird wieder verlassen. Lrate 0.1 ist noch zu groß, 0.01 reicht aus. Bei 0.01 wird das Ergebnis weiter optimiert.

(b) Es genügt bereits, die Gewichte (einschl. Bias) mit dem Faktor 10 zu muliplizieren, damit der Fehler kleiner als die Anzeigegenauigkeit wird.

Versuch 5

(a) -

(b) -

(c) Zu beachten: Thamdis = 0 ist kaum zu erreichen. Das liegt weniger an Backpropagation, eher daran, daß die Bewertungen inkonsistent sind. Man muß beachten, daß das Netz nur die Merkmale, nicht aber die Situation „an sich" sieht. Nur was hier dargestellt wird, kann das Netz berücksichtigen.

Hinweis: Hat man Zug1 und Zug2 mit +, Zug3 mit - bewertet, so besagt das nur, daß

Zug1 besser als Zug3 und
Zug2 besser als Zug3 ist.

Damit ist nicht gesagt, daß Zug1 ein besonders guter Zug oder Zug3 ein besonders schlechter ist. Es ist sogar möglich, daß Zug2 exzellent ist, Zug1 sehr schlecht (Verlust im übernächsten Zug) und Zug3 noch schlechter (Verlust im nächsten Zug) ist.

Kapitel 7

Das symmetrische Hopfield-Modell

1 Einführung

J. J. Hopfield schlug 1982 ein sehr populär gewordenes Modell eines neuronalen Assoziativspeichers vor. Dabei soll folgende Aufgabe gelöst werden:

In einem Netz sollen p vorgegebene Muster (N-stellige Binärvektoren über $\{+1, -1\}$) gespeichert und wieder abgerufen werden. Dies soll auf fehlertolerante Art geschehen, d.h. ein verrauschtes oder unvollständiges Muster soll immer möglichst gut wiedererkannt werden.

Das Hopfield-Netz hat N Neuronen s_i, die jeweils die Zustände $\{+1, -1\}$ für feuern bzw. nicht feuern annehmen dürfen. Sie sind durch $N \cdot (N-1)$ symmetrische Verbindungen ($w_{ij} = w_{ji}$ und $w_{ii} = 0$) vernetzt und haben die einfache synchrone Schwellwertdynamik

$$s_i(t+1) = \text{sign}(net_i(t)) \quad , \tag{1}$$

mit sign(x)=1 für alle $x \geq 0$ und sign(x)=-1 sonst, $net_i(t)$ ist das lokale Feld, d.h. die Aktivität, die das i-te Neuron von seinen N-1 Nachbarn empfängt ($w_{ii}=0$):

$$net_i(t) = \sum_{j=1}^{N} w_{ij} \, s_j(t)$$

Das Neuron richtet sich also im nächsten Zeitschritt nach den Vorzeichen der Aktivierungen seiner Nachbarn. Damit ist auch klar, wann das Neuron i stabil bleibt, d.h. seinen Zustand nicht ändert, nämlich dann, wenn sich die Vorzeichen des lokalen Feldes und der Neuroaktivität nicht unterscheiden:

$$net_i \, s_i > 0 \tag{2}$$

Ein Netzwerkzustand ist ein N-Tupel $s = (s_1, s_2, ..., s_N)$. Er heißt stabil unter (1), wenn alle N Gleichungen (2) erfüllt sind.

Die Schwellwertdynamik-Gleichung (1)

$$s_i(t+1) = \text{sign} \left(\sum_{j=1}^{N} w_{ij} \, s_j(t) \right)$$

wurde bereits beim Hebb-Assoziator im Kapitel über Assoziatoren vorgestellt:

$$y_i = \text{sign}(\sum_{j=1}^{N} H_{ij} x_j)$$

Für $y_i = s_i(t+1)$, $x_i = s_i(t)$ und $H_{ij} = w_{ij}$, führt der Hebb-Assoziator genau einen Schritt der synchronen Dynamik aus. Im Unterschied zum Hebb-Assoziator wird beim Hopfield-Netz die Ausgabe wieder zur Eingabe rückgekoppelt und erneut assoziert. Man kann also das Hopfield-Netz auch als rückgekoppelten Hebb-Autoassoziator bezeichnen. Diese Rückkopplung ist naheliegend, da die Autoassoziation als Filter zur Mustervervollständigung bzw. Fehlerbeseitigung verwendet wird und hierbei offensichtlich ein mehrfacher Durchgang vorteilhaft ist.

Neben der synchronen Dynamik aus Gleichung (1), bei der alle Neuronen gleichzeitig ihren neuen Zustand berechnen, ist die asynchrone Dynamik von großer Bedeutung. Dabei berechnet zu jedem Zeitpunkt immer nur ein Neuron seinen neuen Zustand. Die Reihenfolge, in der die Neuronen ihren Nachfolgezustand berechnen, ist beliebig. Sie kann aus einem festen Zyklus oder aus einer Zufallsfolge bestehen. Es muß allerdings gewährleistet werden, daß jedes Neuron immer wieder einen Nachfolgezustand berechnet.

Ein Assoziationsproblem mit Ausgabedimension N läßt sich auf das Perzeptron reduzieren, indem jede Ausgabekomponente separat betracht wird. Damit erhält man m Assoziationsprobleme mit Ausgabedimension 1 der Art: „Assoziiere jeweils nur die i-te Komponente". Da jede Lösung für das volle Assoziationsproblem auch eine Lösung für jede Teilkomponente enthält, sind diese Assoziationsprobleme mit Ausgabedimension 1 höchstens gleich schwer.

Dementsprechend besteht, analog zum Kapitel über das Perzeptron, ein Lösungsansatz darin, N Perzeptrone parallel zu verwenden (für jede Ausgabekomponente eines) und unabhängig voneinander einzutrainieren. Die einfachste Lernregel war die Hebb-Regel, die nur einen Durchlauf durch die Trainingsmenge benötigt (one shot learning). Der zugehörige Assoziator heißt **Hebb-Assoziator** (kurz **Hebb-Netz**). Wie bereits im Kapitel zum Perzeptron bzw. zu den Assoziatoren bemerkt, ist beim Hebbschen Lernen korrektes Assoziieren nur für orthogonale Eingabemuster garantiert.

2 Das Hopfield-Netz als Autoassoziativspeicher

Das Hopfield-Netz kann als Autoassoziativspeicher aufgefaßt werden. Dazu werden die stabilen Netzwerkzustände mit den Mustern identifiziert, die gespeichert und abgerufen werden sollen.

Wir definieren nun für ein Hopfield-Netz mit Gewichten w_{ij} eine Energiefunktion E:

$$E\,(s) = -\frac{1}{2}\sum_{i,j=1}^{N} w_{ij}\, s_i\, s_j$$

Mit Hilfe dieser Energiefunktion läßt sich zeigen, daß das Hopfield-Netz bei asynchroner Dynamik stets in einen stabilen Zustand konvergiert.

Aufgabe 1

Zeigen Sie:

a) Die Energiefunktion fällt bei asynchroner Dynamik monoton.
b) Das Hopfield-Netz konvergiert bei asynchroner Dynamik.

Ein *Zugriff* auf ein gespeichertes Muster erfolgt, indem ein Zustand $s(t=0)$ als Anfangswert vorgegeben wird und das System sich gemäß Gl.(1) entwickelt, bis ein stabiler Zustand (ein Muster) erreicht ist. Ein anschaulicher Vergleich ist der eines Balles, der in die Energielandschaft gesetzt wird (Anfangszustand des neuronalen Netzes zum Zeitpunkt t=0), und der unter der Dynamik (1) abwärts rollend ein Minimum der Energielandschaft (Attraktor) aufsucht.

Man spricht auch von einem neuronalen Attraktor-Netz:

Alle Anfangszustände $s(t=0)$, die im Einzugsbereich eines Attraktors (lokales Minimum) liegen, also mit diesem Muster assoziiert werden, bewegen sich auf den Attraktor zu. Sie liegen im *Attraktionsgebiet* dieses Musters. Die Größe der Attraktionsgebiete entscheidet darüber, wie gut fehlerhafte oder verrauschte Muster korrigiert werden können. Ein abgespeichertes Muster heißt stabil, wenn es einem stabilen Zustand entspricht.

Das *Abspeichern* ist komplizierter und erfordert mehr als die bisher gelieferte Intuition. Noch wurden keine Aussagen gemacht, wie man die lokalen Minima der Energielandschaft genau auf die gewünschten Muster legt. Dies erreicht man beim Hopfield-Modell durch die sogenannte Hebbsche Lernregel, die gemäß dem Hebbschen Paradigma die synaptischen Gewichte w_{ij} verändert :

Die Verbindung zwischen dem i-ten und dem j-ten Neuron wird in dem Maße gestärkt bzw. geschwächt, in dem die Aktivitäten beider Neuronen gleichsinnig ($s_i=s_j$) bzw. nicht gleichsinnig ($s_i= -s_j$) sind:

$$w_{ij} \; = \; \frac{1}{N} \sum_{m=1}^{p} \; x_i^{\mu} \, x_j^{\mu} \tag{3}$$

Hier ist x_i^{μ} ($i=1,...,N$, $\mu=1,...,p$) die Komponentenschreibweise der Mustermenge $(\mathbf{x}^1,...,\mathbf{x}^p)$; die Diagonalterme werden auf $w_{ii}=0$ gesetzt. Die Dynamik ist unabhängig von der Normierung $\frac{1}{N}$; sie wurde aber aus Konsistenzgründen mit der Literatur angegeben. In der Implementierung der Versuchsumgebung wurde diese Normierung weggelassen, um mit Ganzzahlarithmetik zu rechnen und Speicherplatz zu sparen.

Aufgabe 2

a) Berechnen Sie w_{ij} für festes i, j, wobei für alle Muster x^{μ} die Komponenten x_i^{μ} und x_j^{μ}

i) gleiches Vorzeichen (i und j haben gleiche Aktivität) haben,

ii) unterschiedliche Vorzeichen haben.

b) Zeigen Sie, daß aus den Symmetrieeigenschaften des Modells folgt:

i) wenn $\mathbf{x}^\mu$ stabil, dann gilt auch $-\mathbf{x}^\mu$ stabil (sofern $\forall i\ \mathrm{net}_i \neq 0$).

ii) wenn $\mathbf{s}(0)=\mathbf{x}$ und $\mathbf{s}'(0)=-\mathbf{x}$, dann gilt für alle t : $\mathbf{s}(t) = -\mathbf{s}'(t)$

   (falls zu jedem Zeitpunkt t gilt : $\forall i\ \mathrm{net}_i \neq 0$).

c) Zeigen Sie:

$$E(\mathbf{s}) = -\frac{1}{2N}\sum_{\mu=1}^{p}(\mathbf{x}^\mu * \mathbf{s})^2 + \frac{p}{2}$$

Im folgenden soll nun der Zusammenhang zwischen Minima der Energiefunktion und gespeicherten Mustern hergestellt werden. Betrachten wir zunächst den Spezialfall mit orthogonalen Mustern $\mathbf{x}^\mu$, d.h. es gilt:

$$\frac{1}{N}\sum_{i=1}^{p} x_i^\mu x_i^\nu = \delta_{\mu\nu} \qquad \text{(Kroneckersymbol)} \tag{4}$$

Dann lassen sich die Vektoren $\mathbf{x}^\mu / |\mathbf{x}^\mu|$ $(|\mathbf{x}^\mu| = \sqrt{N}\,)$ zu einer Orthonormalbasis $(\mathbf{y}^1,...,\mathbf{y}^N)$ ergänzen. Damit läßt sich jeder binäre Vektor s als Linearkombination der Orthonormalbasis darstellen:

$$\mathbf{s} = \sum_{i=1}^{N}\alpha_i \mathbf{y}^i$$

Da s ein Binärvektor über $\{-1,1\}$ ist, gilt s*s = N, also

$$N = \mathbf{s}*\mathbf{s} = (\sum_{i=1}^{N}\alpha_i\mathbf{y}^i) * (\sum_{i=1}^{N}\alpha_i\mathbf{y}^i) = \sum_{i=1,j=1}^{N}\alpha_i\alpha_j(\mathbf{y}^i * \mathbf{y}^j).$$

Da $(\mathbf{y}^1,...,\mathbf{y}^N)$ Orthonormalbasis $(\mathbf{y}^i * \mathbf{y}^j = \delta_{ij})$, folgt:

$$N = \sum_{i=1}^{N}\alpha_i^2 \tag{5}$$

Ferner gilt

$$E(\mathbf{s}) = -\frac{1}{2N}\sum_{\mu=1}^{p}(\mathbf{x}^\mu * \mathbf{s})^2 + \frac{p}{2} = -\frac{1}{2N}\sum_{\mu=1}^{p}(\sum_{i=1}^{N}\alpha_i\mathbf{x}^\mu * \mathbf{y}^i)^2 + \frac{p}{2}$$

$$= -\frac{1}{2}\sum_{\mu=1}^{p}\alpha_\mu^2 + \frac{p}{2} \qquad (\text{da } \mathbf{x}^\mu * \mathbf{y}^i = \sqrt{N}\ \delta_{\mu i})\ .$$

Daraus folgt, daß $E(\mathbf{s})$ unter der Nebenbedingung (5) genau dann minimal wird, wenn $\alpha_i = 0$ für alle $i > p$ gilt. Die Muster $\mathbf{x}^\mu$ sind also globale Minima der Energiefunktion.

Eine Bedingung wie Gl.(4) bedeutet, daß die Muster $\mathbf{x}^\mu$, $\mathbf{x}^\nu$ orthogonal sind. Sie ist in erster Näherung auch bei Zufallsmustern erfüllt ist (Abweichungen von $\delta_{\mu\nu}$ liegen im Mittel nur in der Größenordnung von ($\sqrt{p/N}$). Diese Behauptung läßt sich allerdings nur mit Hilfsmitteln aus der Stochastik, nämlich dem zentralen Grenzwertsatz, zeigen.

Aufgabe 3

Gegeben sei ein sehr einfaches Netz mit N=5 Neuronen, p=2 Mustern:
$\mathbf{x}^1 = (+, -, +, +, -)$ und $\mathbf{x}^2 = (+, +, +, -, -)$.

a) Berechnen Sie die Gewichte w_{ij}.

b) Berechnen Sie für einen Zeitschritt die dynamische Entwicklung des Netzes, wenn man $\mathbf{x}^1$ als Anfangskonfiguration vorgibt.

c) Sei $\mathbf{x}' = (-, -, +, +, -)$ (d.h. s_1 in $\mathbf{x}^1$ wurde umgedreht). Berechnen Sie die dynamische Entwicklung für drei Zeitschritte.

2.1 Ordnungsparameter[1]

Um die Qualität der Assoziation zu bewerten oder den Grad der Übereinstimmung zu bestimmen, benötigt man ein Maß, um Muster und Zustände zu vergleichen. Es wird Ordnungsparameter genannt und gibt die Nähe des Netzzustandes zu einem Muster an. Wir betrachten im folgenden zwei Ordnungsparameter. Der erste ist der Überlapp oder die Korrelation $m(\mathbf{x}^\mu, \mathbf{s}(t))$ (kurz $m^\mu(t)$) des Systemzustandes $\mathbf{s}(t)$ zum Zeitpunkt t mit dem μ-ten Muster:

$$m(\mathbf{x}, \mathbf{y}) = \frac{\mathbf{x} * \mathbf{y}}{(|\mathbf{x}| * |\mathbf{y}|)} = \frac{1}{N} \sum_{i=1}^{N} x_i y_i$$

$$m^\mu(t) = m(\mathbf{x}^\mu, \mathbf{s}(t)) = \frac{1}{N} \sum_{i=1}^{N} x_i^\mu s_i(t)$$

Der Überlapp $m(\mathbf{x},\mathbf{y})$ ist also gleich dem Cosinus des Winkels zwischen $\mathbf{x}$ und $\mathbf{y}$: $m(\mathbf{x},\mathbf{y}) = \cos(\mathbf{x},\mathbf{y})$.

Die zweite Möglichkeit ist der normierte Hammingabstand $\frac{1}{N}h(\mathbf{x}^\mu, \mathbf{s}(t))$ (oder kurz $h^\mu(t)$); hier wird die Anzahl der differierenden Komponenten festgestellt:

$$h(\mathbf{x}, \mathbf{y}) = \sum_{i=1}^{N} |x_i - y_i| / 2 , \quad h^\mu(t) = \frac{1}{N} h(\mathbf{x}^\mu, \mathbf{s}(t))$$

Aufgabe 4

a) Berechnen Sie $m^\mu(t)$ für i) $\mathbf{s}(t) = \mathbf{x}^\mu$,   ii) $\mathbf{s}(t) = -\mathbf{x}^\mu$.

b) Was bedeutet $m^\mu = 0$?

---
[1] Diese Parameter wurden bereits beim Hebb-Assoziator im Kapitel über Assoziatoren eingeführt.

c) Wie hängen h^μ und m^μ zusammen?

d) Bei welchem Wert von h sind die Muster orthogonal? $h^\mu =$ _______

Mit Hilfe des Überlapps läßt sich das Verhalten der Neuronen sehr anschaulich beschreiben. Entsprechend Gleichung (1) feuert das Neuron genau dann, wenn das lokale
Feld net_i positiv ist:

$$net_i(t+1) = \sum_{j=1}^{N} w_{ij}\, s_j(t) = \sum_{j=1}^{N} \frac{1}{N} \sum_{\mu=1}^{p} x_i^{\mu} x_j^{\mu} s_j(t) - \frac{p}{N} s_i(t) \quad (\text{Bea.: } w_{ii}=0)$$

$$= \sum_{\mu=1}^{p} m^{\mu}(t)\, x_i^{\mu} - \frac{p}{N} s_i(t)$$

oder auch:

$$net_i(t+1) = \sum_{\mu=1}^{p} m_i^{\mu}(t)\, x_i^{\mu} \quad \text{mit} \quad m_i^{\mu}(t) = \frac{p}{N} \sum_{j \neq i} x_j^{\mu} s_j(t)$$

Letzteres läßt sich so interpretieren, daß die Aktivität des Neurons s_i durch eine gewichtete Summe oder „Abstimmung" aller i-ten Komponenten der gespeicherten Muster bestimmt wird. Dabei wird der Einfluß eines einzelnen Muster entsprechend seinem
Überlapp bzw. seiner Ähnlichkeit mit dem aktuellen Zustand $s(t)$ gewichtet. Bei der Berechnung des Überlapps m_i wird die i-te Komponente nicht berücksichtigt, da diese unabhängig von ihrem Ist-Zustand neu bestimmt werden soll. Der Zustand $s(t)$ wird also bei
asynchronem update der Komponente i zu den ähnlichen Mustern hin (positiver
Überlapp) und von den unähnlichen Mustern weg (negativer Überlapp) verändert. Wenn
der Zustand $s(t)$ bereits in der Nähe eines gespeicherten Musters x^μ ist, liegt bei
unkorrelierten oder gar orthogonalen Mustern der Überlapp zu x^μ definitionsgemäß nahe
bei 1, zu allen anderen aber nahe bei 0 (da bei unkorrelierten Mustern der Überlapp paarweise nahe 0 liegt, folglich auch der Überlapp von x^μ zu allen anderen und auf Grund der
Stetigkeit des Überlapps auch von $s(t)$ zu allen andern). Insofern läßt sich in diesem Fall
der Einfluß der andern Muster vernachlässigen, und x^μ bestimmt die Aktivität der Neuronen in Richtung x^μ. Man bezeichnet deshalb auch x^μ als Attraktor.

Naheliegend wäre die Hebbsche Lernregel wie beim Hebb-Assoziator auch für die
Diagonale zu verwenden, d.h.

$$w_{ii} = \frac{1}{N} \sum_{\mu=1}^{p} x_i^{\mu} x_i^{\mu} = \frac{p}{N}.$$

Dann würde sich die Gleichung für das lokale Feld sogar etwas vereinfachen:

$$net_i(t+1) = \sum_{\mu=1}^{p} m^{\mu}(t)\, x_i^{\mu}$$

Wie bei der Lösung von Aufgabe 2a gezeigt, gilt auch in diesem Fall, daß die Energiefunktion bei asynchronem Update monoton fällt und die Folge s(t) deshalb konvergiert. Jedoch ist es dann möglich, daß die Folge bereits vor Erreichen eines lokalen Minimums von E(s) konvergiert (der Zusatzterm - $\frac{p}{N}$ s_i(t) schwächt die Stabiliät des Neurons s_i), während für das Hopfield-Netz mit w_{ii}=0 das Erreichen eines lokalen Minimums garantiert ist (vgl. Lösung zu Aufgabe 2a: net_i(s) = $E(s|_{si=1})$ - $E(s|_{si=-1})$, d.h. ein Neuron schaltet, wenn dadurch E(s) kleiner wird).

2.2 Das Isingmodell

Als eingängiges Demonstrationsbeispiel bietet sich das eindimensionale Isingmodell an. Es wurde 1923 zur Beschreibung von magnetischen Phänomenen in Festkörpern aufgestellt. Man geht von einer Gitterstruktur (Abb. 1) aus, auf deren Gitterpunkten Teilchen mit magnetischem Moment sitzen. Das magnetische Moment ist proportional dem Spin s_i des Teilchens i (man nimmt dabei vereinfachend an, daß der Spin nur die beiden Zustände s_i =\{+1, -1\} annehmen kann).

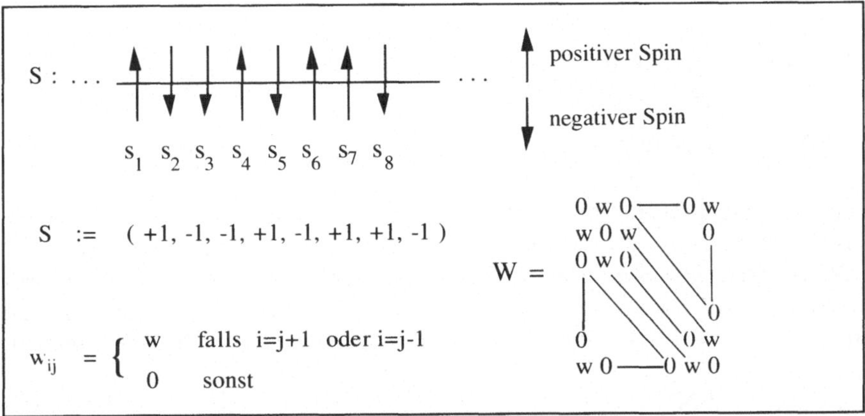

Abb. 1. Isingmodell mit acht Neuronen (w > 0)

Die Wechselwirkung der Spins (Kräfte der Spins untereinander) wird als konstant w zwischen nächsten Nachbarn und sonst 0 angenommen. Analog dem Hopfield-Modell ist

$$s_i(t+1) = \text{sign } net_i(t) \text{ als Dynamik mit}$$

$$net_i(t) = \sum_{j=1}^{N} w_{ij} s_j(t) = w (s_{i+1}(t) + s_{i-1}(t)). \tag{5}$$

Der Begriff lokales Feld entspricht dem aus der Physik; es handelt sich um ein magnetisches Feld, das eine Kraft (Stärke w) auf den i-ten Spin ausübt (Bem.: lokal bezieht sich auch hier auf die lokale Wirkung auf das i-te Neuron). Man hat sich in Gl.(5)

eine ringförmige Spinkette vorzustellen (Abb. 1). Es gilt hier also die periodische Rand-
bedingung: Der erste Spin ist mit dem N-ten verbunden.

Aufgabe 5

a) Wann kippt der mittlere Spin unter der gegebenen Dynamik um?
i) ↑ ↑ ↑   ii) ↑ ↓↑   iii) ↑ ↑ ↓   iv) ↑ ↓ ↓

b) Rechnen Sie drei synchrone update-Schritte für das Muster ↓ ↓ ↓ ↓ ↑ ↓ ↓ ↓ ↓.
Wieviele ↑ werden pro update erzeugt?

c) Geben Sie für den asynchronen update-Modus eine Berechnungsreihenfolge an, um von
↓ ↑ ↓ ↑ ↓ ↑ ↓ nach ↓ ↓ ↓ ↓ ↓ ↓ zu gelangen.

d) Geben Sie die Energiefunktion für das Isingmodell an. Wo liegen die Minima der Energiefunktion?

Durch Hinzugabe einer Schwelle θ kann die Dynamik so geändert werden, daß eines der
Minima ausgezeichnet wird.

$$s_i(t+1) = \text{sign } (\text{net}_i(t) + \theta) \tag{6}$$

$$E = -\frac{1}{2}\sum_{i,j} w_{ij}\, s_i\, s_j - \sum_i \theta\, s_i$$

Bemerkung zu Gleichung (6) : Allgemein läßt sich ein Muster **x** durch Addieren einer
Schwelle der Form $\theta_i = \delta\, x_i$ auszeichnen, d.h. beliebig stabil machen.

Offensichtlich gibt es im Isingmodell nur einen Attraktor $\mathbf{x}^1 = (1,...,1)$ und sein Komplement (vgl. Aufgabe 5). Der Ordnungsparameter ist der Überlapp mit diesem Muster
und heißt Gesamtmagnetisierung *m*. Sie zeigt, wie stark die Ausrichtung der Spins ist.

$$m(t) = \frac{1}{N}\sum_{i=1}^{N} s_i(t)$$

Der Überlapp m(t) ist maximal (m(t) = 1), wenn s(t) = $\mathbf{x}^1$ ist. Er ist minimal (m(t) =
-1), wenn s(t) = -$\mathbf{x}^1$.

2.3 Frustrationseffekte

Da neuronale Netze nicht nur zwei Muster (Isingmodell), sondern p Muster speichern
und als Attraktoren bzw. Energieminima zur Verfügung stellen sollen, müssen sogenannte Frustrationseffekte zunutze gemacht werden.

Dies soll am Beispiel eines Quadrates an dessen vier Ecken Spins sitzen {+1, -1}
verdeutlicht werden (Abb 2).

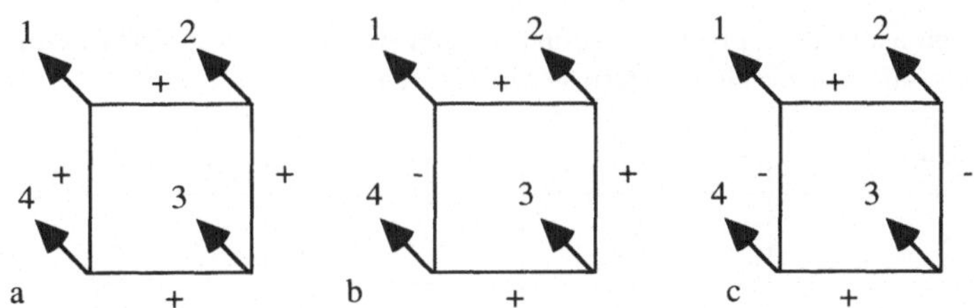

Abb. 2. Konfigurationen (a)-(c) von Hopfield-Netzen mit vier Neuronen

Die Konfigurationen in Abb.2 unterscheiden sich nur durch die Gewichte an den Verbindungskanten. In (a) sind alle Verbindungen positiv, also wie im obigen Isingmodell ferromagnetisch. In (b) gibt es ein Minuszeichen, in (c) sind gleich viele Vorzeichen + und - vorhanden. Ein Plus- (Minus-) Zeichen auf der Kante soll bedeuten, daß zwei benachbarte Spins „gerne" dieselbe (unterschiedliche) Orientierung haben. Formal heißt das w_{ij}=+1 für + (w_{ij}=-1 für -), wenn die Kante die Neuronen s_i und s_j verbindet.

Die Energie ist gegeben durch

$$E = - \frac{1}{2} \sum_{i,j} w_{ij}\, s_i\, s_j \, .$$

Die Energie E wird also erniedrigt durch Spinpaare (i,j), bei denen das Vorzeichen ihres Produktes mit dem Vorzeichen von w_{ij} übereinstimmt, z.B. die Verbindung von 1→4 in (b) ist -1, daher wird E erniedrigt, wenn s_1 und s_4 unterschiedliche Vorzeichen haben, wegen $w_{14}\, s_1\, s_4 = 1 > 0$.

In (b) ist aber keine Konfiguration möglich, in der alle Spinpaare ihre Vorzugsorientierung (d.h die Orientierung, in der alle Wünsche bzgl. Vorzeichen auf den Kanten und Spinorientierungen erfüllt sind) haben, das System wird frustriert genannt. In (a) und (c) ist eine unfrustrierte Konfiguration möglich.

Aufgabe 6

a) Geben Sie die unfrustrierten Konfigurationen für (a) und (c) an.

b) Vervollständigen Sie die Tabelle, in der die Energien der acht Spinkonfigurationen verzeichnet sind (eigentlich müßten es 16 sein, aber die Energie ist ja symmetrisch gegenüber Vorzeichenumkehr der Spins). In (a) und (c) gibt es jeweils zwei globale Minima mit E=-4, während (ii) acht Zustände niedrigster Energie hat.

Konfiguration	(a)	(b)	(c)
+ + + +	-4		0
+ + + −	0	-2	0
+ + − +	0	2	
+ − + +	0	2	0
− + + +	0	-2	
+ + − −	0		
+ − + −		2	0
+ − − +			

Frustration verhindert also das Erreichen einer so tiefen Energie wie beim unfrustrierten System, erzeugt aber eine viel größere Anzahl von lokalen Minima.

2.4 Speicherkapazität

Aufgabe 7

a) Geben Sie eine Matrix W an, so daß für alle x gilt: x =sign W x, d.h. mit W lassen sich alle Muster x speichern.

b) Zeigen Sie: Wenn es in $\{-1,1\}^N$ $p<N$ orthogonale Muster $x^1,...,x^p$ gibt, lassen sich diese und ihre Komplemente $-x^1,...,-x^p$ in einem Hopfield-Netz speichern.[2].

In Aufgabe 7b) wird gezeigt, daß 2N-2 Vektoren gespeichert werden können, wenn N-1 orthogonale Vektoren existieren. Im a)-Teil konnten sogar beliebig viele Muster gespeichert werden. Allerdings besteht dort das Attraktionsgebiet eines Musters nur aus dem Muster selbst. In der Regel ist die Speicherfähigkeit eines Hopfield-Netzes schon bei Zufallsmustern wesentlich kleiner. Um die Speicherkapazität bei Zufallsmustern zu messen, wird untersucht, wieviele zufällig erzeugte Muster p pro Neuronenzahl sich mit einer Wahrscheinlichkeit $P_N \geq 0.95$ speichern lassen (für N sehr groß). Da der Zufall auch

---

[2] Nicht für jedes N gibt es N paarweise orthogonale Muster. Für ungerade N gibt es sogar stets nur eines.

beliebig unwahrscheinliches zuläßt, kann nicht einfach gemessen werden, wieviele Muster p sich auf jeden Fall ($P_N = 1$) speichern lassen. Das Verhältnis p/N wird Speicherkapazität α genannt.

Um diese Speicherkapazität zu bestimmen, muß die maximale Anzahl der Muster bestimmt werden, so daß jedes Muster μ noch „hinreichend stabil" ist, d.h. bei Startzustand $s(0) = \mathbf{x}^\mu$ konvergiert das Netz in einen Attraktor mit $m^\mu \geq 0.95$.

Es zeigt sich (insbesondere in den praktischen Versuchen dieses Kapitels), daß die Speicherkapazität von vielen Faktoren abhängt, z.B. vom Durchschnittswert der Musterelemente und von der Korrelation der Muster. Die beste Speicherkapazität erhält man bei orthogonalen (unkorrelierten) Mustern (nach Aufgabe 7 b) kann $\alpha = 2$ werden). Je stärker die Muster korreliert sind, um so kleiner wird die kritische Speicherkapazität. Insbesondere korrelierte Muster lassen sich nur schlecht speichern.

Eine systematische Verbesserung der schlechten Assoziationsfähigkeit bei korrelierten Mustern ist z.B. die Pseudoinversen-Methode. Hier definiert man die pseudoinverse Matrix A^+, mit der linear abhängige Muster gewissermaßen „zwangsorthogonalisiert" werden.

$$w_{ij} = \frac{1}{N} \sum_{\mu=1}^{p} x_i^\mu x_j^\nu A^+_{\mu\nu}$$

Die Matrix A, mit den Matrixelementen $A_{\mu\nu}$ ist nichts anderes als die Matrix der Korrelationen zwischen den einzelnen Mustern μ und ν:

$$A_{\mu\nu} = \frac{1}{N} \sum_{i=1}^{N} x_i^\mu x_i^\nu$$

Eine andere Möglichkeit, korrelierte Muster korrekter zu verarbeiten, ist die gezielte Ausdünnung des neuronalen Netzes mittels eines cut-Operators. Es werden nur noch wenige Verbindungen zwischen Neuronen zugelassen, für alle anderen gilt $w_{ij}=0$. Die Idee dabei ist, nur die Verbindungen zuzulassen, die bedeutungstragende Korrelationen speichern. Speichert man z.B. Paßbilder mit einem bei allen Bildern gleichen Hintergrund, dann sind Korrelationen von Pixeln aus dem Hintergrund zu Pixeln in den Gesichtspartien bedeutungsleer und behindern die Assoziation. Die gezielte Eliminierung solcher Korrelationen bzw. Verbindungen kann die Assoziationsfähigkeit bei korrelierten Mustern wesentlich verbessern. Die Ausdünnung sollte jedoch stark von der Struktur der Muster abhängen.

Das Speicherkapazitätsproblem scheint eine spezielle Eigenschaft der Hebb-Regel zu sein. Das vollständige Zusammenbrechen des Assoziativspeichers bei $\alpha_c = 0.14$ bei Zufallsmustern kann nur dann behoben werden, wenn eine andere Hebb-artige Lernregel eingesetzt wird, beispielsweise die „Hebb-Regel mit Vergessen"

$$w_{ij} = \sum_{\mu=1}^{p} e^{-\varepsilon\mu} x_i^\mu x_j^\mu \qquad (\varepsilon > 0)$$

oder wenn die synaptischen Gewichte durch einen zusätzlichen Lernalgorithmus verbessert werden.

Aufgabe 8

Welche Muster $\mathbf{x}^\mu$ gehen bei der Hebb-Regel mit Vergessen in die Gewichtsmatrix stärker ein:
μ groß__ oder μ klein__?

Das Perzeptron-Lernverfahren aus dem Kapitel Assoziatoren kann auch zur Optimierung der Gewichte w_{ij} verwendet werden (vgl. Kapitel zum Perzeptron bzw. zu den Assoziatoren). Dazu wird für jedes der N Neurone s_i ein Perzeptron trainiert, das bei Eingabe des Musters $\mathbf{x}^\mu$ die i-te Komponente $x_i{}^\mu$ assoziieren soll (unter der Nebenbedingung $w_{ii}=0$). Die Gewichte des i-ten Perzeptrons sind gerade die i-te Zeile der Gewichtsmatrix des Hopfield-Netzes $\mathbf{w}_i = (w_{i1},...,w_{iN})$. Das i-te Perzeptron erhält die Muster $\mathbf{x}^\mu$ mit positiver i-ter Komponente als positive Muster, die anderen als negative. Im trainierten Zustand soll also für alle Perzeptrone $\text{sign}(\mathbf{w}_i{*}\mathbf{x}^\mu) = x_i{}^\mu$ gelten, das heißt:

$$\mathbf{w}_i{*}\mathbf{x}^\mu = \sum_{j=1}^{N} w_{ij}\, x_j{}^\mu > 0 \qquad \text{, falls } x_i{}^\mu = 1$$

$$\text{und} \quad \mathbf{w}_i{*}\mathbf{x}^\mu = \sum_{j=1}^{N} w_{ij}\, x_j{}^\mu < 0 \qquad \text{, falls } x_i{}^\mu = -1$$

Damit sind alle Muster $\mathbf{x}^\mu$ im resultierenden Hopfield-Netz stabil, also gespeichert. Die kritische Speicherkapazität erhöht sich auf $\alpha_c = 2$ (vgl. Versuch 8).

Das Generalisierungsverhalten läßt sich dabei noch wesentlich verbessern, wenn man die Entscheidungen des Perzeptrons robuster eintrainiert. Dabei wird versucht, die Muster so zu klassifizieren, daß die Entscheidung der Perzeptrone nie sehr knapp gefällt wird:

$$\cos\,(\mathbf{w}_i,\mathbf{x}^\mu) = \sum_{j=1}^{N} w_{ij}\, s_j(t) \,/\, (\|\mathbf{w}_i\|{\cdot}\|\mathbf{x}^\mu\|) > \kappa \quad \text{, falls } x_i{}^\mu = 1$$

$$\text{und} \quad \cos\,(\mathbf{w}_i,\mathbf{x}^\mu) = \sum_{j=1}^{N} w_{ij}\, s_j(t) \,/\, (\|\mathbf{w}_i\|{\cdot}\|\mathbf{x}^\mu\|) < -\kappa \quad \text{, falls } x_i{}^\mu = -1$$

Für k = 0 entspricht das Verfahren dem Standard-Perzeptronlernen. Gelingt das Eintrainieren bei möglichst hohem Wert von k, dann wird das „Perzeptron" auch bei geringfügig fehlerbehafteter Eingabe auf Grund der Stetigkeit des Skalarprodukts ähnlich erregt und wird deshalb dieselbe Ausgabe erzeugen, d.h. evtl. gilt zwar nicht mehr

$$\sum_{j=1}^{N} w_{ij}\, s_j(t) \,/\, (\|\mathbf{w}_i\|{\cdot}\|\mathbf{s}\|) > \kappa \qquad \text{(bzw. } < -k\text{)}$$

aber immer noch

$$\sum_{j=1}^{N} w_{ij}\, s_j(t) > 0 \qquad \text{(bzw. } < 0\text{)}$$

2.5 Unterschiede der Dynamik

Bisher wurde (soweit nicht anders vermerkt) eine parallele synchrone Update-Regel angenommen, d.h. alle Neuronen werden zum Zeitpunkt t+1 auf einen Schlag gemeinsam aktualisiert (Gl.(1)). Im Gegensatz dazu wird für die asynchrone Dynamik eine Neuronen-Update-Sequenz ausgewählt, die variabel oder fest sein kann. Die Aktualisierung gemäß Gl.(1) wird dann nur für ein i vorgenommen, für alle anderen Neuronen j gilt für diesen Zeitschritt $s_j(t+1) = s_j(t)$. Der große Unterschied ist also: Die Neuronen der Sequenz wissen bereits die Ergebnisse des Updates ihrer Vorgänger.

Wie in Aufgabe 1 gezeigt, relaxiert das Hopfield-Netz bei asynchronem Update stets in ein lokales Minimum der Energiefunktion. Für synchronen Update muß dies nicht gelten. Es ist nicht gewährleistet, daß die Energie monoton abnimmt, und wie in Aufgabe 5b gezeigt, kann die Energie auch zunehmen. Findet das Netz bei synchronem Update aber einen stabilen Zustand, so ist er auch ein lokales Minimum. Wenn nämlich bei synchronem Update kein Neuron schaltet, würde auch keines bei asynchronem Update schalten.

Sofern die unterschiedlichen Update-Mechanismen stabile Zustände erreichen, unterscheiden sie sich nicht wesentlich in ihrem Ergebnis. Das Netz relaxiert also in der gewohnten Art und Unterschiede bestehen nur in den Wegen s(t) durch den Zustandsraum, der für die Relaxation gegangen wird.

Im Gegensatz zum asynchronem Update können beim parallelen synchronen Update aber auch 2er Grenzzyklen entstehen. Dann erreicht das Netz keinen stabilen Zustand, sondern es springt ab einem Zeitpukt t_0 immer zwischen zwei Zuständen $s(t_0)$, $s(t_0+1)$ hin und her.

Die unterschiedlichen Wege durch den Zustandsraum verdeutlicht folgendes Beispiel: Ein Hopfield-Netz mit N=4 Neuronen und den Gewichten

$$w_{ij} = \begin{pmatrix} 0 & -1 & 1 & 1 \\ -1 & 0 & 1 & -1 \\ 1 & 1 & 0 & 1 \\ 1 & -1 & 1 & 0 \end{pmatrix}$$

kann 16 Zustände annehmen. Wir numerieren sie mit 0, 1 ... F durch (Interpretation des Binärvektors als Dualzahl, -1 entspricht 0). Abb. 3 zeigt alle möglichen Übergänge bei asynchronem Update.

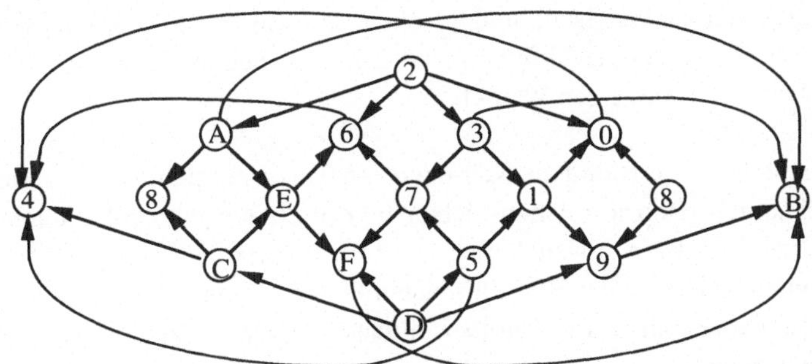

Abb. 3. Zustandsübergangsdiagramm eines Hopfield-Netzes mit vier Neuronen (asynchrone Dynamik, alle Zustände außer 2 und D sind zusätzlich reflexiv).

Abb. 4 zeigt alle möglichen Übergänge bei synchronem Update.

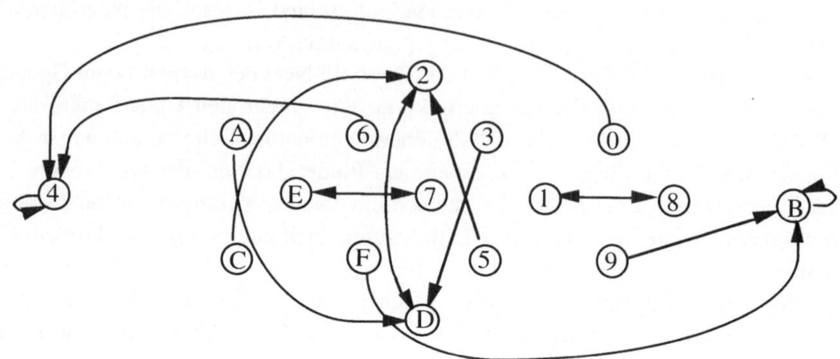

Abb. 4. Zustandsübergangsdiagramm eines Hopfield-Netzes mit vier Neuronen (synchrone Dynamik).

Aufgabe 9

a) Vergleichen Sie die Wege, die das System unter synchronem und asynchronem Update für die Anfangszustände 0, 4, F durchläuft (vgl. Abb. 3 und 4).

b) Geben Sie alle 2er Grenzzyklen bei synchronem Update an.

c) Geben Sie alle lokalen Minima bei synchronem und asychronem Update an.

3 Versuchsumgebung

Der Aufruf des Programms erfolgt jeweils bei Versuch i durch den Befehl **hopfield i** . Die zweiteilige Bedienoberfläche enthält oben den Menü- und Kommandoteil, unter *activations* werden unten die Aktivierungen der Neuronen angezeigt. Weiße Neuronen haben den Wert 1, schwarze den Wert -1.

In den Versuchen 2 bis 8 sind die Neuronen von 0 bis 143 zeilenweise durchnumeriert. Die daneben aufgelisteten correlations geben die Korrelation jedes gelernten Musters mit dem Netzzustand an. Beim ersten Aufruf von **test, fliptest** oder **comptest** (s. unten) erscheint im unteren Bereich des Bildschirms ein Fenster, in dem der zeitliche Verlauf der Korrelationen dargestellt wird. Darüber hinaus werden noch alle wichtigen Netzparameter angezeigt.

Beschreibung der Befehle

file/ quit	Beendet das Programm.
set/	Für die Versuche in diesem Kapitel sind nur die Parameter **estr, update, ising, #cycles, #epochs** zu setzen.
test	Mit test i wird das Muster i an das Netz angelegt und **cycle** aufgerufen.
fliptest	fliptest $i\ p$ legt das i-te der gelernten Muster an das Netz an, wobei die Bits mit der Wahrscheinlichkeit p invertiert werden. Anschließend wird **cycle** aufgerufen.
comptest	comptest $i\ r\ s$ legt das i-te der gelernten Muster an das Netz an und initialisiert (löscht) die Komponenten r bis s mit 0. Anschließend wird **cycle** aufgerufen.
cycle	Berechnet **#cycles** Iterationen vom aktuellen Netzzustand aus. Dabei gibt es ein Abfragefenster mit den Optionen **STEP, CYCLE, STOP**. Mit **STEP** wird nur ein einzelner Update-Schritt aller Neuronen durchgeführt, mit **CYCLE** werden alle Schritte ohne weitere Abfragen durchgeführt und mit **STOP** wird abgebrochen. Der Befehl kann unter UNIX durch Ctrl-C im Aufruffenster gestoppt werden (sinnvoll bei hohem **#cycles**). **cycle** wird auch von **test, fliptest** und **comptest** aufgerufen.
cut_weights	Schneidet alle Verbindungen des i. Neurons bis auf die nächsten vier bzw. acht Nachbarn ab.
perceptron_train	setzt alle Gewichte auf 0 und trainiert die Muster mit **#epochs** Durchläufen der Perzeptron Lernregel neu ein.
file_learn	Liest abgespeicherte Muster ein und belegt die Gewichtsmatrix.
get_rpatterns	Bildet Zufallsmuster und lernt diese zusätzlich mit der Hebb-Regel ein, dabei kann eine Wahrscheinlichkeit für „das Erzeugen von Komponenten mit Wert 1" angegeben werden (p=1 bzw. p=0 heißt, alle Komponenten sind 1 bzw. -1), d.h. p entspricht ungefähr dem Anteil der 1en im Muster.
reset	Setzt den Aktivierungszustand des Netzes und alle Gewichte auf den Wert 0 und initialisiert den Zufallszahlengenerator mit einem zufälligen Wert.

Beschreibung der wichtigsten Variablen im Displayfeld

tested pattern	Gibt bei **test, comptest** und **fliptest** an, welches Muster gerade bearbeitet wird.
#patterns	Zeigt die Anzahl aller Muster an, die bisher gelernt wurden. Lernt man einige Muster mehrfach, so werden diese mehrfach gezählt.
#cycles	Gibt an, wieviele Berechnungen (Zyklen) bei cycle, test, comptest und **fliptest** mit einem Muster ausgeführt werden.
cycle	Gibt die Nummer des Zyklus an, in dem sich das Programm gerade befindet.

estr	Die Stärke einer Eingabe von außerhalb des Netzes (bei **countchimes-** oder **ising**-Modus).
ising	Modus, der das Isingmodell berechnet. Im **ising**-Modus wird der zeitliche Verlauf der Korrelationen nicht in der Graphik dargestellt.
update_mode	**synchron:** entspricht dem synchronen Update der Neuronen, **asynchron:** der asynchrone Update in sequentieller Reihenfolge, **permuted:** der asynchrone Update in zufälliger Reihenfolge.
#epochs	Anzahl der Epochen, mit der **perceptron_train** lernen soll.

4 Versuche

Versuch 1   Isingmodell

a) Rufen Sie das Programm **hopfield 1** auf. Im Display werden die Neuronen des Isingmodells bei 44 Neuronen angezeigt. Laden Sie mit **file_learn ising.pat** vier Muster (0 bis 3). Die Gewichte werden hierbei nicht nach der Hebb-Regel belegt, sondern für das Isingmodell gem. Gl.(5) belegt.

b) Untersuchen Sie mit dem Befehl **test**, wie sich die vier Muster in der Dynamik verhalten. Sehen Sie in der Simulation die globalen Minima ? Wieviele sind es? (vgl. Aufgabe 5)

c) Wiederholen Sie Teil b) mit einer Schwelle (vgl. Gl.(6)). Setzen Sie dazu im Programm den Parameter **estr** (entspr. Θ) mit dem Befehl **set estr -0.1** (Das Gewicht w ist auf 1 gesetzt). Was beobachten Sie? Was passiert, wenn estr auf +3 oder -3 gesetzt wird?

Versuch 2   Attraktionsgebiete unkorrelierter und schwach korrelierter Muster

In diesem Versuch soll untersucht werden, wie gut das Hopfield-Netz Muster wieder herstellen kann, die gestört wurden. Dazu werden zwei Arten von Störungen betrachtet: systematisches Ausblenden, d.h. es werden mit **comptest** zusammenhängende Bereiche des Musters ausgeblendet, und zufälliges Rauschen, d.h. es werden mit einer vorgegebenen Wahrscheinlichkeit einzelne Bits des Musters invertiert (**fliptest**).

a) Orthogonale Muster

Rufen Sie das Programm **hopfield 2** auf. Damit wird ein Netz mit 144 Neuronen geladen. Laden Sie mit **file_learn ortho.pat** orthogonale Muster.
Die Muster werden automatisch gemäß der Hebb-Regel gelernt.

i) Testen Sie mit **test** die Muster 1, 4 und 5. Welche werden gut, welche schlecht assoziiert?

Gut:_____   Schlecht:______

ii) Löschen Sie mit **comptest** folgende Elemente des Musters 3: 2-110, 6-110, 36-110, 37-110, 38-110, 40-110 und stellen Sie fest, wann das Ergebnis ein Mischzustand und wann ein Musterzustand ist!

	2-110	6-110	36-110	37-110	38-110	40-110
Zustand (ok/Misch)		Misch				ok

iii) Testen Sie, wie gut zufällig verrauschte Muster assoziiert werden. Benutzen Sie dazu den Befehl **fliptest** für die Werte 0.2, 0.3 und 0.4 (wird durch fliptest abgefragt) und führen Sie zum Beispiel bei Muster 3 jeweils 10 Versuche durch. Wie oft wurde Muster 3 assoziiert ? Wieviele Zyklen brauchte das Netz, wenn es die richtige Lösung gefunden hat?

p-flip	0.2	0.3	0.4
cycles	1		
ok?	ok		

b) Zufallsmuster

Setzen Sie das Netz zurück (**reset**) und laden Sie dann Zufallsmuster (**file_learn zuf15.pat**). Das Netz hat dann 15 Zufallsmuster gelernt.

i) Prüfen Sie wie in a)ii), wieviele Musterelemente ausgeblendet werden können: Suchen Sie dazu eigene Werte, um die Tabelle zu vervollständigen.

	20-50	10-80	10-110			
Zustand (ok/Misch)	ok					

Anzahl der ausblendbaren Elemente: __________

ii) Testen Sie, wie gut Verrauschungen korrigiert werden. Untersuchen Sie dazu wie in a)iii) ein Muster mit verschiedenen Werten für **p-flip**.

Untersuchtes Muster: _________

p-flip	0.2	0.3
cycles		
ok?		

Laden Sie **zuf23.pat** (erst **reset**, dann **file_learn**). Diese Datei hat 23 Zufallsmuster. Untersuchen Sie wieder wie in i) und ii) die Attraktionsgebiete.

iii) Prüfen Sie, wieviele Musterelemente ausgeblendet werden können. Suchen Sie dazu eigene Werte, um die Tabelle zu vervollständigen.

	20-50	10-80	10-110			
Zustand (ok/Misch)						

Anzahl der ausblendbaren Elemente: ______

iv) Testen Sie, wie gut Verrauschungen korrigiert werden. Untersuchen Sie dazu wie in ii) ein Muster mit verschiedenen Werten für **p-flip**.

Untersuchtes Muster: _________________

p-flip	0.2	0.3
cycles		
ok?		

Ihr Kommentar dazu:

Versuch 3   Attraktionsgebiete bei korrelierten Mustern

Aufruf des Programms erfolgt mit **hopfield 3**.

a) **Zahlen**

Untersuchen Sie die Attraktionsgebiete für die Muster aus **ziffern.pat**.

i) Welche der Muster sind stabil (d.h. wenn man das Muster als Startzustand anlegt, ändert sich der Zustand des Netzes nur noch geringfügig, z.B. um höchstens 5%). Testen Sie dies mit **test** . Notieren Sie die erreichten Überlapps und die benötigten Zyklen schon für den nächsten Versuch (Ausdünnen).

Stabile Muster:_______________________________

ii) Warum werden manche Muster schlecht assoziiert? ______________________________

Wie wären die Ergebnisse, wenn die Muster nicht so „schiefe" Zahlen wären?

____

iii) Untersuchen Sie nach dem gleichen Schema wie in dem vorigen Versuch das Attraktionsgebiet eines stabilen Musters (**comptest, fliptest,...**).

Muster:_______________________________

	20-50	10-80	10-110			
Zustand (ok/Misch)						

Anzahl der ausblendbaren Elemente: _________

p-flip	0.2	0.3
cycles		
ok?		

Ihr Kommentar dazu:

b) Buchstaben : abc.pat.

Welches Muster wurde am besten gespeichert, wieviel % Überlapp werden erreicht?

Muster i	0/A	1/B	2/C	3/D	4/E	5/F	6 (Zufall)
cycles	3				2		
% Überlapp mit Muster i	51				90		

Versuch 4   Ausdünnen

Die beiden in der folgenden Aufgabe angegeben Beispiele schneiden alle Verbindungen des i ten Neurons bis auf die zu den 4 bzw. 8 nächsten Nachbarn (z.B. (i, i-2), (i, i-1), (i, i+2), (i, i+1)) ab.

1. Rufen Sie das Programm **hopfield 4** auf.
2. Laden Sie die Muster aus ziffern.pat **(file_learn ziffern.pat)**.
3. Führen Sie die jeweilige cut-Operation durch den Befehl **cut_weights 4 (8)** aus.

Sollen neue Muster geladen oder eine andere cut Operation durchgeführt werden, so muß das Netz mit **reset** zurückgesetzt werden. Danach müssen die Punkte 2 bis 3 erneut ausgeführt werden.
Testen Sie die Assoziation aller Muster zuerst ohne, dann mit cut Operatoren.

a) Testen Sie die Zahlen aus ziffern.pat mit cut 4, cut 8 und ohne cut (mit dem Befehl **test**). Tragen Sie dazu die Anzahl der Zyklen, die das Netz braucht, um einen stabilen Zustand zu erreichen, und den erreichten Überlapp zum getesteten Muster in die entsprechende Spalte ein (die erste Spalte wurde schon im Kapitel zum Hopfield-Modell berechnet).

Muster	ohne cut		cut 4		cut 8	
	cycles	Überlapp	cycles	Überlapp	cycles	Überlapp
1					2	73
2	0	100	5	65-66		
3			5	70		
4					2	76

b) Untersuchen Sie auch die Muster aus **abc.pat** (die erste Spalte wurde schon im letzten Versuch berechnet).

Muster	ohne cut		cut 4		cut 8	
	cycles	Überlapp	cycles	Überlapp	cycles	Überlapp
0/A					2	79
1/B	2	97				
2/C					2	86
3/D						

c) Führt diese Vorgehensweise bei korrelierten Mustern der Bauart ziffern.pat oder abc.pat zum Ziel? Welche Unterschiede kann man erkennen? Versuchen Sie, diese zu erklären!

Versuch 5   Speicherkapazität bei Zufallsmustern

Starten Sie das Programm **hopfield 5**.

a) Erstellen Sie eine Strichliste, in der die Häufigkeiten für die Stabilität gelernter Muster untersucht werden soll. Dazu werden folgende Dateien untersucht:

zuf23.pat	23 Zufallsmuster (Wahrscheinlichkeit für 1 je Komponente ist 0.5)
zuf15_02.pat	15 Zufallsmuster (Wahrscheinlichkeit für 1 ist 0.2)
zuf15_04.pat	15 Zufallsmuster (Wahrscheinlichkeit für 1 ist 0.4)

Untersuchen Sie bei zuf23.pat auch mit **fliptest, p-flip** = 0.2 verrauschte Muster. Testen Sie die unverrauschten Muster mit test, die verrauschten mit **fliptest** und setzen Sie für jeden Test einen Strich in die Tabelle. Führen Sie nur soviele Tests aus, bis die Tendenz klar ist. **Achtung:** Beim Laden von neuen Mustern **reset** nicht vergessen!

	Stabilität der Muster (Überlapp zum getesteten Muster)			
	100 - 95%	94 - 80%	79 - 60%	< 60%
zuf 23.pat	21	0	1	1
„ „ verrauscht				
zuf 15_02.pat				
zuf 15_04.pat				

b) Was beobachten Sie bei der Assoziation?

Versuch 6   Kritische Speicherkapazität α_c

Aufruf des Programms erfolgt mit **hopfield 6**.

Wir versuchen, mit Zufallsmustern in grober Näherung den Wert für α_c zu bestimmen, d.h. die Anzahl der Muster p, die bei festem N gespeichert werden kann. Kriterium dabei ist ein Überlapp von $m^\mu \geq 0.95$.
Mit dem Befehl **get_rpatterns** können Zufallsmuster zu den schon gelernten erzeugt und eingelernt werden. Die Muster sollen im Mittel gleich viele +1 wie -1 enthalten (*„input +1 with probability:“* **0.5**). Versuchen Sie nun herauszufinden, wieviele Zufallsmuster das Netz speichern kann.

Bemerkungen:
Das Netz muß am Anfang mit **reset** zurückgesetzt werden. Es ist sinnvoll, etwa in 5-er Schritten Muster neu hinzuzunehmen. Es müssen immer alle Muster getestet werden (**test**), da vorher gelernte Muster wieder verlernt werden können. Es genügt jedoch, sieben Muster stichprobenweise zu testen.

Wird die Musterzahl p angenommen (alle Muster mit $m^\mu \geq 0.95$ assoziiert), so erzeugt man die nächsthöhere Anzahl Zufallsmuster und untersucht diese.

Wieviele Muster können Sie speichern ? ____

Wie groß ist dann die kritische Speicherkapazität (N=144) ? ____________________________

Versuch 7 Unterschiede der Dynamik

Aufruf des Programms erfolgt mit **hopfield 7**.

Vergleichen Sie den Aufwand zum Erreichen einer stabilen Lösung bei den verschiedenen Updatesequenzen an zwei Beispiel-Datensätzen (**zuf10.pat, zuf25.pat**) bei jeweils vier Mustern. Testen Sie dabei die drei Updateregeln

synchron parallel (**parallel**),
asynchron mit fester Reihenfolge (**sequential**),
asynchron in zufälliger Reihenfolge (**permuted**).

Die Updateregel kann mit dem Kommando **set update** gewählt werden. Tragen Sie die Anzahl der cycles in die Tabelle ein.

Datei:	zuf10.pat				zuf25.pat			
Muster:	1	7	8	9	1	7	8	23
parallel								
sequential								
permuted								

Versuch 8 Perzeptron-Lernverfahren

Aufruf des Programms erfolgt mit **hopfield 8**.

a) Untersuchen Sie die Attraktionsgebiete für die Muster aus **ziffnorm.pat**.
Versuchen Sie, die Muster mit Hebbscher Lernregel einzulernen (**file_learn**).

Welche Muster werden schlecht assoziiert? ____

Setzen Sie **#epochs** = 100 (Abbruchkriterium für die Anzahl der Lernschritte) und trainieren Sie nun die Muster mit **perceptron_train**. Als Parameter **kappa** (d.h. κ) 0.7 angegeben werden. Untersuchen Sie nach dem gleichen Schema wie in dem vorig Versuch das Attraktionsgebiet eines stabilen Musters in **ziffnorm.pat**.

Muster: _________

	20-50	10-80	10-110			
Zustand (ok/Misch)						

Anzahl der ausblendbaren Elemente: _______

p-flip	0.2	0.3
cycles		
ok		

b) Wir versuchen, mit Zufallsmustern in grober Näherung den Wert für α_c für das Perzeptron-Lernverfahren zu bestimmen, d.h. die Anzahl der Muster p, die bei festem N gespeichert werden kann.

Mit dem Befehl **get_rpattern** können neue Zufallsmuster zu den schon vorhandenen erzeugt werden. Versuchen Sie nun herauszufinden, wieviele Zufallsmuster das Netz speichern kann (Bemerkung: Das Netz muß am Anfang mit **reset** zurückgesetzt werden, ferner müssen **kappa** auf **0** und **#epochs** auf **100** gesetzt werden).

Die Mustermenge ist perfekt gelernt, wenn der Lernalgorithmus nach weniger als **#epochs** Iterationen terminiert. Wieviele Iterationen benötigt der Algorithmus für die folgenden Muster-anzahlen?

Anzahl der Muster:	60	80	100	120	140	180
Iterationen:						

Wie groß ist vermutlich die kritische Speicherkapazität (N=144) ? ______________________

5 Lösungen

Aufgabe 1

a) Bei asynchroner Dynamik führt nur ein Neuron einen Update-Schritt aus. Wenn sich der Zustand des Neurons nicht ändert, bleibt auch die Energie gleich. Es muß also nur noch der Fall betrachtet werden, daß ein Neuron k den Zustand wechselt (von 1 nach -1 oder von -1 nach 1), d.h. $net_k s_k \leq 0$.
Sei nun $\mathbf{s} = \mathbf{s}(t)$ und $\mathbf{v} = (0,...,0,-2s_k,0,...,0)$, d.h. $v_k = -2s_k$ und $v_i = 0$ für $i \neq k$, dann gilt $\mathbf{s}(t+1) = \mathbf{s} + \mathbf{v}$.

$$E(\mathbf{s}(t+1)) = E(\mathbf{s}+\mathbf{v}) = -\frac{1}{2}\sum_{i,j} w_{ij}\,(s_i+v_i)\,(s_j+v_j)$$

$$= -\frac{1}{2}\sum_{i,j} (w_{ij}s_i s_j + w_{ij}s_i v_j + w_{ij}v_i s_j + w_{ij}v_i v_j)$$

$$= E(\mathbf{s}(t)) - \frac{1}{2}\sum_{i,j} w_{ij}s_i v_j - \frac{1}{2}\sum_{i,j} w_{ij}v_i s_j - \frac{1}{2}\sum_{i,j} w_{ij}v_i v_j$$

$$= E(\mathbf{s}(t)) - \sum_{i,j} w_{ij}s_j v_i - \frac{1}{2}\sum_{i,j} w_{ij}v_i v_j \qquad (da\ w_{ij} = w_{ji})$$

$$= E(s(t)) - \sum_j w_{kj} s_j v_k - \frac{1}{2} w_{kk} v_k v_k \qquad (\text{da } v_i = 0 \text{ für } i \neq k)$$

$$= E(s(t)) + 2 \sum_j w_{kj} s_i s_k - 2 w_{kk} \qquad (\text{da } v_k = -2 s_k)$$

$$= E(s(t)) + 2 \, net_k s_k - 2 w_{kk} \leq E(s(t)) \qquad (\text{da } net_k s_k \leq 0 \text{ und } w_{kk} \geq 0)$$

Das heißt, bei asynchroner Dynamik und symmetrischen Gewichten $w_{kk} \geq 0$ nimmt die Energiefunktion in jedem Schritt ab oder bleibt gleich, fällt also monoton.

Damit ist aber auch gezeigt, daß bei symmetrischen Gewichten $w_{kk} = 0$ ein Neuron s_k immer schaltet, wenn die Energiefunktion dadurch abnimmt (da aus $E(s(t+1)) \leq E(s(t))$ folgt, daß $net_k s_k \leq 0$ gilt). Werden entsprechend der allgemeinen Hebb-Regel die symmetrischen Gewichte auf positive Werte gesetzt, so kann $net_k s_k > 0$ und $net_k s_k - w_{kk} < 0$ gelten, d.h. das Neuron s_k schaltet nicht, obwohl die Energie dadurch abnehmen würde. Damit der Netzzustand in ein lokales Minimum relaxiert, muß also $w_{kk} \geq 0$ gewählt werden.

b) Da das Netz endlich viele Zustände besitzt und die Energiefunktion monoton abnimmt, terminiert zumindest die Folge $E(t) = E(s(t))$ der Energie der Netzzustände gegen einen festen Wert E und nimmt ihn auch für ein t_0 an. Das heißt, ab t_0 haben alle Nachfolgezustände s(t) die gleiche Energie $E(s(t)) = E$. Falls nun ein Neuron k den Zustand wechselt, so muß nach a) gelten: $2 \, net_k(t) s_k(t) = 0$, daraus folgt $net_k(t) = 0$, und damit schaltet das Neuron stets von -1 nach 1. Bei endlich vielen Neuronen kann das Netz ab dem Zeitschritt t_0 also nur noch endlich viele Veränderungen durchführen. Die Zustandsfolge s(t) terminiert.

Aufgabe 2

a) i) $w_{ij} = \dfrac{p}{N}$ $\qquad\qquad$ ii) $w_{ij} = -\dfrac{p}{N}$

b) i) x^μ stabil $\Rightarrow \forall i$ gilt $net_i \, x_i^\mu > 0 \Rightarrow \forall i$ gilt $\displaystyle\sum_{j=1}^{N} w_{ij} x_j^\mu x_i^\mu > 0$

$\Rightarrow$ f r $\mathbf{y} = -\mathbf{x}^\mu$ und $\forall i$ gilt $\displaystyle\sum_{j=1}^{N} w_{ij} y_j y_i = \sum_{j=1}^{N} w_{ij} x_j^\mu x_i^\mu > 0 \Rightarrow \mathbf{y}$ ist stabil

ii) Induktionsanfang: $\mathbf{s}(0) = -\mathbf{s}'(0)$
Induktionsvoraussetzung: $\mathbf{s}(t) = -\mathbf{s}'(t)$
Induktionsschluß:

$$\mathbf{s}(t+1) = \text{sign}(net_i(t)) = \text{sign}(\sum_{j=1}^{N} w_{ij} s_j(t))$$

$$=^{(IV)} \text{sign}(-\sum_{j=1}^{N} w_{ij} s_j'(t)) =^{(*)} -\text{sign}(net_i'(t)) = -\mathbf{s}'(t+1)$$

Bei (*) geht Voraussetzung $\forall i \; net_i \neq 0$ ein.

c) $E(s) = -\dfrac{1}{2}\sum_{i,j} w_{ij} s_i s_j$ (Beachten Sie: $w_{ii} = 0$)

$$= -\frac{1}{2}\sum_{i,j}\left(\frac{1}{N}\sum_{\mu} x_i^{\mu} x_j^{\mu}\right) s_i s_j + \frac{1}{2}\sum_{i}\left(\frac{1}{N}\sum_{\mu} x_i^{\mu} x_i^{\mu}\right) s_i s_i$$

$$= -\frac{1}{2N}\sum_{\mu}\left(\sum_{i} x_i^{\mu} s_i\right)\left(\sum_{j} x_j^{\mu} s_j\right) + \frac{1}{2N}\sum_{i,\mu} x_i^{\mu} x_i^{\mu} s_i s_i$$

$$= -\frac{1}{2N}\sum_{\mu} (x^{\mu} * s)^2 + \frac{p}{2}$$

Aufgabe 3

a) $w = \dfrac{2}{5}\begin{pmatrix} 0 & 0 & + & 0 & - \\ 0 & 0 & 0 & - & 0 \\ + & 0 & 0 & 0 & - \\ 0 & - & 0 & 0 & 0 \\ - & 0 & - & 0 & 0 \end{pmatrix}$ (+ steht für +1, - für -1)

b) $s(0) = (+,-,+,+,-)$, $s(1) = (+,-,+,+,-)$
c) $s(0) = (-,-,+,+,-)$, $s(1) = (+,-,+,+,+)$, $s(2) = (+,-,+,+,-)$, $s(3) = (+,-,+,+,-)$

Aufgabe 4

a) i) 1   ii) -1
b) x^{μ} und $s(t)$ sind orthogonal

c) $h^{\mu}(t) = \dfrac{1}{N} h(x^{\mu}, s(t)) = \dfrac{1}{2N}\sum_{i=1}^{N} |x_i^{\mu} - s_i(t)| = \dfrac{1}{2N}\sum_{i=1}^{N}(1 - x_i^{\mu} s_i(t)) = \dfrac{1}{2} - \dfrac{1}{2N} x^{\mu} * s(t)$

$$= \frac{1}{2}(1 - m(x^{\mu}, s(t))) = \frac{1}{2}(1 - m^{\mu}(t)) \qquad (\text{für } a,b \in \{-1,1\} \text{ gilt } |a-b| = 1 - ab)$$

Allgemein gilt: $h(x,y) = \dfrac{N}{2}(1 - m(x,y))$

d) $h^{\mu} = \dfrac{1}{2}$

Aufgabe 5

a) ii) $\uparrow\downarrow\uparrow$ und iv) $\uparrow\downarrow\downarrow$ kippen   i) $\uparrow\uparrow\uparrow$ und iii) $\uparrow\uparrow\downarrow$ kippen nicht

b) $\downarrow\downarrow\downarrow\downarrow\uparrow\downarrow\downarrow\downarrow$
$\downarrow\downarrow\downarrow\uparrow\downarrow\uparrow\downarrow\downarrow\downarrow$
$\downarrow\downarrow\uparrow\downarrow\uparrow\downarrow\uparrow\downarrow\downarrow$
$\downarrow\uparrow\downarrow\uparrow\downarrow\uparrow\downarrow\uparrow\downarrow$ pro update wird ein zusätzliches $\uparrow$ erzeugt.

Beachten Sie: ↓↓↓↓↑↓↓↓↓ hat nur einen Hamming-Abstand 1 vom lokalen Minimum ↓↓↓↓↓↓↓↓↓.   Bei synchronem Update wird die Konfiguration ↓↑↓↑↓↑↓↑↓ mit maximaler Energie erzeugt. In diesem Fall kann man also nicht von „Relaxieren" sprechen. Im Gegensatz zum asynchronen Update, nimmt die Energie bei synchronem Update also offensichtlich nicht in jedem Schritt ab.

c)   ↓↑↓↑↓↑↓

s_2 schaltet   ↓↓↓↑↓↑↓

s_4 schaltet   ↓↓↓↓↓↑↓

s_6 schaltet   ↓↓↓↓↓↓↓

d) $E = -\dfrac{1}{2}\sum_{i,j} w_{ij}s_i s_j = -\sum_i w s_i s_{i+1}$

Die Minima sind bei $(1,1,...,1)$ und $(-1,-1,...,-1)$.

Aufgabe 6

a) (a) + + + + und − − − −   (c) + + − − und − − + +

b)

Konfiguration	(a)	(b)	(c)
+ + + +	- 4	- 2	0
+ + + −	0	- 2	0
+ + − +	0	2	0
+ − + +	0	2	0
− + + +	0	- 2	0
+ + − −	0	- 2	- 4
+ − + −	4	2	0
+ − − +	0	2	4

Aufgabe 7

a) Einheitsmatrix: $\mathbf{W} = (\delta_{ij})$
b) Siehe auch Aufgaben 1b) und 2.
Damit läßt sich zeigen, daß die orthogonalen Muster Minima der Energiefunktion und damit auch stabil sind. Da zu stabilen Mustern die negativen auch stabil sind, sind alle 2p-2 Muster stabil. Bei 2N Muster, d.h. N orthogonalen Mustern, bilden letztere eine Orthogonalbasis, und alle Zustände haben gleiche Energie, d.h. die Gewichtsmatrix ist 0 und der Zustand $(1,1,..,1)$ ist der einzige stabile Zustand.

Aufgabe 8

Muster mit kleinem μ.

Aufgabe 9

a) Die Wege von den Startzuständen 0, 4 und F sind die gleichen.
b) E↔7, 1↔8, 2↔D
c) asynchron: 4,B
   synchron: Achtung: Die Energiefunktion hat nur die lok. Minima 4,B, weitere Endzustände in 2er-Zyklen: E,7,1,8,2,D.

Versuch 1   Isingmodell

a),b),c) Bei synchronem Update kommt konvergiert der Netzzustand in eines der Minima ($+++$...), ($---$...) oder in den Grenzzyklus auf ($+-+-+$...). Das Minimum ($---$...) ist stabil, wird aber von keinem anderen wegen der gewählten sign-Funktion gefunden. Mit negativem Parameter estr -0.1 wird das Minimum ($+++$...) von anderen Mustern aus nicht mehr gefunden. Wird estr auf Werte gesetzt, die größer als net_i sind (z.B. 3 oder -3), so wird ein Muster ausgezeichnet und unabhängig vom Startzustand immer in einem Schritt erzeugt.

Versuch 2   Attraktionsgebiete unkorrelierter und schwach korrelierter Muster

a) i)   Gut: 1, 4, 5 Schlecht: keines
    ii)   Hier: Muster 3:

	2-110	6-110	36-110	37-110	38-110	40-110
Zustand	Misch	ok	ok	ok	ok	ok

iii) p-flip

p-flip	0.2	0.3	0.4	(wieder Muster 3)
cycles	1	1-2	2-4 falls richtig assoziiert
ok?	100%	100%	40% Fälle in denen das Muster gefunden wurde

b) i)

	20-50	10-80	10-110	20-110	15-110 (wieder Muster 3)
Zustand	ok	ok	Misch	ok	ok

also ca. 95 Elemente ausblendbar

ii) p-flip

p-flip	0.2	0.3	(wieder Muster 3)
cycles	1-3	2-8	
ok?	95%	50%	

iii)

	20-50	10-80	10-110	5-110
Zustand	ok	ok	ok	Misch

Es sind zwar mehr Elemente ausblendbar, die Muster werden aber nicht mehr exakt gespeichert: nur noch ca. 90% Genauigkeit.

p-flip	0.2	0.3
cycles	2-10	>10
ok?	65%	15%

Kommentar: Obwohl man scheinbar mehr Elemente ausblenden kann, ist das Netz bei 25 Mustern zu überfordert, um zufällig verrauschte Muster wiederzuerkennen.

Versuch 3 Attraktionsgebiete bei korrelierten Mustern

a) i)   stabil: 2 3 6 9 (100%), instabil: 0 (94%), 1 (90%), 5 7 (88%), 4 (80%), 8 (58%)

   ii) Grund für schlechte Assoziation: hohe Korrelation mit vielen anderen Mustern. Wären die Zahlen nicht so schief, dann wäre der Effekt noch nachteiliger.

iii)

	20-50	10-80	10-110	20-80	20-75	20-60	20-55 (Muster 3)
Zust.	ok	Misch	Misch	Misch	ok	ok	ok

Anzahl der ausblendbaren Elemente: 55

p-flip	0.2	0.3
cycles	2	3
ok?	100%	70%

Kommentar: Die stabilen Muster sind empfindlicher gegen systematisches Ausblenden, aber recht stabil gegen Verrauschen.

b)

Muster i	0/A	1/B	2/C	3/D	4/E	5/F	6 (Zufall)
cycles	3	1	2	1	2	2	3
% Überlapp mit Muster i	51	97	84	93	90	83	34

Versuch 4 Ausdünnen

a)

Muster	ohne cut		4_cut		8_cut	
	cycles	Überlapp	cycles	Überlapp	cycles	Überlapp
1	3	90	2	84	2	73
2	0	100	5	65-66	3	66-68
3	0	100	5	70	4	63-69
4	4	80	10	50	2	76

b)

	cycles	Überlapp	cycles	Überlapp	cycles	Überlapp
0/A	3	51	2	79	2	79
1/B	2	97	1	91	1	93
2/C	2	84	1	84	2	86
3/D	1	93	1	93	1	94

c) Wirkliche Verbesserungen konnten nur bei den Buchstaben mit 8_cut erreicht werden. Der Versuch bestätigt, daß der Erfolg sehr von der Struktur der Muster und derverwendeten Cut-Operation abhängt. Offensichtlich sind auch erhebliche Verschlechterungen möglich.

Versuch 5   Speicherkapazität bei Zufallsmustern

a)

	Stabilität der Muster (Überlapp zum getesteten Muster)			
	100 - 95%	94 - 80%	79 - 60%	< 60
zuf 23.pat	21	0	1	1
„ „ verrauscht	16	1	3	3
zufall_15_0.2.pat	0	0	6	9
zufall_15_0.4.pat	14	0	1	0

b) Beobachtung: Je näher der Mittelwert bei 0, um so unkorrelierter, also auch besser speicherbar sind die Muster.

Versuch 6   Kritische Speicherkapazität α_c

21 speicherbare Muster (kann mit den Zufallszahlen variieren). Damit $\alpha_c \approx 0{,}14$.

Versuch 7   Unterschiede der Dynamik

Datei:	zuf10.pat				zuf 25.pat			
Muster:	1	7	8	9	1	7	8	23
synchron paralleler Update (0)	0	0	0	0	13	0	5	16
asynchron, feste Reihenf. (1)	0	0	0	0	7	0	4	6
asynchron, Zufallsreihenf. (2)	0	0	0	0	8	0	3	3

Versuch 8   Perzeptron-Lernverfahren

a) Alle Muster bis auf Muster 3 (glob Minimum) werden schlecht assoziiert.

Die Anzahl der ausblendbaren Elemente hängt davon ab, welche ausgeblendet werden. In jedem Bild vorhandene Hintergrundpixel (z.B. am Rand und im Innern der Acht) tragen keine Information und lassen sich stets ausblenden.

	20-50	10-80	10-110	(Muster 3)
Zustand	ok	ok	Misch	
p-flip	0.1	0.2	0.3	
cycles	1	2	1-2	
ok?	ja	ja (außer bei 3)	nein	

b)

Anzahl der Muster:	60	80	100	120	140	160	180	200	220
Iterationen:	10	14	22	26	40	53	90	200	560

Wie groß ist vermutlich die kritische Speicherkapazität (N=144) ? *288 = 2N*

Kapitel 8

Asymmetrische Netze

1 Einführung

Wozu braucht man asymmetrische Netze? Symmetrische Hopfield-Netze, wie wir sie in den letzten Versuchen kennengelernt haben, sind in gewissen Grenzen gute Assoziativspeicher: Ein Vektor **s**, der einem Muster $\mathbf{x}^\mu$ ähnlich ist, wird angelegt, und die Netzdynamik sorgt für die Assoziation von $\mathbf{x}^\mu$ (zuweilen mit kleinen Fehlern). Dies reicht in bestimmten Fällen nicht aus, z.B. wenn man Musterfolgen assoziativ speichern oder Zählfunktionen mit neuronalen Netzen implementieren möchte. Dann bietet sich *asymmetrisches* Lernen an, das eine Projektion ins nächste Muster einer Folge explizit enthält (vgl. Gl.(2)). Dabei wird ebenfalls ein Vektor **s**, der einem Muster $\mathbf{x}^\mu$ ähnlich ist, angelegt, und die Netzdynamik sorgt für die Assoziation ins darauf folgende Muster $\mathbf{x}^{\mu+1}$. Bei symmetrischen Netzen war die Hebb-Regel

$$w_{ij}^{\,S} = 1/N \cdot \sum_{\mu=1}^{p} x_i^\mu \cdot x_j^\mu \qquad (w_{ii}=0) \tag{1}$$

als in den Mustern μ symmetrische Lernregel gegeben. Wir definierten Größen wie die Dynamik des Systems, Überlapp, Stabilität, Energie und weitere Kenngrößen, die im Kapitel Hopfield-Netze genau besprochen wurden.

Asymmetrische Netze haben eine andere zusätzliche Lernregel, die asymmetrisch in den Mustern μ und $\mu+1$ ist.

$$w_{ij}^{\,A} = 1/N \cdot \sum_{\mu=1}^{p} x_i^{\mu+1} \cdot x_j^\mu \tag{2}$$

Anmerkung: Beide Modelle lassen sich als rückgekoppelter Hebb-Assoziator interpretieren (vgl. Kapitel Assoziatoren), wobei beim symmetrischen bzw. asymmetrischen Ansatz zu Muster x^μ das Muster x^μ bzw. $x^{\mu+1}$ assoziert werden soll. Die zusätzliche Forderung $w_{ii}=0$ beim Hopfield-Netz (statt $w_{ii}=p/N$) gewährleistet, daß die Neuronen s_i genau dann schalten, wenn dadurch die Energie ($E=\Sigma w_{ij}s_i s_j$) abnimmt, d.h. ein Hopfield-Netz relaxiert stets in ein lokales Minimum (wenn $w_{ii}=0$).

Es gibt verschiedene Modellansätze, die je nach kognitiver Aufgabe eingesetzt werden. Wir unterscheiden die grundsätzlichen Aufgaben :

1. Einfaches Zählen
Hier werden bestimmte, im Netz gespeicherte Muster unmittelbar nacheinander abgerufen.

2. Zählen mit Aushalten
Die im Netz gespeicherten Muster werden nacheinander abgerufen, aber jeweils immer τ Schritte ausgehalten.

3. Assoziativer Abruf einer Sequenz
Auf ein verrauschtes Muster antwortet das Netz mit dem Ablauf einer vorher abgespeicherten Sequenz, zu der das Eingabemuster gehört, hierbei können die einzelnen Muster der Sequenz auch wieder τ Schritte ausgehalten werden.

4. Zählen ausgelöst durch einen äußeren Reiz
Auf ein vordefiniertes Reizmuster reagiert das Netz damit, einen Schritt weiterzuzählen.

2 Die Modelle

2.1 Einfaches Zählen

Bei diesem Modell bestehen die synaptischen Gewichte nur aus dem Asymmetrieterm

$$net_i(t) = \sum_j w_{ij}{}^A \cdot s_j(t) \, . \tag{3a}$$

Das bedeutet, die Sequenz springt bei jedem Takt ein Muster weiter, hat also keine Zeit, sich zu stabilisieren (etwa bei verrauschter Eingabe).

2.2 Zählen mit Aushalten

Die im Netz gespeicherten Muster werden nacheinander abgerufen wie in 2.1. Man hat allerdings jetzt die zusätzliche Freiheit, einen Parameter τ zu wählen, der spezifiziert, wieviele Schritte die Muster ausgehalten werden. Dazu muß noch nichts an den synaptischen Gewichten geändert werden, jedoch wird die Dynamik abgeändert zu

$$net_i(t) = \sum_j w_{ij}{}^A \cdot s_j(t - \tau) \, . \tag{3b}$$

Bei der Initialisierung mit Eingabemuster $\mathbf{x}$ wird $\mathbf{s}(0)=\mathbf{s}(-1)=...=\mathbf{s}(-t)=\mathbf{x}$ gesetzt. Damit wird ein Muster immer $\tau+1$ Schritte ausgehalten (s. Aufgabe 1b).

2.3 Assoziativer Abruf einer Sequenz

In diesem Modell berechnen sich die synaptischen Gewichte zu

$$w_{ij} = \lambda \cdot w_{ij}{}^S + w_{ij}{}^A \, . \tag{4a}$$

In Gleichung (4a) wurde die Größe λ eingeführt, um den Anteil der Symmetrie (Stabilisierung) zu parametrisieren. Wiederum führen wir für die Dynamik im asymmetrischen Term den delay-Parameter τ ein, der die Stabilisierungzeit begrenzt. Das lokale Feld

$$net_i(t) = \lambda \cdot \sum_j w_{ij}{}^S \cdot s_j(t) + \sum_j w_{ij}{}^A \cdot s_j(t - \tau) \tag{4b}$$

enthält damit zwei Zeitskalen, im symmetrischen Term die altbekannte und im asymmetrischen Term eine Verzögerung τ.

Dieses Netz kann besser als Modell 2 auf ein verrauschtes Muster mit dem Ablauf einer vorher abgespeicherten Sequenz antworten. Dies funktioniert auch, ohne daß τ Schritte der Vergangenheit vorher explizit bei der Initialisierung eingegeben werden, jedoch muß die Vergangenheit unkorreliert mit den Mustern sein.

Aufgabe 1

a) Zu Modell 1 und 2 soll gezeigt werden:
Die Zustandsfolge $s(n(t))$ mit der Numerierung der Zustände $n(t) := t \cdot (\tau+1) - k$, $(k \leq \tau)$ und der Dynamik (3b) ist gleich der Folge $s'(t)$ mit $s'(0) = s(n(0) = -k$ und der Dynamik (3a), d.h. die Folge $s(t)$ besteht aus $\tau+1$ Folgen mit Dynamik (3a) und Startzustand $s(-k)$ für $(k \leq \tau)$.

b) Folgern Sie aus a), daß ein Muster in (3b) immer $\tau+1$ Schritte ausgehalten wird, unter der Voraussetzung, daß $s(0) = s(-1) = ... = s(-t)$ gilt.

c) Drücken Sie Gleichung (4b) in den Überlapps $m^\mu(t)$ und $m^\mu(t-\tau)$ aus, d.h. zeigen Sie:

$$\text{net}_i(t) = \lambda \cdot (\sum_{\mu=1}^{p} m^\mu(t) \cdot x_i^\mu - \frac{p}{N} \cdot s_i(t)) + \sum_{\mu=1}^{p} m^\mu(t-\tau) \cdot x_i^{\mu+1} \tag{4c}$$

d) Die Muster seien paarweise orthogonal zueinander. Berechnen Sie nun für $\tau = 1$ und $\lambda = 0$ mit Gleichung (4c) die ersten fünf Zeitschritte bei synchroner Dynamik, wobei gelte:
$s(0) = s(-1) = ... = s(\tau) = x^1$.

e) Geben Sie andere Möglichkeiten für den Asymmetrieterm w_{ij}^A als in Gleichung (2) an.

Überlegen Sie sich beispielsweise, wie man immer ein Muster überspringen kann.

Definieren Sie drei orthogonale Muster (etwa N=4), und lassen Sie die Muster in der Folge 1-2-3-1-... und der Permutation 3-2-1-3... ablaufen (theoretisch).

Wie ist es möglich, mittels Änderung des Parameters λ verschiedene Muster kontrolliert länger auszuhalten, d.h. länger als die vorgegebene Zyklusdauer auf einem Muster „sitzen zu bleiben" ?

2.4 Zählen ausgelöst durch einen äußeren Reiz

Ein neuronales Netz zählt Glockenschläge

An einem neuronalen Netz, das Glockenschläge zählt, soll ein anderer Aspekt asymmetrischer Netze verdeutlicht werden, nämlich das Zählen ausgelöst durch einen äußeren Reiz. In den oben besprochenen asymmetrischen Netzen konnten wir den Übergang von einem Zustand zum nächsten durch den Parameter λ und in Versuch 7 bzw. 8 (bei $\lambda > 1$) durch die Temperatur regeln. Nun ist ein metastabiler Zustand zu definieren, der durch einen Reiz, der nur einen Zyklus angelegt ist, den sogenannten Glockenschlag, instabil wird und im nächsten Zyklus, in dem kein Reiz mehr anliegt, sich in den folgenden metastabilen Zählzustand einschwingt. Darin soll das System dann beliebig lange bis zum nächsten Reiz bleiben.

Zutaten dazu sind der stabilisierende Term (1), der Übergangsterm (2) und der Glockenschlag (chime) $\mathbf{g}$ mit Gewicht c. Damit ergibt sich das lokale Feld zu

$$\text{net}_i(t) = \lambda\cdot(\sum_{\mu=1}^{p} m^\mu(t)\cdot x_i^\mu - \frac{p}{N}\cdot s_i(t)) + \sum_{\mu=1}^{p} m^\mu(t\text{-}\tau)\cdot x_i^{\mu+1} + \begin{cases} c\cdot g_i & \text{chime}(t) \\ 0 & \text{sonst} \end{cases} \quad (5)$$

Der Zählvorgang

Im folgenden wird der Zählvorgang unter der Annahme vorgeführt, daß alle Muster einschließlich Glockenschlag $\mathbf{g}$ paarweise orthogonal sind.

Der Zählvorgang von μ nach $\mu+1$: Angenommen, das Netz ist im μ-ten Muster seit mehr als τ Zeitschritten und ein Reiz $\mathbf{g}$ (Glockenschlag) wird angelegt, so ergibt sich das lokale Feld zu

$$\text{net}_i(t) = \lambda\cdot(1\text{-}p/N)\cdot x_i^\mu + x_i^{\mu+1} + c\cdot g_i \quad (6)$$

Im Zustand $\mathbf{s}(t)=\mathbf{x}^\mu$ gilt aufgrund der Orthogonalitätsbedingung für 50% der Neuronen $s_i=x_i^\mu=x_i^{\mu+1}$. Diese werden nicht verändert, sofern $c<1+\lambda\cdot(1\text{-}p/N)$. Für die restlichen gilt $s_i=x_i^\mu=-x_i^{\mu+1}$. Für diese folgt $\text{net}_i(t)=(1-\lambda\cdot(1\text{-}p/N))\cdot x_i^{\mu+1}+c\cdot g_i$, wobei wiederum die Hälfte dieser Neuronen mit dem Glockenschlags $\mathbf{g}$ und dem Muster $\mathbf{x}^{\mu+1}$ identisch sind und die andere Hälfte umgekehrtes Vorzeichen haben (s. Aufgabe 2a). Somit gilt für den ersteren, N/4 großen Teil $\text{net}_i(t) = (1-\lambda\cdot(1\text{-}p/N)+c)\cdot x_i^{\mu+1}$. Soll das Netzwerk zählen, muß $c>\lambda\cdot(1\text{-}p/N)-1$ sein. Also stimmen unter der Voraussetzung

$$\lambda\cdot(1\text{-}p/N) - 1 < c < \lambda\cdot(1\text{-}p/N) + 1$$

nach einem synchronen Update mit einmaligem Glockenschlag 75% der Neuronen sowohl mit Muster $\mathbf{x}^{\mu+1}$ als auch mit Glockenschlag $\mathbf{g}$ überein. Außerdem wurden genau 25% der Neuronen geändert, d.h. 75% der Neuronen stimmen auch mit Muster $\mathbf{x}^\mu$ überein. Folglich beträgt im Zustand $\mathbf{s}(t+1)$ der Überlapp zu den Mustern $\mathbf{x}^\mu$, $\mathbf{x}^{\mu+1}$ (und Glockenschlag $\mathbf{g}$) jeweils 1/2.

Unter der Annahme (beachten Sie hierzu jedoch Aufgabe 2 c), daß die Überlapps $m^\nu(t+1) = 0$ sind für alle $\nu \notin \{\mu, \mu+1\}$, gilt beim nächsten Updateschritt gemäß Gleichung (5):

$$\text{net}_i(t+1) = \lambda\cdot(1/2\cdot x_i^\mu + 1/2\cdot x_i^{\mu+1} - p/N\cdot s_i(t+1)) + x_i^{\mu+1}\ ,$$

und somit wird $x^{\mu+1}$ im nächsten Schritt erreicht (falls $\lambda\cdot p/N < 1$, d.h. $\lambda < N/p$).

Aufgabe 2

Im folgenden sei Zeitpunkt t entsprechend Gleichung (6).

a) Zeigen Sie, daß für 25% der Neuronen $s_i(t) = g_i = x_i^\mu = -x_i^{\mu+1}$ gilt.

b) Zeigen Sie, daß $m(\mathbf{g},\mathbf{s}(t+1)) = m^\mu(t+1) = m^{\mu+1}(t+1) = \frac{1}{2}$.

c) Es kann weiterhin ein Muster x^ν geben mit $m^\nu(t+1) = \frac{1}{2}$ (das ist bei Zufallsmustern vernachlässigbar, da sehr unwahrscheinlich, – überprüfen Sie dies in Versuch 9), z.B. $\mathbf{g}$=(+,+,+,+), $\mathbf{x}^\mu$=(-,-,+,+), $\mathbf{x}^{\mu+1}$=(-,+,-,+), $\mathbf{x}^\nu$=(-,+,+,-).
Berechnen Sie hierfür $\mathbf{s}(t+2)$!

2.5 Temperatur

Die Input-Output-Beziehungen der Neuronen, die wir bisher benutzten, waren streng deterministisch. Ein Neuron, das ein äußeres Feld net_i seiner N-1 Nachbarn spürte (Input), feuerte genau dann (Output), wenn der Gesamtinput positiv war:

$$s_i(t+1) = \text{sign } net_i(t) \ .$$

Dies ist eine sehr idealisierte Annahme, in biologischen Nervensystemen ist die synaptische Übertragung fehlerhaft (noisy), und das postsynaptische Potential wird von einigen Rausch- und Fehlerquellen verfälscht.

Die mathematische Einbindung dieser Rauscheffekte in unsere Modelle wird durch den Parameter Temperatur T erreicht. Je größer die Temperatur, desto größer die Rauscheffekte. Der Parameter T heißt Temperatur in Analogie zur Thermodynamik. Dort ist das System nur bei T=0 deterministisch, für T>0 macht es nur noch Sinn, von Wahrscheinlichkeiten zu sprechen. Die Wahrscheinlichkeit, daß ein Neuron i den Wert s_i annimmt, ist gegeben durch

$$Pr(s_i) \ = \ \frac{\exp(net_i s_i / T)}{\exp(net_i / T) + \exp(-net_i / T)} \ = \ \frac{1}{2}(1+\tanh(net_i s_i/T)). \tag{7}$$

Wie im Versuch klar werden soll, ist die Temperatur in einem bestimmten Wertebereich von λ ein hinreichendes Hilfsmittel, ein stabile Sequenz zu erzeugen. Die stochastische Update-Regel (7) hilft also einem stabilen Muster, durch Rauschen ins nächste Muster zu springen, und somit dem Netz, eine Sequenz zu bilden.

Die Temperatur hat nicht nur bei asymmetrischen Netzen großen Einfluß auf Assoziationsfähigkeit, Speicherkapazität usw., über die Rolle der Temperatur müßte also noch sehr viel gesagt werden, was aber den Rahmen dieses Versuches sprengen würde (vgl. Kapitel Stochastische Netze).

3 Versuchsumgebung

Das Programm wird bei Versuch i durch den Befehl **asym** i aufgerufen. Daraufhin erscheint ein Displayfeld. Im oberen Bereich werden die Befehle aufgeführt, die aufgerufen werden können, im unteren der Netzzustand und die Belegungen der wesentlichen Parameter. Das Feld mit der Überschrift **activations** stellt den aktuellen Netzzustand dar, d.h. den aktuellen Wert aller Neuronen. Weiße Neuronen haben den Wert 1, schwarze den

Wert -1. Die Neuronen sind von 0 bis 143 zeilenweise durchnumeriert. Die daneben aufgelisteten **correlations** geben die Korrelation jedes gelernten Musters mit dem Netzzustand an. Beim ersten Aufruf von **test, comptest** oder **fliptest** (s. unten) erscheint im unteren Bereich des Bildschirms ein Fenster, in dem der zeitliche Verlauf der Korrelationen dargestellt wird. Die im Displayfeld aufgeführten Parameter und noch weitere können während des Programmablaufes verändert werden (s. Befehlsbeschreibung zu set). Schwarz unterlegte Felder haben ein negatives Vorzeichen.

Beschreibung der Befehle

file/quit   Beendet das Programm.

set/   Hiermit können Parameter, Modi usw. verändert werden (s. Beschreibung der Parameter).

test   Mit test i kann man das Muster i vorgeben. Das Programm führt dann **#cycles** Berechnungen des Netzwerkzustandes aus. In jedem Zyklus werden der Aktivierungszustand der Neuronen und die Korrelationen des Aktivierungszustandes mit allen gelernten Mustern angezeigt.

fliptest   **fliptest** $N\,p$ testet das N-te der gelernten Muster und invertiert zufällig einen Anteil von p Komponenten.

comptest   **comptest** $N\,r\,s$ testet das N-te der gelernten Muster und initialisiert (löscht) die Komponenten r bis s mit 0.

cycle   Berechnet **#cycles** Iterationen vom aktuellen Netzzustand aus.

file_learn   Lernt Muster von einer Datei mit der Hebbschen Lernregel ein.

get_rpatterns   **get_rpatterns** $i\,p$ bildet i Zufallsmuster, wobei die Komponenten jeweils mit Wahrscheinlichkeit p auf 1 gesetzt werden, und lernt diese zusätzlich ein.

reset   Setzt den Aktivierungszustand des Netzes und alle Gewichte auf den Wert 0 und initialisiert den Zufallszahlengenerator mit einem zufälligen Wert.

Beschreibung der wichtigsten Variablen im Displayfeld

tested pattern   Gibt bei **test, comptest** und **fliptest** an, welches Muster gerade bearbeitet wird.

#patterns   Zeigt die Anzahl aller Muster an, die bisher gelernt wurden. Lernt man einige Muster mehrfach, so werden diese mehrfach gezählt.

cycle   Gibt die Nummer des Zyklus an, in dem sich das Programm gerade befindet.

#cycles   Gibt an, wieviele Berechnungen (Zyklen) bei **test, comptest** und **fliptest** mit einem Muster ausgeführt werden.

update_mode   Update-Modus: **update=parallel** entspricht dem synchronen Update der Neuronen, **update=sequentiell** ist der asynchrone Update in sequentieller Reihenfolge und **update=permuted** der asynchrone Update in zufälliger Reihenfolge.

pattern_file	Spezifiziert die Eingabedatei für **file_learn**.
lambda	Der Parameter λ gemäß Gleichung (4b) .
delay	Der Verzögerungsparameter τ gemäß Gleichung (3b) bzw. (5) .
temperature	Die Temperatur wirkt sich auf die Berechnungen der Netzzustände aus. Bei temperature=0 gehorcht das Netz der Formel $s_i=\text{sign}(net_i)$. Erhöht man die Temperatur, so läßt sich daraus die Wahrscheinlichkeit errechnen, mit der ein Neuron den Wert 1 oder -1 hat (s. Gleichung (7)). Negative Temperaturen haben keinen Sinn, sie werden wie temperature=0 behandelt.
chime_weight	Die Stärke c des Glockenschlags gemäß Gleichung (5) .
chime_period	Gibt an, in welchen Abständen (Periode) ein Glockenschlag erfolgt.

4 Versuche

Es sollen, ähnlich wie beim symmetrischen Hopfield-Modell, bestimmte Modelleigenschaften nacheinander studiert werden. Dazu schauen wir uns ein asymmetrisches Netz bestehend aus 144 Neuronen an. Die synaptischen Gewichte werden entsprechend Gleichung (3), (4b), (5) bzw. (7) berechnet, und die Muster, die wir betrachten wollen, sind unkorrelierte Zufallsmuster (zuf15.pat), orthogonale Muster (ortho.pat) oder korrelierte Muster (ziffern.pat).

Versuch 1   Asynchrone Dynamik

Bei der asynchronen Dynamik wird zu jedem Zeitpunkt t genau ein Neuron neu berechnet (vgl. Kapitel Hopfield-Netze). Wir haben gesehen, daß beim Hopfield-Netz mit symmetrischen Gewichten zwischen paralleler und asynchroner Dynamik kein wesentlicher Unterschied besteht.
Im folgenden untersuchen wir das Verhalten des asymmetrischen Netzes bei asynchroner Dynamik.

a) Rufen Sie das Programm mit **asym 1** auf. Setzen Sie die Dynamik mit **set update permuted** auf asynchron. Laden Sie zuerst die Datei **rand_2.pat** (zwei zufällige Muster) mit **file_learn** und starten Sie den Abruf der Sequenz mit **test 1** („delay" $\tau = 0$, „lambda" $\lambda = 0$). Was beobachten Sie?

b) Wiederholen Sie den Versuch mit der Datei **ortho_2.pat** (zwei orthogonale Muster). Vor dem neuen Laden muß das Netz mit **reset** zurückgesetzt werden. Versuchen Sie, Ihre Beobachtungen zu erklären.

Versuch 2   Einfaches Zählen

a) Stellen Sie fest, ob die Sequenzen der jeweiligen Dateien unter den verschiedenen Dynamiken synchron (**set update parallel**) bzw. asynchron (**set update permuted**) stabil abgerufen werden. Starten Sie mit Muster #1.

	zuf 5.pat	zuf 15.pat	ortho.pat
synchron			
asynchron			

b) Testen Sie mit **fliptest i 0.4** stichprobenweise für einige i Ihrer Wahl, ob jeweils bei 40% Verrauschung von Startmuster $\mathbf{x}^i$ die Mustersequenz korrekt assoziiert werden.

zuf15.pat

ortho.pat

c) Wie kann man die Ergebnisse erklären?

Im folgenden soll nur noch die synchrone Dynamik verwendet werden.

Versuch 3   Zählen mit Aushalten

a) Stellen Sie fest, ob die Sequenzen stabil abgerufen werden für die Werte $\tau = 1, 3$. Starten Sie mit Muster #1.

	zuf15.pat	ortho.pat
$\tau = 1$		
$\tau = 3$		

b) Setzen Sie Parameter $\tau = 2$ und untersuchen Sie das Verhalten bei Eingabedatei zuf15.pat bei mehreren Startmustern, die mit 20% verrauscht wurden. Was ist der Unterschied zu Versuch 2b?

Versuch 4   Assoziativer Abruf einer Sequenz

a) Wie kann man die $w_{ij}{}^A$ belegen, um mehrere Zählsequenzen zu speichern?

b) Laden Sie mit **get_rpatterns 5 0.5** zweimal nacheinander eine Sequenz von je fünf Zufallsmustern. Untersuchen Sie, wie die Sequenzen gespeichert wurden (testen Sie mit **test i** verschiedene Startmuster i, $\tau=0$, $\lambda= 0$).

c) Wie verhält sich das Netz, wenn in zwei Sequenzen dasselbe Muster vorkommt ?

i) Laden Sie nacheinander die Sequenzen aus Datei **seq1.pat** und **seq2.pat** (**reset, file_learn seq1.pat, file_learn seq2.pat**). Untersuchen Sie das Verhalten mit verschiedenen Startmustern.
Welches Muster ist doppelt?

ii) Laden Sie nacheinander Sequenzen aus Datei **seq1.pat** und **seq3.pat** (vorher **reset**!). Welche Muster sind doppelt ?

Wie läßt sich der Unterschied im Verhalten des Netzes im Fall (i) und im Fall (ii) erklären?

Versuch 5 $\lambda > 0$ (Stabilisierung durch Symmetrieterm)

Ein sehr wichtiger Parameter in diesem Modell, dessen Größe Speicherkapazität und Qualität der Sequenz beeinflußt, ist λ. Dieser Versuch dient vor allem dazu, eine Intuition über die diversen Bereiche von λ zu erhalten. Initialisieren Sie $\tau=3$.

a) Welches Verhalten erwarten Sie für großes λ und welches für kleines λ?

b) Wie gut werden Sequenzen von Zufallsmustern, von korrelierten Mustern und von orthogonalen Mustern für verschiedene Werte von λ gespeichert?

$\lambda =$	0.1	0.2	0.4	0.8
zuf 20.pat				
ziffern.pat		–	–	–
ortho.pat	+	+	+	

c) Suchen Sie für ortho.pat und zuf20.pat den Wert für λ, so daß jeweils ein Muster Ihrer Wahl gerade noch stabil bleibt.

zuf20.pat: Muster # _______ $\lambda \geq$ __________
ortho.pat: Muster # _______ $\lambda \geq$ __________

d) Jetzt soll der Einfluß von Parameter τ (delay) untersucht werden. Wie gut lassen sich die Sequenzen mit den entspechenden λ-Werten und verschiedenen Werten für τ speichern?

delay τ	0	1	5
zuf 20.pat ($\lambda = 0$)		+	+
zuf 20.pat ($\lambda = 0{,}6$)			
ortho.pat ($\lambda = 0{,}6$)			+

Versuch 6   Speicherkapazität

a) Definieren Sie eine Speicherkapazität !

b) Von welchen Größen ist sie abhängig ?

c) Versuchen Sie, bei $\tau=0$, $\lambda=0$ eine möglichst lange Sequenz von Zufallsmustern zu speichern (trial-and-error-Verfahren mit **reset** und **get_rpatterns**, maximal 50 Muster). Wie lang war die längste Sequenz?

Wie ändert sich das Verhalten, wenn λ vergrößert wird. Testen Sie Ihre längste Sequenz mit delay = 3 und $\lambda = 0.2, 0.4$:

Versuch 7   Temperatur $T \neq 0$ (orthogonale Muster)

a) Lernen Sie die Muster aus Datei **ortho.pat**. Bestimmen Sie den kritischen Wert von λ, ab dem die Sequenz nicht mehr weiterzählt. Überlegen Sie zuerst, in welchem Bereich λ zu wählen ist und welche Gründe das hat.

b) Setzen Sie nun $\lambda = 1.4$ ($\tau = 3$), was passiert bei $T = 0, 5, 20$?
Wählen Sie nun $\lambda = 1.06$ und $T = 5$. Ihr Kommentar dazu?

c) Führen Sie für $\lambda = 1.06$ und $T=5$ einige wenige Untersuchungen durch, die Ihnen ein Gefühl für die Größe des Attraktionsgebietes eines Musters vermitteln (nur **comptest**).

Versuch 8   Temperatur $T \neq 0$ (Zufallsmuster)

Nun wollen wir $\lambda > 1$ für die Zufallsmuster **zuf10.pat** betrachten.

a) Was sollte man eigentlich bei $\lambda > 1$ über die Stabilität einer Sequenz erwarten ?

b) Lassen Sie die Sequenz mit $\lambda = 2.2$ ab Muster 2 und dann ab Muster 4 durchzählen ($\tau = 3$, $T=0$). Was beobachten Sie?

c) Setzen Sie $T=50$. Wiederholen Sie den Versuch. Was beobachten Sie?

d) Jetzt setzen Sie $T=50$ und $\lambda = 4$. Starten Sie wieder mit #4. Was beobachten Sie?

e) Beschreiben Sie die Form der Sequenz, die Sie für $\lambda=2.2$ und $T=0$ ab Muster 2 auf dem Bildschirm sehen. Wie verändert sie sich, wenn Sie die Temperatur auf $T = 10, 50, 100$ hochsetzen ? Versuchen Sie, den Effekt zu erklären !

Versuch 9   Glockenschläge

 a) Wählen Sie die Parameter $\tau=7$ (**delay**), c=2.0 (**chime_weight**) und $\lambda=2.2$ (**lambda**) und lassen Sie den Glockenschlag alle 15 Zeiteinheiten erscheinen (**chime_period**=15), als Muster soll **ortho.pat** verwendet werden. Das Netz zählt dann genau beim Eintreffen des Glockenschlages.

Hinweis: Als Glockenschlag wird Muster 0 verwendet (x^0=g), deshalb kann Muster 0 nicht als Startmuster verwendet werden (warum??).

b) Wie ändert sich das Verhalten des Netzes, wenn man statt orthogonaler Muster Zufallsmuster (**zuf10.pat**) nimmt?

c) Tragen Sie in folgende Tabellen ein, nach etwa wievielen Zeiteinheiten das Netz weiterschaltet:

λ=lambda c=chime_weight	λ=0.8 c=1.0	λ=c=1.5	λ=c=3
ortho.pat			
zuf 10.pat			

d) Wie würde sich das Netz verhalten, wenn man als Glockenschlag jedesmal ein neues Zufallsmuster verwendet?

Hinweis: Ein Zufallsmuster ist zu den Mustern der Sequenz unkorreliert.

e) Laden Sie ziff5.pat. Setzen Sie **chime_weight**=2.0 und **lambda**=2.2. Beobachten Sie, wie das Netz die Ziffern (meistens) beim Glockenschlag weiterzählt.

Finden Sie auch eine Parametereinstellung für ziffern.pat, so daß das Netz ebenfalls beim Glockenschlag weiterzählt?

5 Lösungen

Aufgabe 1

a) Induktionsanfang: $s'(0)= s(n(0)=-k)$

Annahme: $s(n(t)) = s'(t)$

Schluß von t nach t+1:

$$s(n(t+1)):= s(t\cdot(\tau+1)+\tau-k+1) = \sum_{\mu=1}^{p} w_{ij}^{A}\, s(t\cdot(\tau+1)+\tau-k-\tau) = \sum_{\mu=1}^{p} w_{ij}^{A}\, s(n(t))$$

$$s'(t+1)= \sum_{\mu=1}^{p} w_{ij}^{A}\, s'(t) = \sum_{\mu=1}^{p} w_{ij}^{A}\, s(n(t)) \quad \text{nach Annahme, q.e.d.}$$

b) Gemäß a) gilt $\forall k\leq\tau \quad s(t'):= s(t\cdot(\tau+1)-k) = s'(t)$, d.h. insbesondere
$$\forall k_1,k_2\leq\tau \quad s(t\cdot(\tau+1)-k_1) = s(t\cdot(\tau+1)-k_2) \quad \text{q.e.d.}$$

c) $net_i(t) = \lambda\cdot \sum_{j} w_{ij}^{S}\cdot s_j(t) + \sum_{j} w_{ij}^{A}\cdot s_j(t-\tau)$

$$\text{mit} \qquad w_{ij}^{S} = 1/N\cdot \sum_{\mu=1}^{p} x_i^{\mu}\cdot x_j^{\mu} \qquad\qquad (w_{ii}^{S}=0)$$

$$\text{und} \qquad w_{ij}^{A} = 1/N\cdot \sum_{\mu=1}^{p} x_i^{\mu+1}\cdot x_j^{\mu}$$

$$net_i(t) = \lambda\cdot \sum_{j\neq i} 1/N\cdot \sum_{\mu=1}^{p} x_i^{\mu}\cdot x_j^{\mu}\cdot s_j(t) + \sum_{j} 1/N\cdot \sum_{\mu=1}^{p} x_i^{\mu+1}\cdot x_j^{\mu}\cdot s_j(t-\tau)$$

$$= \lambda\cdot \sum_{\mu=1}^{p} 1/N\cdot \sum_{j\neq i} x_j^{\mu}\cdot s_j(t)\cdot x_i^{\mu} + \sum_{\mu=1}^{p} 1/N\cdot \sum_{j} x_j^{\mu}\cdot s_j(t-\tau)\cdot x_i^{\mu+1}$$

$$= \lambda\cdot\Big(\sum_{\mu=1}^{p} m^{\mu}(t)\cdot x_i^{\mu} - \frac{p}{N}\cdot s_i(t)\Big) + \sum_{\mu=1}^{p} m^{\mu}(t-\tau)\cdot x_i^{\mu+1}$$

$$\text{mit } m^{\mu}(t) = 1/N\cdot \sum_{j=1}^{N} x_j^{\mu}\cdot s_j(t)$$

Hinweis: Im symmetrischen Term verschwindet der Diagonalterm, daher müssen die Spurelemente der Matrix $w_{ii} = - \dfrac{p}{N} \cdot s_i(t)$ vom Überlappterm, der diese ja explizit enthält, abgezogen werden.

d) $\; net_i(0) = \displaystyle\sum_{\mu=1}^{p} m^\mu(0-1) \cdot x_i^{\mu+1} = x_i^{1+1} = x_i^2$

$\qquad net_i(1) = \displaystyle\sum_{\mu=1}^{p} m^\mu(0) \cdot x_i^{\mu+1} = x_i^2$

$\qquad net_i(2) = \displaystyle\sum_{\mu=1}^{p} m^\mu(1) \cdot x_i^{\mu+1} = x_i^3$

$\qquad net_i(3) = \displaystyle\sum_{\mu=1}^{p} m^\mu(2) \cdot x_i^{\mu+1} = x_i^3,$

$\qquad net_i(4) = \displaystyle\sum_{\mu=1}^{p} m^\mu(3) \cdot x_i^{\mu+1} = x_i^4,$ usw.

e) Muster überspringen:

$$w_{ij}^{A} = 1/N \cdot \sum_{\mu=1}^{p} x_i^{s(\mu)} \cdot x_j^{\mu} \text{ mit } s(\mu) = \mu+2$$

Folge 1-2-3-1-... oder Permutation 3-2-1-3...:

$$w_{ij}^{A} = 1/N \cdot \sum_{\mu=1}^{p} x_i^{s(\mu)} \cdot x_j^{\mu}$$

mit $s(\mu) = \mu+1$ mit $3+1:=1$ oder $s(\mu) = \mu-1$ mit $1-1:=3$

Länger auf einem Muster „sitzen bleiben" :
λ muß sehr groß gewählt werden, d.h. der symmetrische Term überwiegt und stabilisiert die Folge solange in einem festen Muster, bis λ wieder klein gewählt wird und damit der asymmetrische Term überwiegt.

Aufgabe 2

a) Für die Hälfte der Neuronen gilt $x_i^\mu = x_i^{\mu+1}$, für die restlichen $x_i^\mu = -x_i^{\mu+1}$.

Sei nun die Anzahl der Neuronen mit $x_i^\mu = x_i^{\mu+1} = g_i$ gleich r,
dann ist die Anzahl der Neuronen mit $x_i^\mu = x_i^{\mu+1} = -g_i$ gleich N/2 - r.

Ferner sei die Anzahl der Neuronen mit $x_i^\mu = -x_i^{\mu+1} = g_i$ gleich s,
dann ist die Anzahl der Neuronen mit $x_i^\mu = -x_i^{\mu+1} = -g_i$ gleich N/2 - s.

Wir zeigen nun, daß r = s = N/4.

Wegen **g** orthogonal zu $\mathbf{x}^m$ gilt für die Hälfte der Neuronen $x_i^\mu = g_i$:   r + s = N/2
Wegen **g** orthogonal zu $\mathbf{x}^{m+1}$ gilt entsprechend: r + (N/2 - s) = N/2
Daraus folgt 2r = N/2 und damit r = s = N/4 = 25% von N.

b) Gemäß Analyse von a) (r = N/4, s = N/4) gilt jeweils für 75 % der Neuronen $g_i = x_i^\mu$ bzw. $x_i^\mu = x_i^{\mu+1}$ bzw. $g_i = x_i^{\mu+1}$, und somit ist der Überlapp jeweils 1/2
($m^\mu = 0.75\ x_i^\mu x_i^\mu + 0.25\ x_i^\mu \cdot (- x_i^\mu) = 0.5$).

c) $s(t+1) = (-, +, +, +)$

Versuch 1   Asynchrone Dynamik

a) Nachdem alle Neuronen neu berechnet sind, wird ein Mischzustand zwischen den beiden Mustern angenommen, der stabil bleibt.

b) Solange $m^1(t) > m^2(t)$, setzt sich jeweils beim update eines Neurons Muster #1 durch und assoziert die zugehörige Komponente von Muster #2, und umgekehrt, d.h. falls $m^1(t) > m^2(t)$, fällt $m^1(t)$ monoton bis $m^1(t) \leq m^2(t)$, und umgekehrt. Bei $m^1(t) = m^2(t)$ stabilisiert sich dieser Vorgang, Abweichungen hiervon sind begründet in der Asymmetrie für $net_i = 0$.

Versuch 2   Einfaches Zählen

a)

	zuf 5.pat	zuf 15.pat	ortho.pat
synchron	ja	ja	ja
asynchron random	nein	nein	nein

b)

zuf15.pat	stabilisiert sich langsam, wenn überhaupt
ortho.pat	stabilisiert sich schnell

Wie kann man die Ergebnisse erklären?
p_flip wirkt nur auf das Eingabemuster. Das mit p_flip =0.4 verrauschte Muster 0 hat den größten Überlapp zu Muster 0, d.h. im nächsten Schritt setzt sich das Folgemuster 1 am stärksten durch (vgl. Aufgabe 1c) und hat eventuell einen noch größeren Überlapp, usw. Dieser Effekt ist bei orthogonalen Mustern am stärksten, bei Zufallsmuster kann p_flip bereits zu hoch sein (bei kleinerem p_flip gleiches Verhalten wie bei orthogonalen Mustern)

Versuch 3   Zählen mit Aushalten

a)

	zuf15.pat	ortho.pat
$\tau = 1$	*stabil*	*stabil*
$\tau = 3$	*stabil*	*stabil*

b) Unterschied zu Versuch 2b: Ein Muster bleibt t+1 Schritte stabil.

Versuch 4   Assoziativer Abruf einer Sequenz

a) Sei S(n) das Nachfolgemuster von Muster n .

$$w_{ij}{}^A = 1/N \cdot \sum_{\mu=1}^{p} x_i^{S(\mu)} \cdot x_j^{\mu}$$

b) Sequenz1: 0->1->2->3->4->0 Sequenz2: 5->6->7->8->9->5

c) i) Sequenz1: **0=4->1->2->3->0=4**   Sequenz2: **0=4->5->6->7->0=4**

   ii) Sequenz1: **0=4->1->2=6->3->0**   Sequenz2: **0=4->5->2=6->7->0=4**

Erklärung: Im Fall ii) folgt bei Repräsentation von #0 ein Mischzustand von #1, #5. Diese beiden assozieren dasselbe Folgemuster #2, das dann auch im nächsten Schritt angenommen wird. Darauf folgt analog ein Mischzustand von #3, #7, anschließend wieder #0. Bei Fall i) folgt ebenfalls auf #0 ein Mischzustand von #1, #5 . Aber diesmal assozieren #1 bzw. #5 das Muster #2 bzw. #6, d.h. es folgt ein Mischzustand aus #2 und #6. Da ferner der Mischzustand von #1, #5 im allgemeinen nicht orthogonal zu den übrigen ist, können auch noch andere Anteile vorhanden sein, die schnell zunehmen, d.h. die Sequenz bricht zusammen (**nicht immer**)!

Versuch 5 $\lambda > 0$ (Stabilisierung durch Symmetrieterm)

a) λ klein => Asymmetrieterm bestimmt Verhalten
    λ groß => Symmetrieterm bestimmt Verhalten

b)

$\lambda =$	0.1	0.2	0.4	0.8
zuf20.pat	+	+	+	+/-
ziffern.pat	-	-	-	-
ortho.pat	+	+	+	+

c) zuf20.pat: Muster # __1___ $\lambda \geq$ __4________
    ortho.pat: Muster # __1___ $\lambda \geq$ _1.1________

d)

delay τ	0	1	5
zuf20.pat ($\lambda = 0$)	+	+	+
zuf20.pat ($\lambda = 0,6$)	--	-	+
ortho.pat ($\lambda = 0,6$)	+	+	+

Versuch 6   Speicherkapazität

a) Definition der Speicherkapazität:
Version1: Anzahl der gespeicherten Muster in der Sequenz, bis Sequenz zusammenbricht.
Version2: Anzahl der gespeicherten Muster in der Sequenz, bis Sequenz ein Muster mit Überlapp < 90% beim Abruf der Sequenz hat.

b) Von welchen Größen ist sie abhängig ? λ

c) Längste Sequenz: 38
Keine wesentliche Änderung bei delay $\tau = 3$ und $\lambda = 0.2, 0.4$, längste Sequenz etwas kürzer.

Versuch 7   T≠0 (orthogonale Muster)

a) Sei $s(0) = x^0$. Für orthogonale Muster gilt gemäß Aufgabe 1b):

$$\text{net}_i(1) = \lambda \, (x^0_i - \; p/N \cdot x^0_i) + \; x_i^1 \;\; , \text{d.h.}$$

$$s(1) = s(0) = x^0 \;\; \text{für } \lambda \cdot (1 - p/N) > 1 \;\; , \text{d.h.}$$

$$\lambda > 1/(1-p/N) \approx 1.052$$

b) $\lambda = 1.4$:   Bei T=20 zählt das Netz, bei T=5 äußerst selten, nicht aber bei T=0.
   $\lambda = 1.06$ und T = 5: Das Netz zählt (Schaltpunkte stochastisch).

Kommentar: Wenn der Asymmetrieterm weiterschalten will, dann ist der Netzinput für die Neuronen i mit $x_i^\mu = 1\text{-}x_i^{\mu+1}$ ungefähr 0, d.h. diese Neuronen schalten bei Temperatur >>0 mit Wahrscheinlichkeit 1/2, dies entspricht dem Glockenschlag (vgl. Versuch 9). Wenn die Neuronen wieder stabil sind, spielt die Temperatur keine wesentliche Rolle mehr.

Versuch 8   T ≠ 0   (Zufallsmuster)

a) Gemäß Versuch 7a) wird erwartet, daß für $\lambda > 1.06$ die Muster x^μ stabil bleiben.

b) Muster #2 zählt bis #4 und bleibt dann stabil.

c) Muster #2 zählt bis #4 und weiter!

d) Muster #2 und #4 bleiben stabil.

e) Bei T=50 und 100 zählt das Netz, bei T = 10 sehr lange Umschaltzeit (unsicher).
Erklärung s. Versuch 7b.

Versuch 9   Glockenschläge

b) Bei Muster 3, 6 und 8 schaltet das Netz bereits nach τ+1 Schritten (mittels Asymmetrieterm).

c)	$\lambda=0.8$ c=1.0	$\lambda=c=1.5$	$\lambda=c=3$
ortho.pat	$\tau +1$	chime-period	chime-period
zuf10.pat	$\tau +$	$\tau +1$	-

d) Im wesentlichen gleich, der Glockenschlag sollte möglichst orthogonal zu allen Mustern der Sequenz sein, was bei Zufallsmuster in erster Näherung erfüllt ist (s. auch theoretische Überlegungen in 2.4)

Kapitel 9

Stochastische Netze

1 Einführung

In diesem Kapitel werden neuronale Netze vorgestellt, die nicht immer deterministisch arbeiten, sondern auch stochastische Elemente besitzen. Dabei werden zwei Konzepte unterschieden: Zum einen kann die Dynamik stochastisch sein, zum anderen kann die Lernregel stochastisch sein. Bei Hopfield-Netzen mit Temperatur zum Beispiel schalten die Neuronen mit einer stochastischen Dynamik, bei der Boltzmann-Maschine ist zusätzlich der Lernalgorithmus stochastisch.

Grundlage für alle in diesem Kapitel untersuchten Netze ist das Hopfield-Modell, bei dem N Neuronen s_i die diskreten Zustände +1 oder -1 annehmen können. Das lokale Feld bzw. der Netzzustand net_i ist die übliche gewichtete Summe über alle Nachbarneuronen

$$net_i(t) = \sum_j w_{ij}\ s_j(t) - \theta_i \ . \tag{1}$$

Die Netze unterscheiden sich vom Hopfield-Modell in der Wahl der Aktivierungsfunktion, die aus $net_i(t)$ den neuen Neuronenzustand $s_i(t+1)$ berechnet, und in der Lernregel, d.h. der Bestimmung der Gewichte.

2 Stochastische Dynamik

Beim Hopfield-Modell wird mit der deterministischen Aktivierungsfunktion sign der neue Zustand eines Neurons berechnet: $s_i(t+1) = \text{sign } net_i(t)$. Das bedeutet, das Neuron schaltet genau dann, wenn sein lokales Feld positiv ist. Dies ist eine sehr idealisierte Annahme, in biologischen Nervensystemen ist die synaptische Übertragung fehlerhaft und das postsynaptische Potential wird von Rausch- und Fehlerquellen verfälscht. In biologischen Experimenten hat man herausgefunden, daß

- die Anzahl der Vesikel, die durch das Eintreffen eines Aktionspotentials entladen werden, zufällig (Poissonverteilung) mit einem Mittelwert variiert, der durch die synaptischen Gewichte w_{ij} bestimmt wird,
- die Anzahl der Neurotransmitter stark variieren kann, aber der Beitrag zum postsynaptischen Potential von Neuron i und Neuron j unabhängig und gaußverteilt ist,
- selbst wenn kein Aktionspotential anliegt, es doch eine kleine zufällige Anzahl von Neurotransmittern gibt, die spontan freigesetzt werden.

Die mathematische Einbindung dieser Effekte in neuronale Netzmodelle wird durch einen Parameter T modelliert, der in Analogie zur Thermodynamik Temperatur heißt Dort ist ein System nur bei T = 0 deterministisch, für T > 0 schalten Neuronen nur mit bestimmten Wahrscheinlichkeiten. Je größer die Temperatur T, desto größer die Rauscheffekte. Die Wahrscheinlichkeit, daß ein Neuron i den Wert s_i annimmt, ist gegeben durch

$$Pr(s_i) = \frac{e^{net_i s_i / T}}{e^{net_i s_i / T} + e^{-net_i s_i / T}} = (1 + e^{-2 net_i s_i / T})^{-1} = \frac{1}{2}(\tanh(\frac{net_i s_i}{T}) + 1), \qquad (2)$$

d.h. $Pr(s_i=1) = (1 + e^{-2 net_i/T})^{-1}$ $\qquad (2')$

oder $Pr(s_i \to -s_i) = (1 + e^{2 s_i net_i/T})^{-1}.$ $\qquad (2'')$

$Pr(s_i \to -s_i)$ ist die Wahrscheinlichkeit, daß das Neuron i schaltet, also seinen Zustand ändert.

Was bedeutet das Einführen der Temperatur für die Größen, die wir bisher kennengelernt haben? Im weiteren werden die Begriffe Lernalgorithmus, Update-Regel, Netzzustand, Ordnungsparameter und Energielandschaft zuerst beim Hopfield-Netz mit Temperatur und dann bei der Boltzmann-Maschine vorgestellt, soweit sie sich von den bis jetzt beim Hopfield Modell eingeführten unterscheiden.

Die *Update-Regel* ist gemäß Gleichung (1) und Gleichung (2) implementiert, d.h. um zu wissen, ob das i-te Neuron seinen Zustand ändern soll, wird $Pr(s_i)$ ausgerechnet und dann s_i mit der Wahrscheinlichkeit 1- $Pr(s_i)$ verändert.

Aufgabe 1

a) Berechnen Sie $Pr(s_i=1)$ bei T=0, 1, 5, ∞ und
  i) $net_i = 0,$
  ii) $net_i = 0,1,$
  iii) $net_i = -0.9.$

b) Zeichnen Sie $Pr(s_i=1)$ in Abhängigkeit von net_i für die angegebenen Temperaturen (qualitativ!).

2.1 Zustand des Netzes

Der *Zustand* des Netzes wird, wenn er sich in einem Minimum der Energielandschaft (Muster) befindet, nicht stationär dort bleiben, denn es besteht ja eine geringe Wahrscheinlichkeit (in Abhängigkeit von T) dafür, daß der Zustand **s** doch geändert wird. Wir haben es also mit *Zustandsverteilungen* $P_s(t)$ zu tun. P_s gibt die Wahrscheinlichkeit dafür an, daß sich das System zum Zeitpunkt t im Zustand **s** befindet.

Läßt man dem System sehr lange Zeit, so wird eine Grenzverteilung P_s, die Gibbs-Verteilung, unabhängig vom Startzustand s_0 angenommen:

$$P_s(t) \to P_s = Z^{-1} \, e^{-E(s)/T} \qquad (3)$$

mit $Z = \Sigma_s \, e^{-E(s)/T}$, wobei die Summation über alle 2^N Zustände geht. E ist die gleiche Energiefunktion wie beim Hopfield-Netz:

$$E(s) = -1/2 \, \Sigma_{i,j} w_{ij} \, s_i \, s_j + \Sigma_i \, \theta_i \, s_i \qquad (4)$$

mit $w_{ii}=0$. Aus Gleichung (3) geht hervor, daß ein Zustand niedrigerer Energie wahrscheinlicher ist als ein Zustand höherer Energie:

$$P_{s_1} / P_{s_2} = e^{\Delta E/T} \quad \text{mit} \quad \Delta E = E(s_2) - E(s_1) \, .$$

Wir bezeichnen einen Zustand **s** als lokales Minimum, wenn kein benachbarter Zustand **s´** (d.h. **s** und **s´** unterscheiden sich in einer Komponente) geringere Energie hat. Gemäß Gleichung (2) ist ein lokales Minimum bei niederer Temperatur stabil, denn die Wahrscheinlichkeit, daß ein Neuron seinen Zustand ändert, ist klein (exponentiell abhängig von der Temperatur), und umgekehrt ist die Wahrscheinlichkeit groß, daß eine Änderung im nächsten Schritt wieder zurückgenommen wird. Dies entspricht auch der physikalischen Aussage, daß stabile Zustände eines Systems Zustände minimaler Energie sind.

Die Zustandsverteilung für den Extremfall $T \to \infty$ ist die Gleichverteilung, d.h. alle Zustände, die das System annehmen kann, sind gleich wahrscheinlich. Eine bildliche Vorstellung ist, daß der Systemzustand wie ein Popcorn in einer heißen Pfanne (Zustandsraum) umherspringt und zufällig (gleich wahrscheinlich) einen Zustand nach dem anderen aufsucht. Ein solches System, in dem jeder Zustand von jedem Zustand mit einer Wahrscheinlichkeit >0 erreichbar ist, nennt man ergodisches System.

Für den schon bekannten anderen Extremfall $T = 0$ sind die Muster stabile Zustände niedrigster Energie, sofern paarweise unkorrelierte Muster gelernt wurden.

Aufgabe 2

a) Je kleiner die Energie, desto stabiler ist das System. Drücken Sie dazu $\Pr(s_k)$ in $\Delta E_k = \Delta E(s_k \to -s_k)$ aus (ΔE_k ist die Veränderung der Energie, wenn nur das Neuron k seinen Zustand ändert). Warum ist ein Zustand niedrigerer Energie wahrscheinlicher als ein Zustand höherer Energie?

Hinweise: Zeigen Sie analog Aufgabe 2a) beim Kapitel zum Hopfield-Modell, daß $\Delta E_k = 2 \, net_k \, s_k$ gilt. Verwenden Sie Gleichung (2") und (4).

b) Berechnen Sie $P_s(t)$ für $T \to \infty$ explizit.

2.2 Ordnungsparameter

Aus den obigen Überlegungen wird klar, daß bei $T > 0$ das Netz nicht in ein lokales Minimum relaxiert und damit der Systemzustand konvergiert. Vielmehr wird sich der Zustand nur im *Mittel* in der Nähe eines Musterattraktors aufhalten. Das bedeutet, daß in einem System mit stochastischer Dynamik nicht mehr von Attraktoren gesprochen werden kann, sondern Attraktor-Wahrscheinlichkeitsverteilungen von Zuständen vorliegen. Daher müssen anstelle der Ordnungsparameter m^μ, die das Maß für die Konvergenz zum μ-ten Muster sind, die Mittelwerte der entsprechenden Wahrscheinlichkeitsverteilung betrachtet werden:

$$\langle m^\mu(t) \rangle = \sum_{\mathbf{s}} m^\mu(\mathbf{s}) \, P_s(t) = \sum_{\mathbf{s}} \left(\sum_{i=1}^{N} x_i^\mu \cdot s_i \right) P_s(t) \tag{5}$$

Hier geht die Summation über alle 2^N Systemzustände **s** bei konstanter Temperatur T.

Bei einem Anfangszustand $\mathbf{s}_0$ (d.h. $P_s(0) = 1$ für $\mathbf{s} = \mathbf{s}_0$, sonst 0) ist die Grenzverteilung P_s und damit auch $\lim_t \langle m^\mu(t) \rangle$ völlig unabhängig vom Startzustand $\mathbf{s}_0$. In der Anwendung ist jedoch die Grenzverteilung uninteressant. Stattdessen wird die „Relaxation" gemäß der 100 Schritteregel spätestens nach ca. 100 Schritten abgebrochen. Bei niedriger Temperatur und großer Neuronenanzahl N ist die Wahrscheinlichkeit, ausgehend von einem Musterattraktor (Muster als Startzustand) dessen Attraktionsbereich in $\leq$ 100 Schritten zu verlassen, verschwindend klein. In diesem Sinn ist der Systemzustand im Attraktionsgebiet gefangen (zumindest 100 Schritte). Für N gegen unendlich kann man sogar zeigen, daß der Systemzustand nicht nur 100 Schritte, sondern beliebig lange gefangen ist, d.h. die Grenzverteilung $\lim_t \lim_n <m^\mu(t)>$ hängt vom Startzustand ab (man beachte hierbei, daß der zweifache Limes über n und t nicht vertauscht werden darf, denn für jedes endliche n ist $\lim_t <m^\mu(t)>$ unabhängig vom Startzustand, also auch $\lim_n \lim_t <m^\mu(t)>$).

Um den Wert $<m^\mu(t)>$ näherungsweise zu ermitteln, wird k-mal das stochastische Netz jeweils t Schritte lang Simulated Annealing und dann über die erhaltenen Überlapps $m^\mu(t)$ gemittelt. Offensichtlich ist diese Approximation um so besser, je größer k ist. Allerdings ist ein großes k auch zeitaufwendig.

Eine weitere Verbesserung der Approximation erhält man ohne großen Rechenaufwand, wenn man zusätzlich über die Systemzustände mittelt, die im „relaxierten" Zustand durchlaufen werden, d.h. über $m^\mu(t)$, $m^\mu(t-1)$, $m^\mu(t-2)$, ..,$m^\mu(t-r)$ für ein r<t/2, denn die Differenz zwischen $<m^\mu(t)>$ und $<m^\mu(t-i)>$ (i<t/2) ist für hinreichend große n und t verschwindend gering.

Aufgabe 3

Wie groß ist $<m^\mu>$ für die Grenzverteilung P_s ($\lim_t <m^\mu(t)>$) bei
a) $T = \infty$,
b) $T = 0$?

2.3 Freie Energie

Nach Einführen des Parameters Temperatur ist die Energie E nicht mehr die geeignete Größe, um die Energielandschaft zu beschreiben. Durch die Temperatur kann das System Energie gewinnen (statt abzugeben), daher werden einige Energieminima instabil; ein Zustand kann quasi dem Energietal entkommen.

Die Entropie S als Maß der mittleren Unordnung des Systems wird definiert durch

$$S(t) = - \sum_S P_S(t) \ln P_S(t) . \tag{6}$$

Damit kann gezeigt werden, daß die *freie Energie* F,

$$F(t) = <E(t)> - T \cdot S(t) , \tag{7}$$

in jedem Schritt monoton abnimmt (Lyapunovfunktion).[1] Man beachte, daß F(t) eine gemittelte Größe ist, d.h. man kann nicht sagen, daß in jedem update-Schritt des stochastischen Netzes die freie Energie abnimmt, sondern nur, daß der Mittelwert von

---

[1] Dies gilt, sofern *detailed balance* angenommen werden kann, was hier erfüllt ist.

[Energie(t) - T · Unordnung(t)] einer großen Anzahl unabhängiger Relaxationen (jeweils t update-Schritte bei gleicher Startkonfiguration) abnimmt. Wird im weiteren von einer Energielandschaft gesprochen, so ist die zur freien Energie gehörige Landschaft gemeint.

Die Entropie ist der Mittelwert der logarithmierten Wahrscheinlichkeit eines Systemzustandes. Hierbei besteht ein enger Zusammenhang mit dem Informationsgehalt: Der Informationsgehalt eines Ereignisses E ist der Logarithmus der Wahrscheinlichkeit von E, d.h. $-\log_2 P_E$. Der Informationserwartungswert I ist der mittlere Informationsgehalt aller möglichen Ereignisse, d.h. $I = -\Sigma_E\, P_E \cdot \log_2 P_E$ [Hinweis: Verwendet man hierfür eine optimale Kodierung (vgl. Morsecode), dann ist der Informationserwartungswert etwa gleich der mittleren Kodierungslänge der Information, d.h. $I \approx -\Sigma_E\, P_E\, L_E$ ($L_E=$ Kodierungslänge des Ereignisses E)]. In diesem Sinne ist die Entropie eines Systems proportional dem mittleren Informationsgehalt des Systems, d.h. $S = \log 2 \cdot I = \log 2 \cdot S_s\, P_s \cdot \log_2 P_s$.

Die Entropie wird maximal, wenn alle Zustände gleich wahrscheinlich sind (die größte Unordnung), und minimal, wenn ein Zustand die Wahrscheinlichkeit 1 hat und alle anderen 0 (s. Aufg.4).

Vergleich

Update:	deterministisch (sign)	→	wahrscheinlichkeitsabhängig ($\Pr(s_i)$)
Energie:	Energie E	→	freie Energie F
	Ordnungsparameter	→	Mittelwerte der Ordnungsparameter
	Attraktor	→	Attraktorverteilung

Aufgabe 4

a) Berechnen Sie die Entropie, falls
   (i)   alle Zustände s gleichwahrscheinlich sind ($T=\infty$),
   (ii) genau zwei Zustände die Wahrscheinlichkeit 1/2 haben,
   (iii) genau ein Zustand die Wahrscheinlichkeit 1 hat.

b) Welches sind die minimalen und die maximalen Werte der Entropie ?

c) In Aufgabe 1 wurde gezeigt, daß energieärmere Zustände bei jedem Schalten ahrscheinlicher sind als solche mit hoher Energie. Warum kann man nicht sagen, daß bei jedem update-Schritt die freie Energie abnimmt?

Nachdem die Begriffe Update, Energielandschaft und Ordnungsparameter geändert wurden, um für T > 0 eine konsistente Theorie zu bilden, werden jetzt die Unterschiede zwischen Hopfield-Netzen mit Temperatur und Boltzmann-Maschine dargestellt.

3 Hopfield-Netz mit Temperatur

Das Hopfield-Netz mit Temperatur wird bei einer festen Temperatur T betrieben, d.h. die Dynamik hat einen festen Rauschlevel. Das Lernen ist nach wie vor Hebbsch. Alle Neuronen sind gleichzeitig Ein- und Ausgabeneuronen.

Wie wir in Versuch 1 sehen werden, ändert sich an den Assoziativspeichereigenschaften wenig, wir haben nur zusätzlich einen Parameter T zur Hand, der es uns beispielsweise erlaubt, Mischzustände zu vermeiden (im richtigen Bereich der Speicherauslastung α!).

Beim Hopfield-Netz gibt es, wie bereits im Kapitel über Hopfield-Netze erwähnt, die sogenannte kritische Speicherkapazität α_c , die besagt, wieviele Muster wir zu gegebener Netzgröße maximal speichern können.

Leider bereitet es Schwierigkeiten, die Definition eines *gespeicherten* Musters für das Hopfield-Netz mit Temperatur zu erweitern, denn die Grenzverteilung $\lim_t <m^\mu(t)>$ hängt (für endliche Neuronenanzahl) überhaupt nicht vom Startzustand ab. Beachten wir jedoch wieder die 100 Schritteregel, d.h. brechen wir die Relaxation nach kurzer Zeit ab, so können wir (insbesondere empirisch) feststellen, daß der erreichte Zustand bei großer Neuronenanzahl N und niedriger Temperatur T stark vom Startzustand abhängt. Dabei ist $<m^\mu(t)>$ sehr robust gegen Änderungen von t (t = 20, 50, 200,..). Folglich nennen wir ein Muster m gespeichert, wenn bei Startzustand $\mathbf{x}^\mu$ der mittlere Überlapp $<m^\mu(t{=}100)>$ (oder auch alternativ t = 20, 50, 200,..) größer als 0,9 (oder auch alternativ 0,95) ist. Zur Analyse mit Methoden der statistischen Physik werden die Probleme der willkürlichen Wahl von t=100 durch einen Grenzwertübergang für N->∞ umgangen. In diesem Fall können beliebig große t gewählt werden, d.h. insbesondere t->∞. Die folgenden Betrachtungen legen dieses Grenzwertmodell (N->∞) zugrunde, d.h. die Aussagen gelten näherungsweise für (möglichst) große Werte von N und hinreichend (nicht beliebig) große Werte von t (z.B. t=100). Ferner werden Zufallsmuster eingelernt, d.h. die Aussagen gelten nur stochastisch, jedoch wegen N->∞ mit Wahrscheinlichkeit 1!

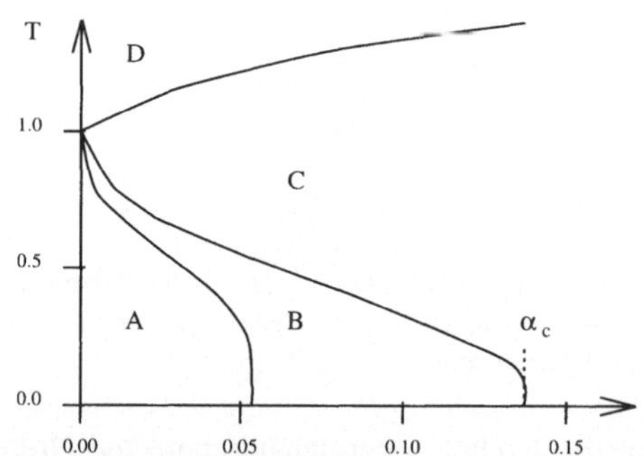

Abb.1. Das T-α-Phasendiagramm für Hopfield-Netze mit Temperatur

Der Phasenübergangspunkt α_c, an dem der Assoziativspeicher Hopfield-Netz zusammenbricht, d.h. ab dem keine weiteren Muster mehr gespeichert werden können, kann beim Hopfield-Netz mit Temperatur in einem Phasendiagramm dargestellt werden (Abb.1). Dabei gibt es in Abhängigkeit von der Speicherauslastung α und der Temperatur T Bereiche mit unterschiedlichem Speicherverhalten.

Bereich A: Für niedrige Temperaturen und eine geringe Anzahl gespeicherter Muster sind die gespeicherten Muster stabile Zustände, und ihre Energie entspricht den globalen Minima der Energiefunktion.

Bereich B: Werden mehr Muster eingespeichert oder wird die Temperatur erhöht, so treten sogenannte Spinglaszustände auf, stabile Mischzustände, die nicht zu den gespeicherten Mustern korreliert sind.Ihre freie Energie ist geringer als die der gespeicherten Muster, die immer noch stabil sind. Der Begriff Spinglas entstammt den gleichnamigen physikalischen Systemen mit ähnlichem dynamischem Verhalten. In den Bereichen A und B sind die gespeicherten Muster (bis auf einige wenige Bits) stabile Zustände, das Netz arbeitet also als Assoziativspeicher.

Bereich C: Mit wachsender Temperatur und wachsender Anzahl eingespeicherter Muster werden die Spinglaszustände zu den einzigen stabilen Zuständen im Hopfield-Netz, und die Musterzustände werden instabil. In diesem Bereich läßt sich das Netz nicht mehr als Speicher einsetzen.

Bereich D: Es gibt nur noch völlig ungeordnete Zustände. Dieser Bereich wird auch als paramagnetisch bezeichnet.

Ein Beispiel: Sei $\alpha=0.04$ und die Muster paarweise unkorreliert. Bei T=0 ist das Hopfield-Netz in einem Zustand, in dem Musterzustände globale Minima der freien Energie sind. Wird die Temperatur erhöht und überschreitet sie die Trennlinie zwischen den Bereichen A und B, dann wird eine Phase erreicht, bei der sowohl Spinglaszustände (niedrigerer Energie) als auch Musterzustände vorkommen. Wird die Temperatur noch weiter erhöht, so bilden sich immer mehr Spinglaszustände aus, die dann bei Überschreiten der Trennlinie zwischen den Bereichen B und C keinerlei Speicherfunktion mehr zulassen. Das Netz ist dann in der Spinglasphase. Das Phasendiagramm (Abb. 1) wurde für Zufallsmuster berechnet, die Temperatureinheiten sind normiert. In den praktischen Versuchen zu diesem Kapitel werden keine normierten Temperaturen verwendet.

4 Simulated Annealing

Ein Problem beim Hopfield-Netz ohne stochastische Dynamik ist, daß der Netzzustand ein lokales Minimum nicht mehr verlassen kann. Mit dem stochastischen Update ist das hingegen möglich. Allerdings kann der Netzzustand dann auch das globale Minimum verlassen. Beim Simulated Annealing (simuliertes Abkühlen) sollen die Vorteile beider Varianten miteinander verknüpft werden. Zunächst wird eine feste Anfangstemperatur T_0 gewählt und die stochastische Dynamik für eine bestimmte Anzahl von Zyklen iteriert, dann wird die Temperatur nach einem sogenannten Annealing Schedule (Abkühlplan) sukzessive erniedrigt, bis schließlich bei Temperatur 0 ein (zumindest lokales) Minimum erreicht ist.

Algorithmus: Simulated Annealing

1. Wähle eine Starttemperatur T_0.
2. Wähle ein beliebiges Neuron s_i.
3. Berechne $\Delta E_i = E(s_i \to -s_i) = 2\, s_i\, net_i$ ($w_{ii}=0$, s. auch Aufg.2a).
4. Invertiere s_i (d.h. $s_i \to -s_i$) mit der Wahrscheinlichkeit $(1+e^{\Delta E_i/T})^{-1}$.
5. Erniedrige die Temperatur gemäß *Annealing Schedule*
   und wiederhole 1 - 4 bis $T=T_{End} = 0$!

Man startet dabei mit einer hohen Temperatur T_0 und senkt diese langsam bis T=0. Diese Technik, das Simulated Annealing, stammt aus der Festkörperphysik, in der damit z.B. bei Kristallen eine ideale Gitterstruktur erzeugt wird. Wichtig dabei ist, möglichst lange in der Nähe der sogenannten Phasenübergangstemperatur (z.B. $T_{fest-flüssig}$) zu bleiben, damit das Gitter genug Zeit hat, sich selbst zu organisieren und so eine möglichst regelmäßige, energetisch günstige Kristallstruktur auszubilden. In der Energielandschaft können durch hohe Temperaturen leichter lokale Minima verlassen werden. Wird die Temperatur gesenkt, so wird es immer unwahrscheinlicher aus einem Minimum zu entkommen, je tiefer die Temperatur ist.

Es kann gezeigt werden, daß bei extrem langsamem Abkühlen (T(t)= 1 / log t) das globale Minimum im limes (t->∞) mit Wahrscheinlichkeit 1 erreicht wird. In der praktischen Anwendung steht jedoch nicht „unendlich" viel Zeit zur Verfügung. So ist es eine Schwarze Kunst, das richtige Annealing Schedule zu finden, das in der Nähe der Phasenübergangstemperatur so lange Zeit verharrt, daß zum Schluß ein globales Minimum der Energielandschaft gefunden werden kann.

Ist das System eingefroren, so ist es sehr unwahrscheinlich, aus einem Minimum zu entkommen. Ist die Starttemperatur zu niedrig, ist das System von Anfang an gefangen, ist sie zu hoch, springt das System bis zum Erreichen des Phasenübergangs nur wahllos umher und verliert unnötig Rechenzeit.

Einige der bekanntesten Abkühlstrategien (Annealing Schedules) sind:

$$
\begin{array}{llll}
T_k & = T_{k-1} - \delta & = T_0 - k\cdot d & \text{linear} & \text{(8a)}\\
1/T_k & = 1/T_{k-1} + \delta \quad (T_k & = 1 / (1/T_0 + k\cdot d)) & \text{hyperbolisch} & \text{(8b)}\\
T_k & = T_{k-1} \cdot q & = T_0 \cdot q^k & \text{exponentiell } (q<1) & \text{(8c)}
\end{array}
$$

Aufgabe 5

In den praktischen Versuchen werden stückweise lineare Annealing Schedules verwendet (s. Versuchsbeschreibung). Geben Sie die Funktion T(t) für das Annealing Schedule (20 10 10 14 10) an, das in Versuch 3 gegeben ist.

5 Boltzmann-Maschine

Die Boltzmann-Maschine ist wie das Hopfield-Netz (mit Temperatur) ein rückgekoppeltes Netz mit symmetrischen Gewichten und stochastischer Dynamik. Zusätzlich sind die Neuronen in drei Klassen, Eingabe-, Ausgabe- und verborgenen Neuronen, eingeteilt. Die Arbeitsweise ist folgende: Die Eingabeneuronen werden mit der Eingabe belegt und festgehalten, dann wird mit Hilfe des Simulated Annealing näherungsweise ein globales Minimum der Energiefunktion (8) unter der Nebenbedingung festgehaltener Eingabeneuronen gesucht und der Zustand der Ausgabeneuronen im Endzustand ausgegeben.

Die Boltzmann-Maschine wird zuerst auf hohen Temperaturen T betrieben, d.h. die Netzdynamik „sieht" eigentlich noch nicht viel von der schroffen Struktur der Energielandschaft, da ein Zustand mit hoher Wahrscheinlichkeit aus einem tiefen Tal herausspringen und in einen völlig anderen Teil des Zustandsraums gelangen kann

(Popcornbild). Dann wird die Temperatur langsam so lange gesenkt, bis das Netz in dem Attraktionsgebiet eines einzigen (zumindest lokalen) Energieminimums gefangen ist. Dieses Verfahren macht Sinn, da dadurch nicht gleich zu Anfang ein Netzzustand in einem Energietal gefangen wird und dort bleiben muß, sondern gleichsam möglichst viel Zustandsraum explorieren und lokale Minima überwinden kann.

Da die Boltzmann-Maschine stochastisch arbeitet und in der Regel nicht *das* globale Minimum erreicht, verwendet man in praktischen Anwendungen mit einem schnellen Annealing Schedule als Ausgabe nicht den Zustand eines Laufs, sondern den Mittelwert über mehrere Läufe ($<s_k>$).

Wozu kann die Boltzmann-Maschine oder das Hopfield-Netz mit Temperatur verwendet werden? Sowohl mit der Boltzmann-Maschine als auch mit Feed-Forward-Netzen lassen sich Ein-Ausgabepaare lernen (Heteroassoziation), im Gegensatz zum Hopfield-Netz, das nur autoassoziative Aufgaben lösen kann.

5.1 Lernproblematik im allgemeinen

Im Kapitel über das deterministische Hopfield-Netz wurde vor allem eine einfache Lernregel, die Hebbregel, betrachtet. Der Hebbsche Lernprozeß ist statisch und nicht in der Lage, eine gegebene Mustermenge besser zu lernen, als das Hebbsche „Ein-Schritt-Lernen" (one shot learning) es zuläßt. Eine Möglichkeit, bei Hopfield-Netzen dynamisch zu lernen, ist der Gardner-Algorithmus, der auf dem Perzeptronlernen basiert, oder die Pseudoinversen Methode.

Bei Feed-Forward-Netzen findet der Backpropagation-Algorithmus Anwendung, mit dem mittels Gradientenabstieg das Quadrat der Ausgabefehler minimiert wird. Diese Korrektur der Gewichte erfolgt gemäß Kettenregel der Differentialrechnung durch Rückwärts-Propagieren des Ausgabefehlers. Voraussetzung hierfür ist, daß dieses Rückwärts-Propagieren terminiert, d.h. die Vernetzungsstruktur keine Zyklen hat, also insbesondere nicht symmetrisch ist.

Eine Lernstrategie ganz anderen Charakters verfolgt die Boltzmann-Maschine, die zwei Konzepte vereinigt, das Konzept der Hidden Units und das der symmetrischen Netze. Ähnlich wie beim Feed-Forward-Netz werden Teilmengen der N Neuronen des Hopfield-Netzes als Ein-Ausgabeeinheiten oder verborgene Einheiten deklariert und ein Lernalgorithmus angegeben, der die Ein-Ausgabeassoziation dynamisch lernt. Sowohl dieser Lernalgorithmus als auch die Dynamik der Boltzmann-Maschine sind *stochastisch.*

5.2 Lernen mit der Boltzmann-Maschine

Sei s_x (bzw. s_{xy}) ein globales Minimum der Energiefunktion unter der Nebenbedingung, daß die Eingabe **x** (bzw. Eingabe **x** und Ausgabe **y**) der Assoziation bzw. des Musterpaares (**x,y**) festgehalten ist. Dann gilt offensichtlich $E(s_x) \leq E(s_{xy})$, da für s_x weniger Nebenbedingungen zu erfüllen waren. Wenn $E(s_x) < E(s_{xy})$ gilt, kann die Boltzmann-Maschine bei Eingabe **x** nicht die Ausgabe **y** ausgeben, da dann die Energie größer als $E(s_x)$ wäre, d.h. kein globales Minimum unter der Nebenbedingung „festgehaltenes **x**". Folglich müssen zum Einlernen der Assoziation **x** -> **y** die Gewichte so verändert werden, daß $D = E(s_{xy}) - E(s_x) = 0$ gilt, d.h. bei $D>0$ muß D verkleinert werden. Verwendet man hierzu ein Gradientenabstiegsverfahren, so erhält man folgende Regel für die Gewichtsänderung (Lernen):

$$\Delta w_{ij} = -\Delta \cdot \frac{\partial D}{\partial w_{ij}} = \quad -\Delta \cdot (\frac{\partial E(s_{xy})}{\partial w_{ij}} - \frac{\partial E(s_x)}{\partial w_{ij}})$$

$$= \Delta \cdot ((s_{xy})_i \cdot (s_{xy})_j - (s_x)_i \cdot (s_x)_j) \tag{9}$$

Wobei wir hier symmetrische Gewichte trainieren wollen, also stets $w_{ij} = w_{ij}$ setzen. Desweiteren betrachten wir hier zur Vereinfachung o.B.d.A. nur solche Netze ohne Schwellwerte θ_i (wie bereits im Kapitel zum Perzeptron kann man die Schwellen durch ein zusätzliches Eingabeneuron 0 mit fester Eingabe 1 simulieren mit $\theta_i = -w_{i0}$).

Soll nun nicht nur eine Assoziation, sondern eine Menge von Assoziationen gelernt werden, dann ist entsprechend

$$D = \sum_\mu (E(s_{x^\mu y^\mu}) - E(s_{x^\mu}))$$

zu minimieren, d.h. wir erhalten als Gewichtsänderung für die Gewichte:

$$\Delta w_{ij} = \Delta \cdot \sum_\mu ((s_{x^\mu y^\mu})_i \cdot (s_{x^\mu y^\mu})_j - (s_{x^\mu})_i \cdot (s_{x^\mu})_j) \tag{10}$$

Wie schon in den Kapiteln über Backpropagation gesagt, nennt man dieses Verfahren *learning by epoch*, da bei einer Gewichtsänderung alle zu lernenden Assoziationen (eine Epoche) betrachtet werden müssen. Wird bei einer Gewichtsänderung nur eine Assoziation berücksichtigt, so wird dieses wieder als *learning by pattern* bezeichnet.

Learning by pattern hat den Vorteil, daß nicht für jede Gewichtsänderung alle Assoziationen des Netzes abgerufen werden müssen, allerdings sind die Gewichtsänderungen oft sehr unregelmäßig. Wie bei Backpropagation kann auch hier das Verfahren des learning by pattern durch ein Momentum stabilisiert werden, d.h. bei jeder Gewichtsänderung wird die letzte Gewichtsänderung mitberücksichtigt:

$$\Delta w_{ij}(t) = \Delta \cdot ((s_{x^\mu y^\mu})_i \cdot (s_{x^\mu y^\mu})_j - (s_{x^\mu})_i \cdot (s_{x^\mu})_j) + \alpha \cdot \Delta w_{ij}(t-1) \tag{11}$$

(α ist der Gewichtungsfaktor des Trägheitsmoments)

5.3 Der Lernalgorithmus

Die Boltzmann-Maschine als stochastisches Hopfield-Netz findet in der Regel auch mit dem Simulated-Annealing-Verfahren nicht das globale Minimum der Energiefunktion. Solange die Temperatur von 0 verschieden ist, gibt es nur Zustandsverteilungen, und wenn die Temperatur auf 0 gesunken ist, kann sich der Zustand des Netzes in einem lokalen Minimum befinden, das nicht das globale Minimum ist. Als Schätzung für die globalen Minima s_{x^μ} und $s_{x^\mu y^\mu}$ werden deshalb wieder Mittelwerte gebildet, d.h. nach mehreren Durchläufen des Simulated Annealing mit festgehaltener Eingabe $\mathbf{x}$ (bzw. Eingabe $\mathbf{x}$ und Ausgabe $\mathbf{y}$) wird über die Endzustände $s_{x^\mu} = s_{x^\mu}(\infty)$ (bzw. $s_{x^\mu y^\mu} = s_{x^\mu y^\mu}(\infty)$) bei T=0 gemittelt:

$$\Delta w_{ij} \; = \; \Delta \cdot <(s_{x^\mu y^\mu})_i \cdot (s_{x^\mu y^\mu})_j \; - \; (s_{x^\mu})_i \cdot (s_{x^\mu})_j > \qquad (9')$$

bzw.

$$\Delta w_{ij} = \Delta \cdot \sum_\mu <((s_{x^\mu y^\mu})_i \cdot (s_{x^\mu y^\mu})_j \; - \; (s_{x^\mu})_i \cdot (s_{x^\mu})_j) \qquad (10')$$

Ein Problem des reinen Gradientenabstiegs besteht darin, daß die Gewichtsänderungen klein sind, wenn der Gradient klein ist, und umgekehrt. Dies ist ungünstig, wie das dreidimensionale Bild des Minimumsuchers im Energiegebirge zeigt: In steilen Gefällstücken sollte eine kurze Schrittweite gewählt werden, während in langgestreckten Tälern durchaus die Schrittweite erhöht werden kann. Jedoch sollten auch nicht zu große Schritte in extrem flachen Tälern gemacht werden. Eine Lösung für dieses Dilemma ist, mit dem Gradient nur die Richtung der Gewichtsänderung festzustellen, und dann immer gleich große Schritte (+/-Δ) zu machen. Dies läßt sich mit einer Vorzeichenfunktion SIGN[1] einfach durchführen. Sei SIGN(x) = +1 für x > 0, SIGN(x) = -1 für x < 0 und SIGN(x) = 0 für x = 0, dann wird bei der Lernregel

$$\Delta w_{ij} = \; \Delta \cdot \text{SIGN}(<(s_{x^\mu y^\mu})_i \cdot (s_{x^\mu y^\mu})_j \; - \; (s_{x^\mu})_i \cdot (s_{x^\mu})_j >) \qquad (9'')$$

bzw.

$$\Delta w_{ij} = \; \Delta \cdot \text{SIGN}(\sum_\mu <(s_{x^\mu y^\mu})_i \cdot (s_{x^\mu y^\mu})_j \; - \; (s_{x^\mu})_i \cdot (s_{x^\mu})_j >) \qquad (10'')$$

immer eine gleich große Gewichtsänderung (+/-Δ) durchgeführt, sofern der Gradient von 0 verschieden ist. Wie beim Backpropagation gibt es auch hier zahlreiche weitere Verfahren zur Einstellung der Schrittweite.

Zusammenfassend ergibt sich folgender Lernalgorithmus (für learning by pattern):

<u>while</u> D $\neq$ 0 <u>do</u>
<u>for all patterns</u> x^μ -> y^μ <u>do</u>

 (1) *Clamp-Phase*:
  - Input x^μ und Output y^μ werden angelegt und festgehalten.
  - Nach mehreren Simulated-Annealing-Läufen wird die
   Korrelation $<(s_{x^\mu y^\mu})_i \cdot (s_{x^\mu y^\mu})_j>$ gemessen.

 (2) *freie Phase*:
  - Input x^μ wird angelegt und festgehalten, Output **y** ist frei.
  - Nach mehreren Simulated-Annealing-Läufen wird die
   Korrelation $<(s_{x^\mu})_i \cdot (s_{x^\mu})_j>$ gemessen.

 (3) Berechne $w_{ij}(t+1) = w_{ij}(t) + \Delta w_{ij}$ für alle i, j, wobei die Änderung Δw_{ij}
   sich aus der Differenz der in (1) und (2) gemessenen mittleren
   Korrelationen berechnet:

---

[1]Die Funktion SIGN unterscheidet sich von der Aktivierungsfunktion sign des deterministischen Hopfieldnetzes am Nullpunkt: SIGN(0) = 0, sign(0) = 1.

$$\Delta w_{ij} = \Delta \cdot (<(s_{x^\mu y^\mu})_i \cdot (s_{x^\mu y^\mu})_j> - <(s_{x^\mu})_i \cdot (s_{x^\mu})_j>)$$
bzw.

$$\Delta w_{ij} = \Delta \cdot \mathrm{SIGN}(<(s_{x^\mu y^\mu})_i \cdot (s_{x^\mu y^\mu})_j> - <(s_{x^\mu})_i \cdot (s_{x^\mu})_j>)$$

Dieser Lernalgorithmus wird solange wiederholt, bis die Boltzmann-Maschine das erwünschte Verhalten hat (D=0). Offensichtlich ist dieser Algorithmus sehr aufwendig, da bei jeder Gewichtsänderung mehrere Läufe des Simulated Annealing gemacht werden müssen, was jeweils sehr zeitaufwendig ist. Die Effizienz dieses Verfahrens ist stark abhängig sowohl vom Annealing Schedule, d.h von der Abkühlkurve die gewählt wird, als auch von der Genauigkeit der Statistik, d.h. der Mittelung <>. Hierbei kann man am meisten falsch machen, wie wir auch in den Versuchen sehen werden. Qualitativ kann jedoch gesagt werden, je langsamer abgekühlt wird, und je besser die Statistik, d.h. je größer die Anzahl der gemittelten Läufe ist, desto besser sind die Ergebnisse.

Aufgabe 6   Darstellung

Gegeben sei eine Boltzmann-Maschine mit bipolaren Zuständen aus {-1,1}.
Konstruieren Sie hierzu eine verhaltensgleiche (bis auf die Kodierung der Ein-/Ausgabe) Boltzmann-Maschine mit binären Zuständen aus {0,1}.

6 Versuchsumgebung

Das Programm wird jeweils bei Versuch *i* durch den Befehl **stoch *i*** aufgerufen. Die zweiteilige Bedienoberfläche enthält im oberen Teil den Menü- und Kommandoteil. Nicht alle unten aufgeführten Befehle, sind beim Hopfield-Netz mit Temperatur und bei der Bolzmann-Maschine möglich.

Beachten Sie bitte, daß das Lernverfahren der Boltzmann-Maschine sehr aufwendig ist und somit auf langsameren Rechnern viel Zeit benötigt. Setzen Sie eventuell die Zahl der zu berechnenden Lernepochen auf einen niedrigeren Wert.

Beschreibung der benötigten Befehle

file/ quit	Beendet das Programm.
set/	Für die Versuche in diesem Kapitel sind nur die Parameter **temperature, #cycles, #a_cycles, #epochs** und **l_moment** zu setzen.
get/annealing	Annealing Schedule $(T_0 t_1 T_1 t_2 T_2 ... t_r T_r)$ bestehend aus, Anfangstemperatur T_0, Zeitpunkten t_i und Temperatur T_i zum Zeitpunkt t_i. Zwischen den so definierten Zeitpunkten t_i wird linear interpoliert. Die Folge wird mit der Eingabe **end** oder mit einem Return abgeschlossen!
get/patterns	Laden der Musterpaare (Assoziationen)
get/weights	Laden der initialen Gewichte
test	Mit test *i* wird das Muster *i* an das Netz angelegt und **cycle** aufgerufen.

tall	Bei der Boltzmann-Maschine werden mit **tall** alle Lernmuster nacheinander getestet.
fliptest	fliptest *i p* legt das i-te gelernte Muster an das Netz an, wobei die Bits mit der Wahrscheinlichkeit p invertiert werden. Anschließend wird **cycle** aufgerufen.
comptest	comptest *i r s* legt das i-te gelernte Muster an das Netz an und initialisiert (löscht) die Komponenten r bis s mit 0. Anschließend wird **cycle** aufgerufen.
cycle	Berechnet **#cycles** Iterationen vom aktuellen Netzzustand aus. Dabei gibt es ein Abfragefenster mit den Optionen **STEP**, **CYCLE**, **STOP**. Mit **STEP** wird nur ein einzelner Update-Schritt aller Neuronen durchgeführt, mit **CYCLE** werden alle Schritte ohne weitere Abfragen durchgeführt, und mit **STOP** wird abgebrochen. Der Befehl kann unter UNIX durch Ctrl-C im Aufruffenster gestoppt werden (sinnvoll bei hohem **#cycles**). **cycle** wird auch von **test**, **fliptest** und **comptest** aufgerufen.
file_learn	Liest abgespeicherte Muster ein und belegt die Gewichtsmatrix.
reset	Setzt den Aktivierungszustand des Netzes und alle Gewichte auf den Wert 0 und initialisiert den Zufallszahlengenerator mit einem zufälligen Wert.
etrain	learning by epoch, d.h. Gewichtsupdate unter Berücksichtigung aller Musterpaare.
ptrain	learning by pattern, d.h. Gewichtsupdate nach jedem Musterpaar.

Beschreibung der wichtigsten Variablen im Displayfeld

tested pattern	Gibt bei test, comptest und fliptest an, welches Muster gerade bearbeitet wird.
#patterns	Zeigt die Anzahl aller Muster an, die bisher gelernt wurden. Lernt man einige Muster mehrfach, so werden diese mehrfach gezählt.
#cycles	Gibt an, wieviele Berechnungen (Zyklen) bei test, comptest oder tall mit einem Muster ausgeführt werden. Bei der Boltzmann-Maschine Anzahl der Präsentationen aller Muster pro Temperaturstufe.
#a_cycles	Anzahl der Annealing Schedules, über die gemittelt wird.
cycle	Gibt die Nummer des Zyklus an, in dem sich das Programm gerade befindet.
#epochs	Anzahl der Lerndurchgänge bis zum Abbruch.
epochno	Anzahl der bisherigen Lerndurchgänge.
temperature	Temperatur, bei Simulated Annealing letzte Temperaturstufe des Annealing Schedules (>0).
lrn_rate	Lernrate, entspricht Δ in Gleichung (9,10).
l_moment	Lernmoment, entspricht α in Gleichung (11).
seed	Random seed für den Zufallsgenerator.
space	Darstellung der Neuronen, 0 für {0, 1}- und 1 für {±1}-Darstellung
dwgt	Modus des Gewichtsupdates, 0 für Gleichung (9,10), 1 für Gleichung (9",10") mit SIGN-Funktion.

overlap	Mittlerer Überlapp über alle Musterpaare (Skalarprodukt zwischen erwünschter Assoziation **x->y** und berechneter Assoziation s_x->s_y = ($x*s_x$ + $y*s_y$) / N mit N = Anzahl der Ein-/Ausgabeneuronen).
<overlap>	Durchschnittlicher mittlerer Überlapp über die letzten 5 Epochen.
<energy>	Durchschnittliche mittlere Energie über die letzten 5 Epochen.
update_mode	**synchron**: entspricht dem synchronen Update der Neuronen, **asynchron**: ist der asynchrone Update in sequentieller Reihenfolge, **permuted**: der asynchrone Update in zufälliger Reihenfolge.

7 Versuche

Versuch 1 Hopfield-Modell mit Temperatur

a) **Orthogonale Muster**

i) Starten Sie das Programm mit **stoch 1**, und lesen Sie dann ortho.pat mit **file_learn** ein.

ii) Testen Sie die beiden Muster 3 und 6 im Temperaturbereich von T=5 bis T=100 und geben Sie die Überlappintervalle an (bei Temperatur schwankt der Überlapp ein wenig, so daß es Sinn macht, entweder Mittelwerte zu betrachten oder Überlappintervalle anzugeben).

#	T=5	15	25		
3	ok	ok	ok		
6	ok	ok			

iii) Löschen Sie mit **comptest** folgende Elemente des Musters #6: 50-100; 20-100; 40-120; 10-100; 10-95 bei T=25 und stellen Sie fest, wann das Ergebnis ein Mischzustand[1] und wann ein Musterzustand ist !

Führen Sie dabei auf, wieviele cycles bis zur Assoziation benötigt wurden.

Muster 3

ausgeblendete Elemente	cycles	ok?
50-100		
20-100		
40- 120		
10-100		
10-95		

Prüfen Sie nach, wieviele Musterelemente ungefähr ausgeblendet werden können.

---

[1] Ein Mischzustand ist eine Überlagerung von mehreren Musterzuständen.

Setzen Sie die Temperatur auf 0, und wiederholen Sie comptest 6 10 100. Setzen Sie die Temperatur wieder auf T=25, und lassen Sie das Netz mit **cycle** weiter laufen. Was beobachten Sie?

(iv) **fliptest** bei einem Muster, z.B. Muster #3

Machen Sie mit p-flip 0.3, 0.4 und T = 0, 15, 25 jeweils 10 Versuche. Wieviele Male wurde #3 assoziiert? Wieviele cycles wurden im Schnitt benötigt?

p-flip	0,3	0,4
T=0		7 fail, 3x 2-4 cycles
T=15	2-4 cy	
T=25		7 fail, 3x 3-8cycles

b) Zufallsmuster

i)Setzen Sie das Netz zurück (**reset**), und lesen die **zuf15.pat** ein (**file_learn**). Setzen Sie **#cycles** auf 50.

ii) Testen Sie die Muster 3, 7 und 13 bei den Temperaturen T=5, 15, 25, 35. In welchen Grenzen bewegt sich der Überlapp ?

Muster	T=5	T=15	T=25	T=35
3	ok.			≥95%
7	ok.		≥98%	fail (60 Schritte)
13	ok.	98-100%		≥95%

Ihr Kommentar dazu (vergleichen Sie mit dem Ergebnis bei orthogonalen Mustern):

Vergleichen Sie mit den Ergebnissen aus dem Hopfield-Kapitel

c) Schwach korrelierte Muster (Ziffern)
Laden Sie **ziffern.pat** (zuerst **reset**). Setzen Sie **#cycles** auf 100, **temperature** auf 20. Testen Sie die Muster 2, 4 und 6. Wohin relaxiert das Netz? Erklären Sie dieses Verhalten! (Hinweis: Welche sind vermutlich die beiden globalen Minima der Energiefunktion?)

Versuch 2   Der Neckercube – ein anschauliches Beispiel für Simulated Annealing

Rufen Sie das Programm mit **stoch 2** auf. Der Neckercube, der auf dem Bildschirm erscheint, sind die zwei mögliche Interpretationen des Drahtmodells eines Würfels (man sieht das Drahtmodell entweder von oben oder von unten). Die 2 mal 8 zugehörigen Hypothesen (fll= front-lower-left, bur=back-upper-right, etc.) werden jeweils durch ein Neuron repräsentiert (Aktivierung=1 => Hypothese trifft zu, Aktivierung=0 => Hypothese trifft nicht zu). Insgesamt hat das Netz also 16 Neuronen. Die Verbindungen von miteinander konsistenten Hypothesen (Neuronen) sind exzitatorisch (positiv), die von sich widersprechenden Hypothesen inhibitorisch. So sind in jedem „Würfel" (Neuronengruppe) jeweils die Verbindungen zu den drei direkten Nachbarn positiv, hingegen die Verbindungen sich ausschließender Hypothesen negativ (nur eine kann gelten: $\text{ful}_{\text{links}}$ - $\text{bul}_{\text{rechts}}$ bzw. $\text{ful}_{\text{links}}$ - $\text{ful}_{\text{rechts}}$), d.h. jedes Neuron hat genau drei exzitatorische (zu den Nachbarn) und zwei inhibitorische Verbindungen (zur anderen Neuronengruppe, s. Abb. 2). Die Wahl der Inhibitionen und Exzitationen ist etwas willkürlich, im Prinzip sollten alle Verbindungen zwischen den beiden „Würfeln" inhibitorisch und alle Verbindungen innerhalb eines Würfels exzitatorisch sein. Die globalen Minima der zugehörigen Energie-funktion $E = -1/2 \cdot \Sigma w_{ij} \cdot s_i \cdot s_j$ sind in jedem Fall genau die beiden möglichen Interpretationen, denn dann ist die Energie gleich der negativen Summe aller Gewichtsbeträge ($E = -1/2 \cdot \Sigma |w_{ij}|$) und damit minimal.

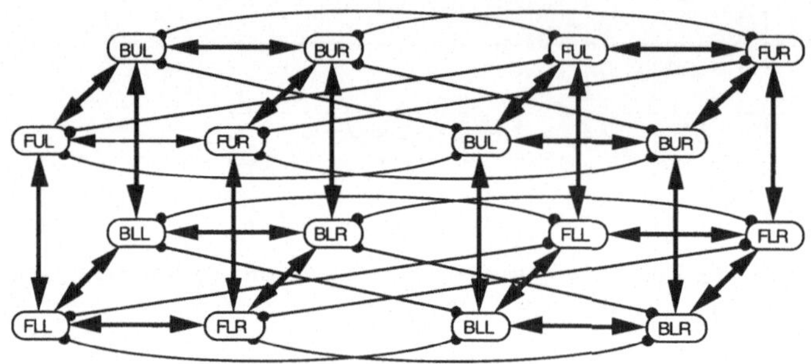

Abb. 2. Verbindungsstruktur beim Neckercube-Netz

a) Geben Sie **cycle** ein (**#cycles** ist zu Beginn auf 20 gesetzt, die Temperatur auf 0, d.h. kein Annealing)) und beobachten Sie die **energy**. Das Minimum liegt bei energy=-16. Bevor der Versuch wiederholt wird, sollte jedesmal **reset** eingegeben werden. Zählen Sie, wie häufig ein globales Minimum bei 10 Versuchen angenommen wird.

b) Vergleichen Sie verschiedene Annealing Schedules, wobei pro Schedule (**get annealing**) fünf Versuche zu machen sind (setzen Sie **#cycles** auf 200).

Schedule	25 200 0	5 200 0	2 200 0	0.12 200 0
Wie oft globales Minimum erreicht?				

Versuchen Sie zu erklären, warum das erste und das letzte Schedule ungünstig sind.

Versuch 3   Das XOR Problem – zum Kennenlernen

Es soll die XOR-Funktion gelernt werden, mit zwei Eingangsneuronen, einem verborgenen Neuron und einem Ausgangsneuron. Bis auf die beiden Eingangsknoten sind alle Neuronen miteinander verknüpft.

Rufen Sie das Programm mit **stoch 3** auf. Damit ist eine Standardkonfiguration der Boltzmann-Maschine mit Annealing Schedule 20 10 10 14 10 geladen. Zeichnen Sie die zugehörige Abkühlkurve auf (Aufgabe 5).

a) Lassen Sie das Netz mit **etrain** die Muster eintrainieren. Das Netz wird 100 Epochen(**#epochs**) iterieren. Rufen Sie mehrmals **etrain** auf oder setzen Sie **#epochs** höher, wenn Sie mehr Epochen berechnen wollen. Die Muster durchlaufen **#a_cycles**-mal das lineare Annealing Schedule 20 10 10 14 10 pro Lernzyklus. Beobachten Sie den mittleren Überlapp **<overlap>**.

Brechen Sie die Simulation ab, wenn Ihnen der mittlere Überlapp gut genug erscheint (**<overlap>** > 0.99). Wiederholen Sie den Versuch dreimal, wobei jedesmal mit **reset** neue Zufallszahlen generiert werden.

Wie verändert sich <overlap>?

Kommentieren Sie Ihre Ergebnisse.

b)Standardgemäß wird beim Lernen der Gewichtsupdate gemäß (10") verwendet. Vergleichen Sie das Verhalten ohne SIGN-Funktion bei (10). Setzen Sie hierzu **set mode dwgt 0** und die Lernrate auf 250 - **set param lrn_rate 250**. Initialisieren Sie die Gewichte mit **reset**. Lassen Sie wiederum das Netz mit **etrain** die Muster eintrainieren, und beobachten Sie den mittleren Überlapp.

Vergleichen Sie die beiden Ergebnisse qualitativ!

Versuch 4   Lernrate und Annealing Schedule

a) Rufen Sie das Programm mit **stoch 4** auf. Damit ist der Modus wieder auf Lernen entsprechend Gleichung (10") eingestellt. Gegeben sind nun verschiedene Lernraten, mit denen unterschiedlich schnell gelernt wird (mit **set param lrn_rate**). Beobachten Sie die Entwicklung des mittleren Überlapps.

Lernrate	10	20	50
epochno bis <overlap> > 0.95			

Kommentieren Sie Ihre Ergebnisse und vergleichen Sie sie mit Versuch 3 a), bei dem die Lernrate 30 war.

b) Geben Sie das Annealing Schedule 10 10 1 ein. Initialisieren Sie den Zufallszahlen-generator mit **set seed** und danach **reset**. Tragen Sie Ihre Beobachtungen in die Tabelle ein. Wählen Sie zwei weitere eigene random seeds.

random seed	25028	13816	1001	
<overlap>				
epochno bis <overlap> > 0.95				

Vergleichen Sie Ihre Ergebnisse mit denen der vorigen Versuche mit dem Schedule 20 10 10 14 10 qualitativ!

Bemerkung: Bei keinem der folgenden Versuche wird mehr explizit angegeben, daß reset vor jedem Versuch ausgeführt werden muß.

Versuch 5   Lernmoment

Offensichtlich ist es sehr zeitaufwendig, in jedem Lernschritt immer alle Muster mehrmals mit dem Annealing Schedule zu testen. In diesem Versuch soll untersucht werden, ob sequentielles Training (learning by pattern) das Verfahren beschleunigt. Rufen Sie das Programm mit **stoch 5** auf. Setzen Sie das Lernmoment auf die in der Tabelle angegebenen Werte (mit **set l_moment**), und beobachten Sie den Verlauf des mittleren Überlapps.

Lernrate	0.0	0.2	0.8
epochno bis <overlap> > 0.95			

Kommentieren Sie Ihre Ergebnisse.

Versuch 6   Statistik

Rufen Sie das Programm mit **stoch 6** auf. Bisher war die Lernstatistik gegeben durch ein **#a_cycles**=10-maliges Durchlaufen des vollen Annealing Schedules. In diesem Versuch soll untersucht werden, wie sich die Qualität des Ergebnisses bei unterschiedlich genauer Statistik verändert. Dazu wird die Anzahl **#a_cycles**, wie oft das Schedule durchlaufen wird, variiert.

Setzen Sie **#a_cycles**, wie in der Tabelle angegeben (mit **set #a_cycles**), trainieren Sie mit **etrain**, setzen Sie dann **#a_cycles** wieder auf 10, und testen Sie die Muster mit **tall**.

#a_cycles	1	8
epochno bis <overlap> > 0.95		

Kommentieren Sie Ihre Ergebnisse.

Versuch 7   Anfangsbedingungen

Rufen Sie das Programm mit **stoch 7** auf. Bisher wurde die Boltzmann-Maschine immer mit $w_{ij}=0$ initialisiert. Genausogut hätte man die Gewichte mit $w_{ij}=1$ oder mit Zufallswerten aus $\{-1,+1\}$ initialisieren können. In diesem Versuch werden diese Alternativen kurz untersucht.

a) $w_{ij}=1$. Dieser Satz von Gewichten ist mit 1 initialisiert. Lesen Sie hierzu die Gewichte mit **get weights xor_1.wts** ein. Nach wievielen Epochen gilt <m> > 0.95 (führen Sie drei Versuche durch, jedesmal mit **reset** und **get weights xor_1.wts**)?

b) $w_{ij} = \pm 1$. Dieser Satz von Gewichten ist zufällig mit ± 1 initialisiert. Lesen Sie hierzu die Gewichte mit **get weights xor_r.wts** ein. Nach wievielen Epochen gilt <m> > 0.95 (führen Sie drei Versuche durch, jedesmal mit **reset** und **get weights xor_1.wts**)?

Vergleichen Sie Ihre Ergebnisse mit der Initialisierung $w_{ij}= 0$!

Versuch 8   Darstellung

Rufen Sie das Programm mit **stoch 8** auf. Das XOR-Problem läßt sich in zwei Darstellungen behandeln, der $\{\pm 1\}$- und der $\{0, 1\}$-Darstellung (vgl. Aufg.4). Bisher wurde die bipolare Darstellung verwandt. In diesem Versuch soll untersucht werden, wie sich die Boltzmann-Maschine mit der binären Darstellung verhält. Stellen Sie hierzu mit **set mode space 0** die binäre Darstellung ein. Gehen Sie wie üblich vor (mehrmals **etrain** mit **reset** dazwischen).

Kommentieren Sie die Unterschiede!

Versuch 9   Der 424-Encoder

Rufen Sie das Programm mit **stoch 9** auf. Der 424-Encoder ist ein geschichtetes Netz, es ist diesmal größer und hat vier Eingabe-, zwei verborgene und vier Ausgabeeinheiten. Eingabe- und Ausgabeeinheiten sind nicht direkt, sondern über die Zwischenschicht verbunden. Es werden vier Muster in denen jeweils ein Bit gesetzt ist, an I/O angelegt und trainiert. Ziel ist es, in den zwei verborgenen Neuronen die Eingabe zu repräsentieren, d.h. jedem der vier möglichen Eingabemuster ist genau ein Zustand der verborgenen Neuronen zugeordnet und umgekehrt.

Vergleichen Sie auch hier die beiden Darstellungen $s_i=\pm 1$ oder $s_i=0,1$. Kommentieren Sie die Unterschiede!

8 Lösungen

Aufgabe 1

a)	T=0	T=1	T=5	T=∞
$net_i=0$	0.5	0.5	0.5	0.5
$net_i=0.1$	1	0.550	0.510	0.5
$net_i=-0.9$	0	0.289	0.455	0.5

Der Wert für T=0 und $net_i=0$ läßt sich genau genommen nicht eindeutig bestimmen, da im Exponenten der Exponentialfunktion ein Bruch mit 0/0 steht, wofür sich kein Grenzwert angeben läßt. Wir definieren aus Symmetriegründen $Pr(s_i=1)$ hierfür als 0.5, man könnte aber auch wie beim deterministischen Hopfield-Netz den Wert 1 wählen.

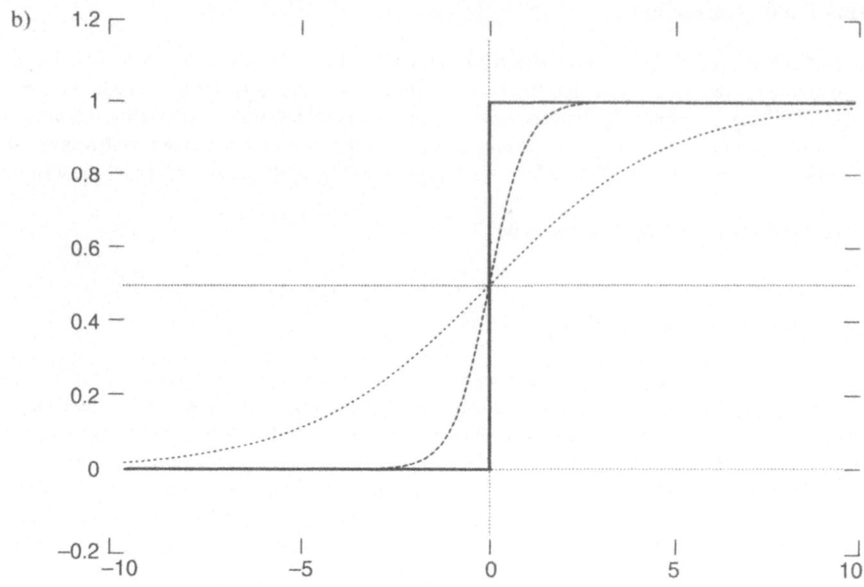

Abb. 3. $\Pr(s_i=1)$ in Abhängigkeit von net_i bei $T = 0, 1, 5, \bullet$

Aufgabe 2

a) In Aufgabe 2a) im Kapitel über das Hopfield Modell wurde gezeigt, daß sich die Energie um $2net_k s_k$ ändert, wenn nur Neuron k schaltet, also gilt $\Delta E_k = 2net_k s_k$. Mit (2") erhält man demnach

$$\Pr(s_\kappa \to -s_k) = \frac{1}{1 + e^{\Delta E_k / T}} \, ,$$

d.h. je größer der Energiezuwachs beim Schalten, desto geringer die Wahrscheinlichkeit dafür. Damit sind energieärmere Zustände stabiler als energiereichere.

b) Bei synchronem update sind für $T \to \infty$ nach einem Schritt alle Zustände gleich wahrscheinlich, d.h. $P_s(t) = 2^{-N}$ für $t \geq 1$.

Aufgabe 3

a) $<m^\mu(t)> = \sum_s m^\mu(s)\, P_s(t\,) \to 2^{-N} \sum_s m^\mu(s)$ (für $T \to \infty$ mit Aufgabe 2a)

Die endliche Summe über die Zustände s kann nun paarweise sortiert werden in Paare mit Zuständen s und -s, da zu jedem Zustand auch der negative mit in der Summe auftaucht. Damit heben sich auch die Überlapps paarweise auf, da $m^\mu(-s) = -m^\mu(s)$ gilt. Die Summe ist also 0 und somit auch $<m^\mu(t)> = 0$.

b) Bei synchronem update ist die Dynamik deterministisch, d.h. es entsteht ein 2er Grenzzyklus oder ein stabiler Zustand. Bei asynchronem update relaxiert das Netz stets in einen stabilen Zustand. Bei einem Grenzzyklus ist die Grenzverteilung $P_s(t)$ nicht definiert. Bei einem stabilen Zustand strebt $<m^\mu(t)>$ gegen den mittleren Überlapp $m^\mu(t)$ dieses Zustands.

Aufgabe 4

a) Entropie,
   (i) falls alle Zustände s gleichwahrscheinlich sind (T=∞)

$$S = - \sum_s P_s \ln P_s = - 2^N 2^{-N} \ln 2^{-N} = - \ln 2^{-N} = N \ln 2 \,,$$

(ii) falls genau 2 Zustände die Wahrscheinlichkeit 1/2 haben

$$S = - 2 \frac{1}{2} \ln \left(\frac{1}{2}\right) = - \ln \left(\frac{1}{2}\right) = \ln 2$$

und allgemein: falls genau k Zustände die Wahrscheinlichkeit 1/k haben

$$S = - k \frac{1}{k} \ln \left(\frac{1}{k}\right) = - \ln \left(\frac{1}{k}\right) = \ln k \,,$$

(iii) falls genau ein Zustand die Wahrscheinlichkeit 1 hat

$$\ln (1) = 0 \Rightarrow S = 0$$

b) Welches sind die minimalen und die maximalen Werte der Entropie?
Da $P_s \geq 0$ und $\ln P_s \leq 0$ wegen $P_s \leq 1$ (P_s sind Wahrscheinlichkeiten), ist jeder Summand $P_s \ln P_s$ negativ und somit die negative Summe S positiv, also $S \geq 0$. Wegen $S = 0$ in Aufgabenteil a)(iii) ist der Minimalwert $S = 0$.

S nimmt den Maximalwert an (s. auch (ii´)), wenn alle 2^N Zustände gleich wahrscheinlich sind: $S = N \cdot \ln 2$.

c) Die freie Energie nimmt nur im Mittel (über unendlich große Stichproben) in jedem Schritt ab. Bei einem einzelnen Lauf kann die Energie aufgrund der Temperatur in einem Updateschritt auch zunehmen.

Aufgabe 5

$$T(t) = 20\text{-}t \qquad \text{für } 0 <= t <= 10$$
$$T(t) = 10 \qquad \text{für } 10 < t <= 14$$

Aufgabe 6

Sei $s_i \in \{-1,1\}$ bipolar und $s_i´ \in \{0,1\}$ binär, d.h. $s_i´ = (s_i + 1)/2$. Damit die beiden Maschinen verhaltensgleich arbeiten, muß jeweils gelten $net_i = net_i´$:

$$net_i´ = \sum_j w_{ij}´ \, s_j´ - \theta_i´ = \sum_j w_{ij}´ (s_j + 1)/2 - \theta_i´ = \sum_j \frac{w_{ij}´}{2} s_j + \sum_j \frac{w_{ij}´}{2} - \theta_i´$$

$$\Rightarrow w_{ij}´ = 2 w_{ij} \text{ und } \theta_i´ = \sum_j \frac{w_{ij}´}{2} - \theta_i$$

Versuch 1   Hopfield-Modell mit Temperatur

a) Orthogonale Muster

T=5,...,35	T=50	T=60	T=70	T=85	T=100	T=150
3 100%	≥95%	≥94%	≥88%	≥81%	≥61%	keine Assoziation
6 100%	≥95%	≥94%	≥88%	≥81%	≥61%	keine Assoziation

Mit zunehmender Temperatur wird die Erkennung ungenauer. Dennoch kann man davon aus-
gehen, daß in diesem Beispiel die Muster eindeutig erkannt wurden.

Ausgeblendete Elemente bei Muster #3 (T=25):

	cycles	ok?
50-100	2	100 %
20-100	3	100 %
40-120	3	100 %
10-100	3	100 %
10-95	3	100 %

Die Ausblendung von 100 Musterelementen ist schon zu viel. Bei Ausblendung von 90 Muster-
elemente hängt das Ergebnis davon ab, aus welchem Bereich die Elemente entfernt werden.
So gelingt die Assoziation bei Muster #3 mit einer Ausblendung von 10-100, aber nicht im
Bereich von 30-120.

Bei einer Erhöhung der Temperatur von T=0 auf T=25 steigt die Korrelation des Musters #6
von 62 auf 100%.

Zufälliges Rauschen: **fliptest** bei einem Muster, z.B. Muster #3 (je 10 Versuche):

p-flip	0.3	0.4
T=0	failed: 1 cycles 2-3: 9	failed: 6 cycles 2-4: 4
T=15	failed: 0 cycles 2-3: 10	failed: 8 cycles 3-4: 2
T=25	failed: 0 cycles 2-4: 10	failed: 5 cycles 2-5: 5

b) Zufallsmuster

Muster #	T= 5	T=15	T=25	T=35
Muster #3	100%	≥98%	≥98%	≥95%
Muster #7	100%	≥98%	≥98%	fail nach 20-60 Schritten
Muster #13	100%	≥98%	≥98%	>=95%

c) Schwach korrelierte Muster (Ziffern)

Muster 2 und 6 relaxieren in einen Zustand mit -83% Korrelation zu Muster 1, Muster 4 relaxiert in den inversen mit 83% Korrelation zu Muster 1. Dieser Zustand ist vermutlich (mit seinem Inversen) das globale Minimum.

Versuch 2   Der Neckercube – ein anschauliches Beispiel für Simulated Annealing

a) globales Minimum von -16 erreicht: 4 mal
   globales Minimum von -16 nicht erreicht: 6 mal

b) Vergleich verschiedener Annealing Schedules:

Schedule	25 200 0	5 200 0	2 200 0	0.12 200 0
glob. Minimum erreicht (proz.)	70 % 14 v. 20	90 % 18 v. 20	100 % 20 v. 20	75 % 15 v. 20

Beim Annealing Schedule 20 200 0 wird viel Zeit bei hoher Temperatur gerechnet, was zu sehr zufälligen Ergebnissen führt. Erst sehr spät und nur für kurze Zeit kommt das Annealing Schedule in einen Temperaturbereich, bei dem die Energiefunktion Einfluß auf das Ergebnis hat. Bei 0.12 200 0 ist die Temperatur so gering, daß das Netz beinahe deterministisch arbeitet und somit nicht aus lokalen Minima in der Nähe des Startzustands herausspringen kann.

Versuch 3

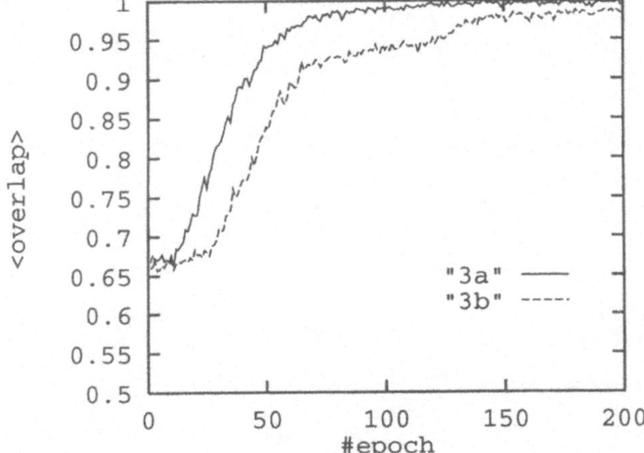

Abb. 4. Verlauf des mittleren Überlapps in Versuch 3a und b.

a) Der mittlere Überlapp steigt auf den Wert 1 bis etwa zur Epoche 150. Aufgrund des Einflusses der probabilistischen Aktivierungsfunktion, kann es aber immer wieder zu Schwankungen kommen, was noch deutlicher beim nicht-gemittelten Überlapp zu sehen ist. In Abb.4 wird der Überlapp beim Lernen gezeigt, wobei jedoch eine höhere Anzahl von Annealing Schedules von 100 gewählt wurde, was das stochastische Rauschen verringert.

b) Obwohl die Lernrate mit 250 gegenüber 30 in Teil a) erheblich höher ist, benötigt das Netz deutlich mehr Epochen, um das Problem zu lösen. Im Bereich zwischen Epoche 20 und 50 steigt der Überlapp zwar genauso schnell, wie im vorigen Fall, davor und danach scheint allerdings das Problem der langen Täler aufzutreten (s. Abb.4).

Versuch 4

a) Lernrate	10	20	50
epochno	130-170	78-86	55-59

Es werden mit wachsender Schrittweite zwar immer weniger Epochen benötigt, um einen hohen Überlapp zu erreichen, gleichzeitig wird das Lernverfahren mit Schrittweite 50 auch weniger stabil. Bei noch grösseren Schrittweiten schwanken die Werte für den Überlapp noch stärker.

b) Die Ergebnisse bei dem sehr kurzen Annealing Schedule 10 10 1 hängen sehr stark von den Zufallswerten ab. Bei manchen Initialisierungen des Zufallszahlengenerators findet der Lernalgorithmus schon nach 40 bis 50 Epochen eine Lösung mit Überlapp 1. Das ist sogar schneller als beim längeren Annealing Schedule 20 10 10 14 10. Bei anderen Initialisierungen jedoch konvergiert das Verfahren gar nicht. Der mittlere Überlapp schwankt dann zwischen 0.5 und 0.8. Das Lernverfahren arbeitet also nicht stabil. Da das Programm abhängig davon, ob es unter DOS/Windows oder UNIX läuft, unterschiedliche Zufallszahlengeneratoren benutzt, kann nicht einheitlich gesagt werden, bei welchen Initialisierungen welches Verhalten zu beobachten ist.

Versuch 5

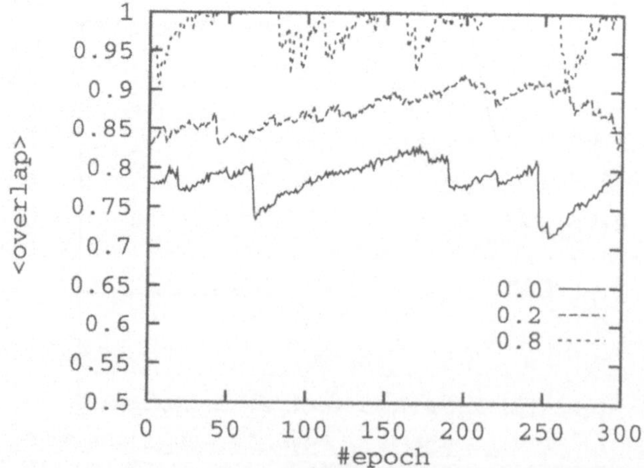

Abb. 5. Learning by Pattern mit verschiedenen Momentum-Werten.

Learning by Pattern ist bei kleinem Momentum sehr instabil. Dies liegt daran, daß eine Fehlerkorrektur, die in einem Schritt gemacht wird, oft im nächsten Schritt wieder zurückgenommen wird. Das Verfahren ist eigentlich nur für hohe Momentum-Werte effektiv. Dann allerdings kann es durchaus mit Learning by Epoch konkurrieren. Abb.5 zeigt den Verlauf der Überlapps für die verschiedenen Momentum-Werte. Beachten Sie bitte, daß hier über eine grössere Anzahl von Annealing Schedules gemittelt wurde (#a_cycles = 100). Bei nur 10 Durchläufen ist die Kurve stärker verrauscht.

Versuch 6

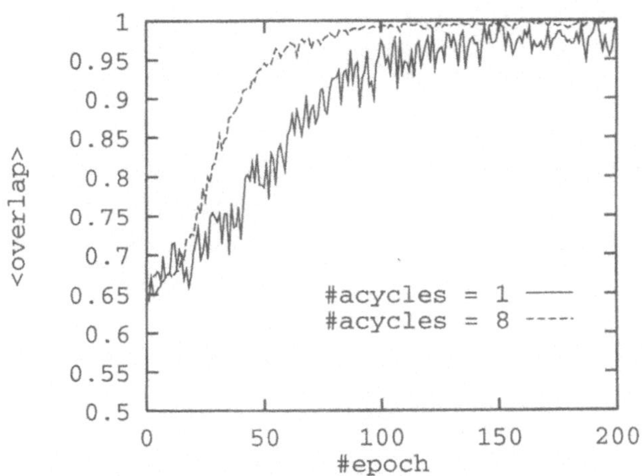

Abb. 6. Learning mit #a_cycles=1 und #a_cycles=8.

Die Anzahl der Annealing Schedules, über die gemittelt wird, hat zwei Auswirkungen. Zum einen hängt von ihr das Lernergebnis qualitativ ab, zum anderen die Stabilität des Lernvorganges. In Abb.6 sind beide Effekte zu sehen. Bei nur einem Annealing Schedule wird wesentlich schlechter und langsamer gelernt, aber der Überlapp schwankt auch viel stärker. Beste Ergebnisse würden bei beliebig genauen Mittelwerten, also beliebig vielen Annealing Schedules, erzielt. Da dies aber zu aufwendig ist, muß jeweils ein so kleiner Wert gewählt werden, daß hinreichende Stabilität bei hoher Effizienz gewährleistet wird.

Versuch 7

Bei Gewichtsinitialisierungen $w_{ij}=1$ benötigt die Boltzmann-Maschine 60 bis 70 Epochen, bei Initialisierungen $w_{ij}=\pm1$ 60 bis 300 Epochen. D. h. $w_{ij}=1$ ist etwas günstiger als $w_{ij}=0$, wogegen $w_{ij}=\pm1$ weniger stabil und langsamer ist. Diese Ergebnisse lassen sich nicht verallgemeinern. Günstige Gewichtsinitialisierungen hängen immer vom zu lösenden Problem ab. Offensichtlich ist die beste Gewichtsinitialisierung diejenige, die schon von allein das Problem löst.

Versuch 8

Bei 0/1-Kodierung benötigt das Lernverfahren mit 250 bis 300 Epochen erheblich länger, um das Problem zu lösen. Dies liegt daran, daß die symmetrische +1/-1-Kodierung für das symmetrische Xor-Problem wesentlich geeigneter ist, da eine +1 gleich wichtig wie eine -1 ist. Generell ändert zwar die Umkodierung die Lösbarkeit des Problems nicht, jedoch beeinflußt sie die Konvergenzgeschwindigkeit des Lernverfahrens.

Versuch 9

Bei diesem Versuch wird besonders deutlich, daß schon etwas grössere Netze sehr viel Zeit zu Lernen benötigen. Da im Gegensatz zum Xor-Problem die Bedeutung der Neuronenwerte nicht symmetrisch ist und die 1 das informationstragende Bit darstellt, ist die 0/1-Kodierung etwas besser.

Kapitel 10

Optimieren mit neuronalen Netzen

1 Einführung

Beim Optimieren mit neuronalen Netzen werden Probleme so in „Energie"-Funktionen kodiert, daß deren Minimum gerade einer optimalen Lösung entspricht. Solche Energiefunktionen haben wir bereits beim symmetrischen Hopfield-Modell kennengelernt. Beim Optimieren mit neuronalen Netzen soll jetzt versucht werden, anstelle von Mustern die Lösungen von Optimierungsproblemen in die lokalen Minima der Energiefunktion eines neuronalen Netzes zu legen. Das hier verwendete Neuronenmodell ist ein vereinfachtes Hopfield-Tank-Modell. Das ursprüngliche Modell wurde als analoges elektronisches Netz von J. J. Hopfield und D. W. Tank vorgeschlagen.

2 Neuronale Netze zur Lösung von Optimierungsproblemen

2.1 Netztopologie

Zur Lösung von Optimierungsproblemen verwenden wir N Neuronen mit den Zuständen $\mathbf{s} = (s_1,...,s_N)$. Das zu lösende Optimierungsproblem muß so kodiert werden, daß ein stabiler Zustand des Netzes einer Lösung entspricht.

Wir beschränken die zu lösenden Probleme auf solche, deren optimale Lösungen die Minima von quadratischen Polynomen mit Koeffizienten v_{ij} und ω_i sind. Das heißt, die betrachteten Probleme haben eine Zielfunktion der Form

$$E(\mathbf{s}) = \sum_{i,j=1}^{N} v_{ij} s_i s_j + \sum_{i=1}^{N} \omega_i s_i = \mathbf{s}^T \mathbf{V} \mathbf{s} + \mathbf{w}^T \mathbf{s},$$

die minimiert werden soll. Da E minimiert werden soll, kann man konstante Teile vernachlässigen. Wegen der Kommutativität von + und · kann $\mathbf{V}$ stets symmetrisch gewählt werden:

Aufgabe 1

Zeigen Sie: Für beliebige $\mathbf{V}$ gilt $\mathbf{s}^T \mathbf{V} \mathbf{s} = \mathbf{s}^T \frac{1}{2}(\mathbf{V} + \mathbf{V}^T)\mathbf{s}$.

Das üblichste Verfahren, solche Polynome zu minimieren ist das Gradientenabstiegsverfahren. Dazu wird ausgehend von einem beliebigen Startwert $\mathbf{s}$ der Gradient (die

Ableitung im verallgemeinerten mehrdimensionalen Fall) $\dfrac{\partial E}{\partial \mathbf{s}}(\mathbf{s})$ berechnet. Dieser Gradient ist ein Vektor im Definitionsbereich und zeigt in Richtung der Maxima. Um nun dem Minimum näher zu kommen, verändert man $\mathbf{s}$ etwas in negativer Richtung des Gradienten:

$$\mathbf{s}(t+1) := \mathbf{s}(t) - \Delta \, \dfrac{\partial E}{\partial \mathbf{s}}(\mathbf{s}(t))$$

Abbildung 1 zeigt dieses Verfahren für eine 1-dimensionale Funktion.

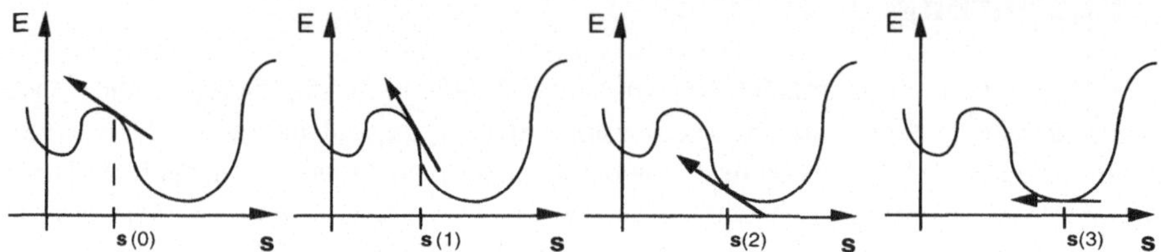

Abb. 1: Gradientenabstieg im 1-dimensionalen Fall

Da wir nur Optimierungsprobleme mit quadratischen Polynomen als Zielfunktion betrachten, ergibt sich als Gradient

$$\frac{\partial E}{\partial s_i}(\mathbf{s}) = \sum_{j=1}^{N} v_{ij}s_j + \sum_{j=1}^{N} v_{ji}s_j + \omega_i = 2\sum_{j=1}^{N} v_{ij}s_j + \omega_i \,,$$

$$\frac{\partial E}{\partial \mathbf{s}}(\mathbf{s}) = 2 \cdot \mathbf{V} \cdot \mathbf{s} + \omega \ .$$

Das neuronale Netz kann nun diesen Gradientenabstieg durchführen. Sei $\mathbf{I}$ die Einheitsmatrix und

$$\mathbf{W} \quad = \quad \mathbf{I} - 2 \cdot \Delta \cdot \mathbf{V}$$

$$\theta \quad = \quad - \Delta \cdot \omega$$

$$net_i \quad = \quad \sum_{j=1}^{N} w_{ij}s_j \ ,$$

dann ergibt sich die Updateregel für das neuronale Netz als

$$s_i(t+1) := net_i(t) + \theta_i \ .$$

Das neuronale Netz ist somit ein symmetrisches rückgekoppeltes Netz mit Schwellwertelementen und stetigen Neuronenpotentialen. Analog dem Hopfield-Netz werden die Zustände $\mathbf{s}$ stabil genannt, für die $\mathbf{s}(t+1) = \mathbf{s}(t)$. Dies gilt insbesondere für solche Zustände $\mathbf{s}$, die lokalen Minima von E entsprechen, da dann der Gradient von E der Nullvektor ist. Als Update-Dynamik kommen die synchrone und die asynchrone in Frage. Die Energiefunktion des Netzes ist das Polynom E.

2.2 Einschränkung des Suchraums

Das zu minimierende Polynom ist auf $\mathbf{R}^N$ definiert. In der Regel ergeben sich aber
wesentlich kleinere Suchräume. Bei vielen Problemen werden nur Lösungen in einem
kompakten Intervall D^N gesucht. Bei den in diesem Kapitel behandelten Problemen kann
D auf $[0,1]$ beschränkt werden.

Eine erste Lösungsmöglichkeit besteht darin, nicht den üblichen Gradientenabstieg,
sondern einen projizierten Gradientenabstieg auf D^N anzuwenden. Wenn beim Gradientenabstieg der Hyperkubus D^N verlassen werden müßte, wird der Gradient auf die
entsprechende begrenzende Seitenfläche projiziert. Die Updateregel wird um eine Funktion f_{lin} ergänzt:

$$s_i(t+1) := f_{lin}(net_i(t) + \theta_i)$$

mit

$$f_{lin}(x) = \begin{cases} 0 & \text{, falls } x < 0 \\ 1 & \text{, falls } x > 1 \\ x & \text{sonst} \end{cases}$$

Andere begrenzende Aktivierungsfunktionen, die $s_i \in D = [0,1]$ erzwingen, sind diskrete Funktionen

$$f_{step}(x) = \begin{cases} 0 & \text{, falls } x < 0 \\ 1 & \text{sonst} \end{cases}$$

$$\Theta(x) = \begin{cases} 0 & \text{, falls } x < \dfrac{1}{2} \\ 1 & \text{sonst} \end{cases}$$

oder weichere Funktionen

$$f_{sig} = \frac{1}{1 + e^{-x}} \quad .$$

Eine weitere Lösungsmöglichkeit ist der diskrete Gradientenabstieg bzw. Hillclimbing (bzgl. -E). Bei diesem Lösungsansatz wird in jedem Schritt eine Komponente
zufällig ausgewählt und deren Wert invertiert, wenn dadurch die Zielfunktion verbessert
wird, d.h. E abnimmt. Auf diese Weise errreicht man stets ein lokales Minimum im diskreten Lösungsraum, d.h. im Endzustand ergibt die Invertierung für keine Komponente
eine Verbesserung. Dieses Verfahren läßt sich mit einem Hopfield-Netz unter Verwendung der Aktivierungsfunktion f_{step} neuronal implementieren:

$$s_i(t+1) := f_{step}(2\sum_{j \neq i} v_{ij}s_j + w_i + v_{ii}),$$

d.h. $w_{ij} := v_{ij}$, $w_{ii} := 0$, $.\theta_i := w_i + v_{ii}$,

Hierbei berechnet das Neuron i genau die Differenz der Energie E zwischen dem Zustand mit $s_i=1$ und $s_i=0$:

$$E(s_i=1) - E(s_i=0) = 2 \sum_{j \neq i} v_{ij}s_j + w_i + v_{ii} \quad \text{(s. Lösung zu Aufgabe 2a)}.$$

Tatsächlich hat J.J. Hopfield zunächst mit diesem Ansatz versucht, Optimierungsprobleme zu lösen. Dadurch wird allerdings der Suchraum so stark eingeengt, daß das Verfahren nicht mehr zufriedenstellend arbeitet (vgl. Versuch 1). Die stetige Version mit reellen Werten als Neuronenpotentiale eignet sich besser für diese Aufgaben (s. Versuch 2 ff.).

Ein dritter Lösungsansatz besteht in einer Synthese beider Ansätze. Komponenten s_i, die stabil sind bzgl. des projizierten Gradientenabstiegs, werden auch hier nicht verändert. Die anderen Komponenten hingegen werden je nachdem, wie groß der Gradient ist, in Richtung des negativen Gradienten invertiert:

$$s_i(t+1) := \Theta \left(s_i - \Delta \cdot (2 \sum_{j=1}^{N} v_{ij}s_j + \omega_i) \right). \quad (*)$$

Dabei bestimmt die Schrittweite Δ, ab welcher Größe der partiellen Ableitung von E nach s_i die Aktivierung s_i invertiert wird. Wählen wir die Schrittweite hinreichend klein, so können wir sicherstellen, daß die Energiefunktion in keinem Schritt zunimmt, was für Terminierungsbedingungen verwendet werden kann (s. Aufg. 2).

Aufgabe 2

Zeigen Sie durch folgende Schritte, wie die Schrittweite eingestellt werden muß, damit beim asynchronen diskreten Update gemäß (*) die Energiefunktion nie zunimmt:

a) Zustand s' unterscheide sich von s genau in der k-ten Komponente (s_k). Dann ist

$$E(s) - E(s') = (2 s_k - 1) \cdot \frac{\partial E}{\partial s_k}(s) - v_{kk}$$

b) Ein Neuron k schaltet $\rightarrow$ $(2 s_k(t) - 1) \cdot \dfrac{\partial E}{\partial s_k}(s(t)) \geq \dfrac{1}{2\Delta}$

c) Wie muß Δ gewählt werden, damit stets $E(s(t)) - E(s(t+1)) \geq 0$ gilt?

Hinweis: Die Fallunterscheidung, in welche Richtung das Neuron k schaltet, ist in $(2 s_k(t) - 1)$ verborgen.

Bei kleiner Schrittweite ist diese dritte Möglichkeit mit dem zweiten Lösungsansatz (Hillclimbing) vergleichbar, da bei jeder Veränderung die Energie E verringert wird. Andererseits ist jedoch nicht gewährleistet, daß alle lokalen Verbesserungsmöglichkeiten ausgeschöpft werden, d.h. dieses Modell konvergiert nicht immer in einem lokalen Minimum. Bei größerer Schrittweite hingegen hat man den Vorteil, daß ein lokales Minimum wieder verlassen werden kann, und zwar werden gerade die Komponenten geändert, die auch beim projizierten Gradientenabstieg nicht stabil sind. Dieses Modell wird in Versuch 1 betrachtet.

2.3 Das Hopfield-Tank-Modell

Wie schon erwähnt, ist das Modell, das in diesem Kapitel untersucht wird, eine Vereinfachung des Hopfield-Tank-Modells. Hopfield und Tank modellierten ein rückgekoppeltes neuronales Netz als elektrischen Schaltkreis, dessen Dynamik sich mit folgenden kontinuierlichen Differentialgleichungen beschreiben läßt:

$$\frac{da_i}{dt} = 2 \left(\sum_{j=i} v_{ij}s_j \right) - \tau\, a_i - \omega_i \, .$$

Dabei wird zwischen internen Zuständen a_i und externen Zuständen $s_i = f_{sig}(a_i)$ unterschieden. Zusätzlich existiert noch ein Dämpfungsterm $\tau\, a_i$ ($0<\tau<1$), der dazu führt, daß die Aktivierung eines Neurons gegen 0 strebt, wenn es keine Erregung von außen oder von anderen Neuronen erhält. Die (Eulersche) Diskretisierung dieser Differentialgleichung führt zu

$$a_i(t+1) = a_i(t) + \Delta \cdot (2 \sum_{j=i} v_{ij}\, s_j(t) \, \, \tau\, a_i(t) - \omega_i).$$

Wesentliche Aufgabe des Dämpfungsterms ist es, die Neuronenaktivierung im linearen Bereich der Aktivierungsfunktion zu halten. Dies kann aber auch über die Aktivierungsfuntion selbst erreicht werden, sofern diese die externen Zustände beschränkt. Da dies insbesondere durch die lineare Aktivierungsfunktion f_{lin} erreicht wird, kann bei Verwendung von f_{lin} die Dämpfung vernachlässigt werden und die Unterscheidung zwischen internen und externen Zuständen wird überflüssig:

$$s_i(t+1) = f_{lin}(s_i(t) + \Delta \cdot (2 \sum_{j=i} v_{ij}\, s_j(t) - \omega_i)).$$

Dieses Modell, das einen projizierten Gradientenabstieg simuliert, wurde bereits 1977 von J.A. Anderson als „brain state in a box" vorgeschlagen, da die Zustände der Neuronen (brain state) durch die lineare Begrenzung quasi in einem Hyperkubus (Box) gefangen sind.

Mit den Definitionen für θ und $\mathbf{W}$ wie oben erhält man schließlich wieder

$$s_i(t+1) := f_{lin}(net_i(t) + \theta_i) \quad .$$

2.4 Energiefunktionen

Um die neuronalen Netze zu „programmieren", muß das Optimierungsproblem in eine Energiefunktion kodiert werden, die ein Polynom höchstens 2-ten Grades ist. Damit der Definitionsbereich eingeschränkt werden kann, muß zudem ein Intervall D definiert werden, das den Suchraum angibt. Ein stabiler Zustand $\mathbf{s} = (s_1,...,s_N)$ aus D^N soll eine Lösung des Problems repräsentieren. Oft werden dazu die Werte s_i als Aussage interpretiert. In den folgenden Beispielen wird die 1 als wahr, die 0 als falsch ausgelegt. Daraus ergibt sich D als [0,1]. Die stabilen Zustände müssen zwei Eigenschaften haben: Sie sollen einer **optimalen** und einer **gültigen** Lösung entsprechen. Das Problem beim Gradientenabstieg ist, daß nur lokal optimiert wird. Besonders interessant sind deshalb Energie-funktionen, bei denen die lokalen Minima auch die globalen Minima sind. Dies ist bei allen konvexen Funktionen der Fall.

Definition: E: $D^N \rightarrow \mathbf{R}$ ist konvex gdw.

$$\forall x,y \in D, \lambda \in [0,1]:\quad E(x+\lambda(y\text{-}x)) \leq E(x)+\lambda(E(y)\text{-}E(x)),$$

d.h. für je zwei Werte x und y haben alle Zwischenwerte kleinere Funktionswerte als die Verbindungsgerade zwischen E(x) und E(y).

Insbesondere gilt somit für zwei globale Minima x und y, daß alle Zwischenpunkte x+λ(y-x) globale Minima sind.

Aufgabe 3

Zeigen Sie:
a) Jede lineare Funktion ist konvex.

b) Die Summe konvexer Funktionen ist konvex.

c) Das Quadrat einer linearen Funktion ist konvex.

d) Das Quadrat einer konvexen Funktion ist nicht immer konvex.

Da die Summe von konvexen Funktionen wieder konvex ist, kann eine Energie-funktion aus mehreren Funktionen zusammengesetzt werden, die verschiedene Teil-probleme lösen. Zwei Teilprobleme wurden bereits angesprochen: optimale und gültige Lösungen. Optimal sind die Lösungen, wenn eine bestimmte Kostenfunktion minimiert wurde. Diese Kostenfunktion E_{cost} ergibt sich oft direkt aus der Problemdefinition. Gül-tige Lösungen werden durch sogenannte Penalty Funktionen $E_{penalty}$ erzwungen. Die ge-samte Energiefunktion ist dann die gewichtete Summe

$$E = \alpha\ E_{cost} + \beta\ E_{penalty}\ .$$

Neben der Suche nach geeigneten Energiefunktionen müssen bei der Programmierung neuronaler Netze zur Lösung von Optimierungsproblemen dann noch geeignete Parame-ter α, β (zur Gewichtung der Energiefunktionsteile) und Δ (für die Schrittweite) gesucht werden, die möglichst allgemeingültig sind. Manche Parametereinstellungen lösen even-tuell nur sehr spezielle Fälle des Problems. Die Parametersuche ist oft noch dadurch er-schwert, daß die Funktionen E_{cost} und $E_{penalty}$ zum Teil selbst wieder gewichtete Sum-men mit eigenen Parametern sind.

2.5 Traveling-Salesman-Problem und Assignment-Problem

Im den Versuchen zu diesem Kapitel werden zwei kombinatorische Optimierungs-probleme untersucht, deren Definitionen sehr ähnlich sind, die aber in verschiedenen Komplexitätsklassen liegen. Das Traveling-Salesman-Problem (TSP) ist NP-vollständig, d.h. es sind nur exakte Lösungsverfahren mit mindestens exponentiellem Aufwand bekannt. Das Assignment Problem (AP) dagegen ist mit der ungarischen Methode in $O(n^3)$ Schritten lösbar. Verbale Definitionen von TSP und AP sind:

TSP: Finde zu n Städten mit den Distanzen (c_{ij}) eine optimale Tour, in der jede Stadt genau einmal besucht wird (und wieder in die erste Stadt zurückgekehrt wird).

AP: n Arbeiter sollen n Arbeiten erledigen, wobei Arbeiter i für Arbeit j c_{ij} Minuten benötigt. Finde eine optimale Zuordnung, bei der jeder Arbeiter genau eine Arbeit erledigt.

In einer formalen Definition werden Permutationsmatrizen $P = (p_{ij})$ $(p_{ij} \in \{0,1\})$, gesucht. Dabei entsprechen die Einträge p_{ij} den Aussagen „Stadt i nach Stadt j besucht" beim TSP und beim AP „Arbeiter i erledigt Arbeit j". Eine 1 steht für wahr, eine 0 für falsch.

Die formalen Definitionen von TSP und AP sind fast gleich:

gegeben: eine Kostenmatrix $C = (c_{ij})$

gesucht: eine Permutationsmatrix $P = (p_{ij})$, $p_{ij} \in \{0,1\}$

Ziel: Minimierung der Kostenfunktion $\displaystyle\sum_{i,j=1}^{n} c_{ij}\, p_{ij}$

Zusatzbedingung beim TSP: Es gibt eine Folge $k_1,..,k_n$ mit:

$$p_{k_i k_i+1}=1 \text{ und } \{k_1,..,k_n\} = \{1,...,n\} \tag{*}$$

Mit dem Matrixskalarprodukt[1]

$$A*B := \sum_{i,j=1}^{n} a_{ij} b_{ij}$$

ist die zu minimierende Zielfunktion $C*P$. Die Einschränkung (*) beim TSP verhindert, daß Teilzyklen entstehen.

Aufgabe 4

Zeigen Sie: Ohne die Einschränkung (*) erhält man beim TSP als Lösung eine Überdeckung der Städte durch (i.a. mehrere) Kreise.

Die Einschränkung (*) kann auch in die Zielfunktion kodiert werden, indem man nicht eine Permutationsmatrix sucht, bei der die Einträge Verbindungen von Städten entsprechen, sondern der Position von Städten in der Tour. Die Einträge in P haben dann folgende Bedeutung:

$$p_{ij} = \begin{cases} 1, & \text{falls Stadt i an j.ter Stelle in der Tour} \\ 0 & \text{sonst} \end{cases}$$

---

[1]Beachten Sie, daß AB die normale Matrixmultiplikation und A*B das Matrixskalarprodukt ist; d.h., daß AB wieder eine Matrix, A*B aber ein reeller Wert ist.

Um nun eine Zielfunktion in Abhängigkeit von P zu formulieren, definieren wir eine Permutationsmatrix Q, die einer Tour entspricht, in der die Städte der Reihenfolge nach durchlaufen werden (1-2-3-...-n):

$$Q := \begin{pmatrix} 0\,0 & \text{——} & 0\,1 \\ 1\,0 & \text{——} & 0\,0 \\ 0\,1 & & | \; | \\ & & 0\,0 \\ 0 & \text{——} & 0\,1\,0 \end{pmatrix}$$

Die gesuchte Permutationsmatrix P vertauscht nun die Städte in Q. Die Matrix PQP^T hat an der i,j-ten Stelle genau dann eine 1, wenn die Städte i und j miteinander verbunden sind (sonst eine 0).[2] Zu minimieren ist dann die Kostenfunktion $(PQP^T)*C$.

Aufgabe 5

Zeigen Sie:[3] $(PQP^T)*C = \sum\limits_{i,j=1}^{n} \sum\limits_{k=1}^{n} p_{ik}p_{j(k-1)}c_{ij}$.

Damit lassen sich TSP und AP mit den unterschiedlichen Kostenfunktionen definieren:

gegeben: Kostenmatrix C
gesucht: Permutationsmatrix P
Ziel: minimiere   bei AP die Zielfunktion $P*C$
"   bei TSP die Zielfunktion $(PQP^T)*C$

Bei dieser Definition sind keine weiteren Bedingungen mehr nötig, um Teilzyklen auszuschließen.

Da der gesuchte Lösungsraum aus Matrizen besteht, ordnen wir die Neuronen auch als Matrix an: $\mathbf{s} = (s_{ij})$. D kann als [0,1] gewählt werden. Der Suchraum ist $D^{n \times n}$. Um die Probleme zu lösen, kann jetzt nach geeigneten Energiefunktionen gesucht werden. Die Kostenfunktionen wurden bereits definiert. Wir übernehmen sie direkt. Da nicht alle Matrizen des Suchraums gültige Lösungen sind, muß eine Penalty-Funktion Permutationsmatrizen erzwingen. Einige Eigenschaften von Permutationsmatrizen:

1. Jede Zeilensumme einer Permutationsmatrix ist 1.

2. Jede Spaltensumme einer Permutationsmatrix ist 1.

3. Die Gesamtsumme einer Permutationsmatrix ist n.

4. Die Elemente einer Permutationsmatrix sind 1 oder 0.

5. Je Zeile gibt es genau eine 1.

6. Je Spalte gibt es genau eine 1.

etc.

Eine vollständige Charakterisierung ist z.B. durch 1,2 und 4 gegeben.

---

[2] Da P Permutationsmatrix ist, ist $P^T = P^{-1}$.
[3] Die Indizes werden zyklisch interpretiert: $p_{i(1-1)} = p_{in}$.

Diese Ziele werden durch die Minima der folgenden Energiefunktionen erreicht:

$$E_a = (\sum_{i,j=1}^{n} s_{ij} - n)^2$$

$$E_b = \sum_{i=1}^{n} (\sum_{j=1}^{n} s_{ij} - 1)^2$$

$$E_c = \sum_{j=1}^{n} (\sum_{i=1}^{n} s_{ij} - 1)^2$$

$$E_d = \sum_{j=1}^{n} ((\sum_{i=1}^{n} s_{ij})^2 - \sum_{i=1}^{n} s_{ij}^2)$$

$$E_e = \sum_{i=1}^{n} ((\sum_{j=1}^{n} s_{ij})^2 - \sum_{j=1}^{n} s_{ij}^2)$$

Aufgabe 6

a) Welche Energiefunktionen realisieren welche der Ziele 1 bis 6?

b) Welche der Energiefunktionen E_a bis E_e und $P*C$, $(PQP^T)*C$ sind konvex?

c) Wie sieht eine konvexe Energiefunktion für das AP aus, bei der nur die Restriktionen 1 bis 3 berücksichtigt werden?

Offensichtlich kann man somit eine konvexe Energiefunktion für die Zielfunktion des AP und die Restriktionen 1 bis 3 finden. Das AP gehört zu den linearen Optimierungsproblemen, d.h. jede kontinuierliche Lösung läßt sich als Linearkombination ganzzahliger Lösungen ausdrücken. Damit sind zwar nicht alle Optima der konvexen Zielfunktion Permutationsmatrizen, aber sie sind stets Linearkombinationen der möglichen optimalen Permutationsmatrizen. Man erhält also bei genau einer optimalen Lösung eine konvexe Energiefunktion mit gerade diesem Optimum als einzigem lokalem und zugleich globalem Minimum. Im Fall einer Linearkombination aus mehreren optimalen Lösungen kann man beim AP durch Reduktion auf ein kleineres AP eine Lösung berechnen. Dazu wird ein Matrixeintrag p_{ij}, der von 0 verschieden ist als erster Teil einer Lösung festgehalten. Arbeiter i und Arbeit j werden aus dem Problem gestrichen, und das Restproblem (von n auf n-1 reduziert) kann nun für sich gelöst werden. Nach maximal n-1 Reduktionen hat man so eine Lösung des ursprünglichen Problems.

Für das TSP und das AP haben wir die Neuronen des Netzes als Matrix angeordnet und indiziert. Damit ist die update-Regel

$$s_{ij}(t+1) = s_{ij}(t) - \Delta \cdot \frac{\partial E}{\partial s_{ij}(t)}(s(t)) .$$

Um zu zeigen, daß die Anordnung der Neuronen als Matrix das Neuronenmodell nicht verändert, linearisieren wir die Neuronen zu $\mathbf{s}'$ mit $s'_{(n \cdot i + j)} = s_{ij}$.

Aufgabe 7

a) Zeigen Sie: Die Updateregeln für $\mathbf{s}'$ und alle Energiefunktionen E_a bis E_e sowie $\mathbf{s}*C$, $(\mathbf{s}Q\mathbf{s}^T)*C$, haben die Form

$$s_i(t+1) := net_i(t) + \theta_i \quad \text{bzw.} \quad \mathbf{s}'(t+1) = \mathbf{W}\mathbf{s}'(t) + \theta .$$

b) Berechnen Sie net_i bzw. v_{ij} und ω_i für E_a.

Hinweis: Zeigen Sie für Aufgabe a), daß die Funktionen quadratische Polynome sind.

2.6 Weitere Optimierungsprobleme

Trotz der Einschränkung auf quadratische Polynome lassen sich mit dem Neuronenmodell sehr viele kombinatorische Probleme in neuronale Netze kodieren.

Lineare Gleichungen und Ungleichungen

Aufgabe 8

Entwerfen Sie jeweils eine konvexe Penalty Funktion, so daß für alle Minima

a) die lineare Gleichung $\quad \displaystyle\sum_{i=1}^{N} \alpha_i s_i = \beta,$

b) die lineare Ungleichung $\quad \displaystyle\sum_{i=1}^{N} \alpha_i s_i \leq \beta$

erfüllt ist.

Hinweis: Bei b) ist ein stückweise definiertes quadratisches Polynom gesucht.

Graph Bisection Problem

Ein weiteres kombinatorisches Optimierungsproblem ist das Graph Bisection Problem (GBP), bei dem N Punkte, die durch mit $C=(c_{ij})$ gewichtete Kanten verbunden sind, in zwei gleich große disjunkte Mengen aufgeteilt werden. Dabei soll die Summe der Gewichte aller Kanten, die nicht vollständig in einer Menge liegen, minimiert werden. Wir kodieren ein Netz mit N Neuronen und Zuständen $s_i \in [0,1]$, wobei $s_i = 0$ für „Stadt i in erster Menge", $s_i = 1$ für „Stadt i in zweiter Menge" steht.

Aufgabe 9

a) Was ist ein praktisches Anwendungsbeispiel für das GBP?

b) Wie sieht eine Penalty Funktion für das GBP aus?

c) Definieren Sie eine Kostenfunktion für das GBP. (Hinweis: Wenn man die s_i als Wahrheitswerte interpretiert, kann man mit $+$, $\cdot$, $-$ und 1 leicht AND, OR und NOT realisieren.)

Kreisüberdeckung

Wenn man mit der Kostenmatrix eines TSP das AP löst, erhält man anstelle einer Tour eine Überdeckung aller Städte durch Kreise, denn man löst das TSP, ohne die Bedingung zu beachten, die Teilzyklen vermeidet. Damit nicht von jeder Stadt immer die Stadt selbst angefahren wird, werden die Kosten c_{ii} auf ∞ gesetzt. Dann erhält man als Lösung des AP eine Überdeckung durch Kreise, die mindestens zwei Städte enthalten (2-er Kreise). Leider enthalten die Überdeckungen fast nur 2-er-Kreise. Da die Lösung des AP immer billiger ist als eine TSP-Lösung, können mit diesem Verfahren stets untere Schranken berechnet werden. Sollte das AP genau einen Kreis ergeben, so ist dies die optimale TSP-Lösung.

Da in den praktischen Versuchen das AP immer in dieser Weise zur Suche von optimalen Kreisüberdeckungen verwendet wird, wollen wir noch eine bildhafte Definition dieses Optimierungsproblems angeben, das mittelalterliche Wandergesellenproblem. In n mittelalterlichen Städten befinden sich n Wandergesellen, die einmal im Jahr in eine andere Stadt ziehen müssen, wobei jeweils vor und nach der Wanderung in jeder genau ein Geselle arbeitet, kein Geselle in der gleichen Stadt bleiben darf, und die Gesellen natürlich aufgrund der schlechten mittelalterlichen Verkehrsbedingungen versuchen, die Wege möglichst kurz zu halten.

3 Versuchsumgebung

Der Aufruf des Programms erfolgt jeweils bei Versuch *i* durch den Befehl **tsp** *i* . Die dreiteilige Bedienoberfläche enthält im oberen Teil den Menü- und Kommandoteil, darunter den Parameterteil, bei dem die Gewichtungen der Energiefunktionen eingegeben werden können und unten den Anzeigeteil, wo der aktuelle Netzzustand ausgewertet wird und weitere Programmparameter angezeigt werden. Zusätzlich können Displayfenster, ein Testfenster und ein Eingabefenster aktiviert werden.

Beschreibung der benötigten Befehle

file/ quit Beendet das Programm.

set/ Setzen der Parameter **#cycles**, **#update**, **problem** und **actfunc**. **#cycles** gibt an, wie viele Iterationen bei **cycle** berechnet werden sollen. **#update** gibt an, nach wievielen Iterationen jeweils die Grafik neu aufgebaut werden soll (da das Zeit braucht, sollte es i.d.R. nicht nach jedem Schritt passieren). Mit **set/problem** kann gewählt werden, ob das **TSP** oder das **AP** gelöst werden soll. Mit **actfunc** wird zwischen zwei Aktivierungsfunktionen gewählt: f_{lin} (**continuous**) und Θ (**discrete**).

map/ Menü zum Laden (**load**) oder Erstellen/Verändern (**edit**) eines Problems, d.h. einer Landkarte mit Städten, wobei als Kosten immer die euklidischen Distanzen genommen werden. Beim Editieren wird mit der mittleren Maustaste gesetzt und mit der rechten gelöscht.

show_net/　　Bei manchen Versuchen müssen die Aktivierungen der Neuronen betrachtet werden. Da aber nicht alle Aktivierungen gleichzeitig im Anzeigeteil angezeigt werden können, kann über dieses Menü der angezeigte Ausschnitt zeilenweise nach unten oder oben (**v**, **^**) und spaltenweise nach links oder rechts (**<**, **>**) verschoben werden.

parameter/　　Menü zum Laden (**load**) und Speichern (**save**) von bzw. auf Datei.

cycle　　Berechnet **#cycles** Iterationen vom aktuellen Netzzustand aus. Dabei gibt es ein Abfragefenster mit den Optionen **STEP**, **CYCLE**, **STOP**. Mit **STEP** wird nur ein einzelner Update-Schritt aller Neuronen durchgeführt, mit **CYCLE** werden alle Schritte ohne weitere Abfragen durchgeführt, und mit **STOP** wird abgebrochen. Der Befehl kann unter UNIX durch Ctrl-C im Aufruffenster gestoppt werden (sinnvoll bei hohem **#cycles**).

hungarian　　Berechnet eine Lösung für das Assignmentproblem nach der ungarischen Methode. Setzt automatisch **set/problem/AP**.

test_tour　　Öffnet ein Fenster, in dem man selbst eine Tour belegen und testen kann, wie teuer sie ist. Mit der rechten Maustaste kann dabei ein * auf Städte gesetzt und im folgenden Kanten gezogen werden. Wird über eine Kante eine neue gezogen, so wird sie gelöscht. Wird die Stadt mit dem * angeklickt, so verschwindet der * und kann neu gesetzt werden.

reset　　Setzt den Aktivierungszustand des Netzes auf Zufallszahlen um 1/n zurück, so daß die Zeilen/Spaltensummen ungefähr 1 sind.

Beschreibung des Parameterteils

Die Programmparameter können mit den Balken eingegeben werden. Bei jedem Balken steht der Teil der Energiefunktion, der damit gewichtet wird. Die Parameter werden im Netz mit 1/10 skaliert (D mit 1/1000), damit im Programmfenster immer ganzzahlige Werte eingestellt werden können.

Es können folgende Teile der Zielfunktion (Penalty-Funktionen und Kostenfunktionen) gewichtet werden:

TSP-Kosten　　$(sQs^T)*C$

AP-Kosten　　$s*C$

Gesamtsumme　　$(\sum_{i,j=1}^{n} s_{ij} - n)^2$

Zeilensumme　　$\sum_{i=1}^{n} (\sum_{j=1}^{n} s_{ij} - 1)^2$

Spaltensumme　　$\sum_{j=1}^{n} (\sum_{i=1}^{n} s_{ij} - 1)^2$

Element[0,1], Zeile　　$\sum_{j=1}^{n} ((\sum_{i=1}^{n} s_{ij})^2 - \sum_{i=1}^{n} s_{ij}^2)$

Element[0,1], Spalte　　$\sum_{i=1}^{n} ((\sum_{j=1}^{n} s_{ij})^2 - \sum_{j=1}^{n} s_{ij}^2)$

Beschreibung der wichtigen Variablen im Displayfeld

In der Regel werden hier die Neuronenstärken, die Anzahl der Städte und weitere wichtige Daten angezeigt.

Beschreibung des Displayfensters

Beim Aufruf von **cycle** werden zwei Displayfenster (Tour und Kanten) gezeigt, um den Stand der Berechnungen anzugeben. Die Fenster werden automatisch aktualisiert und können in Größe und Lage verändert werden. Das Tourfenster gibt im **TSP**-Modus (**set/ problem/TSP**) die Tour aus, die im Netz ablesbar ist, und bleibt im **AP**-Modus leer. Im Rahmen werden jeweils die Kosten angegeben. Das Kantenfenster ermittelt im TSP-Modus die Stärke der einzelnen Kanten und gibt im AP-Modus die Neuronenstärken direkt aus.

4 Versuche

Anstelle des eigentlichen AP wird in den Aufgaben das Kreisüberdeckungsproblem gelöst. Wenn nichts anderes angegeben wurde, sollen so viele Iterationen durchgeführt werden, bis das Netz etwa stabil ist, d.h. sich kaum noch etwas ändert. Beachten Sie, daß die Parameter der Energiefunktion mit 1/10 (die Schrittweite mit 1/1000) skaliert sind.

Versuch 1   Diskreter Abstieg beim AP

Wie Hopfield beginnen wir mit diskreten Versuchen, bei denen die Neuronen nur die Werte 0 und 1 annehmen können. Starten Sie das Programm **tsp 1**. Damit werden automatisch die Paramterdatei **ass1.par** und die Städtekoordinaten aus **ass1.dat** geladen sowie das Programm so eingestellt, daß das AP betrachtet wird.

a) Welche Energiefunktion wird bei den eingestellten Parametern minimiert?

b) Welche Werte haben die $v_{(ij)(ij)}$ der Energiefunktion bei diesem Parametersatz (nur E_b und E_c mit 3 gewichtet) ? Wie muß also Δ gemäß Aufgabe 2 aussehen ?

$$v_{(ij)(ij)} = \underline{\qquad} \qquad\qquad \Delta \leq \underline{\qquad}$$

Belegen Sie Δ so, daß es die Bedingung erfüllt und möglichst groß ist (im entsprechenden Balken des Parameterteils einstellen).

c) Muß Δ bei eingeschaltetem AP-Kostenterm verändert werden? Warum?

d) Untersuchen Sie mit diesen Parametern, für welche Werte des AP-Kostenparameters sich das Netz wie verhält. Führen Sie dazu jeweils folgende Schritte **reset** und **cycle** durch. Führen Sie jeweils mehrere Läufe durch (das Ergebnis hängt von der Zufallsinitialisierung bei **reset** ab).

AP-Kostenparameter	0-2	3-6				> 40
Qualität der Lösung	Zufall					
gültige Lösung	60%	90%				50%

Vergleichen Sie dazu auch die optimale Lösung (**hungarian**).

e) Welche Ergebnisse erzielen Sie mit dem möglicht gut eingestellten Kostenparameter und anderer Schrittweite?

Δ	0,05 (50)	0,16 (160)	0,3 (300)
Qualität der Lösung			
gültige Lösung			

f) Lösen Sie die AP-Probleme aus **ass2.dat** und **ass3.dat** (**map/load**, **reset**, **cycle**, ...) mit der besten Parametereinstellung aus d) und vergleichen Sie die Ergebnisse mit denen aus dem Aufgabenteil d).

ass2.dat: Qualität der Lösungen: _________   gültige Lösungen: ____________
ass3.dat: Qualität der Lösungen: _________   gültige Lösungen: ____________

Welche Schrittweite ist günstiger, $\Delta = 0,083$ oder $\Delta = 0.16$?

Versuch 2   Eindeutige / mehrdeutige Lösungen beim AP

In Versuch 1 wurde deutlich, daß mit der diskreten Aktivierungsfunktion keine guten Resultate erzielt werden können. In den folgenden Versuchen wird deshalb immer die lineare Aktivierungsfuntion verwendet. Damit können aber die Neuronen auch Zustände zwischen 0 und 1 annehmen, die nicht eindeutig interpretierbar sind. Im Theorieteil wurde eine konvexe Energiefunktion für das AP besprochen, die zwar keine eindeutigen Lösungen ergibt, aber Linearkombinationen von gültigen Lösungen. Eine Parametereinstellung dazu ist in **ass2.par** gegeben. Rufen Sie das Programm **tsp 2** auf (damit wird automatisch **ass2.par** geladen) und untersuchen Sie, wann eindeutige und mehrdeutige Lösungen auftreten.

a) Lösen Sie die Probleme **ass1.dat** bis **ass5.dat** (**map/load**, **reset**, **cycle**, ...) mit der gegebenen Parametereinstellung. Wann ergaben sich eindeutige und wann mehrdeutige Lösungen? Betrachten Sie dazu die Neuronenaktivitäten im Anzeigeteil und verwenden Sie **show_net** bei dem größeren Problem aus **ass5.dat** Da das Netz die Berechnung schon abbricht, wenn alle Werte nur noch wenigerals 0.1 von 0 oder 1 abweichen, liegen mehrdeutige Lösungen erst bei größeren Abweichungen von 0 oder 1 vor. Führen Sie jeweils 2 bis 3 Versuche durch und vergleichen Sie die Kosten mit den optimalen Kosten. Welche Mehrdeutigkeiten lassen sich trivial auflösen ?

Datei	ass1.dat	ass2.dat	ass3.dat	ass4.dat	ass5.dat
optimale Kosten	856	839	1340	927	1600
Kosten beim Netz					
eindeutig (%)					

b) Versuchen Sie, mit den Element(0,1)-Termen bei mehrdeutigen Lösungen eine gültige Lösung zu erzwingen. Die beiden Parameter (für Zeilen und Spalten) sollten immer denselben Wert haben. Untersuchen Sie bei **ass4.dat** und **ass5.dat** zwei Methoden, gültige Lösungen zu erhalten: Setzen Sie im ersten Fall den Parameter von Anfang an, und rechnen Sie im anderen Fall erst ab einem Punkt, bei dem eine mehrdeutige Lösung erreicht wurde, mit den Element(0,1)-Termen.

Datei	ass4.dat				ass5.dat			
Fall	von Anfang		erst später		von Anfang		erst später	
Parameter (0,1)-Term	1	3	1	3	1	3	1	3
Kosten								
eindeutig								

c) Welche Auswirkung hat der nicht konvexe Element-Term ?

Versuch 3   TSP und Kreisüberdeckungen

Offensichtlich sind TSP-Probleme durch das AP lösbar, wenn sich bei der Kreisüberdeckung genau ein Kreis ergibt. In solchen Fällen kann die Einschränkung, die mehrere Kreise verhindert, weggelassen werden. In dieser Aufgabe soll getestet werden, wann dies der Fall ist und ob solche Probleme eher leicht oder eher schwer zu finden und zu lösen sind.

a) Vervollständigen Sie die folgende Tabelle. Lösen Sie die AP-Teile mit dem AP- Netz oder der ungarischen Methode. Lösen Sie die TSP-Teile mit dem Netz und den Parametern aus **tsp1.par**. Führen Sie jeweils so viele Iterationen durch, wie benötigt werden, um ein (fast) stabiles Netz zu erhalten, d.h. die Energie ändert sich nur noch wenig, oder alle Potentiale sind 0 oder 1. Beachten Sie, daß Sie jeweils über **set/problem/** das richtige Problem lösen (**TSP** oder **AP**).

Datei	tsp4.dat	tsp5.dat	tsp6.dat	tsp7.dat
Städte				
Kreise (AP)				
AP Kosten				
TSP Kosten				
Iterationen				

b) Versuchen Sie, ein möglichst großes Beispiel zu editieren (über **map/edit**), das beim AP genau einen Kreis ergibt. Wie muß es aussehen, welche Werte kommen für n in Betracht?

c) Welche Probleme sind schwere TSP und welche leichtere?

Versuch 4 Parametersuche: Schrittweite und Kosten

a) Schrittweite

Testen Sie mit dem Parametersatz **tsp1.par** und den Problemen **tsp5.dat** und **tsp6.dat**, wie sich das Netz bei veränderter Schrittweite verhält. Erstellen Sie dazu selbst eine Tabelle, mit der ein Bereich gefunden werden soll, für den das Netz zügig und zuverlässig eine Lösung findet. Untersuchen Sie dann auch das **AP** mit **ass2.par** und **ass3.dat**.

In welchem Bereich ist die Schrittweite bei AP und TSP zu wählen?

AP:_______________________   TSP:_______________________

Ist die Formel aus Aufgabe 2 im gültigen Bereich noch erfüllt?

Was passiert, wenn größere Werte genommen werden?

Was passiert bei kleineren Werten?

b) Kosten

Untersuchen Sie mit den Parametern **tsp2.par** die Beispiele **tsp8.dat** und **tsp9.dat** mit verschiedenen Kostenparametern. Ergänzen Sie dazu die folgende Tabelle und verändern Sie bei **tsp2.par** den TSP-Kostenparameter.

Datei	tsp8.dat			tsp9.dat		
Iterationen	5	10	20	5	10	20
erreichte Kosten						
gültige Lösunge						
Iterationen						

Was ist der beobachtete Effekt und was hätte man erwartet? Wie läßt sich das Verhalten erklären, warum wurde das Netz so implementiert?

c) Welche Möglichkeiten gibt es, die Parametereinstellung gegen Streckung der Probleme stabil zu machen?

Versuch 5 Parametersuche

a) Um die Suche nach einer guten Parametereinstellung zu erleichtern, sollten nicht alle Parameter ziellos verändert werden. Insbesondere sind manche Parameter von anderen abhängig. Um möglichst genau zu arbeiten, sollte man den kleinsten Parameter auf 1 normieren.

Parameter mit der gleichen Bedeutung sollten auch gleich eingestellt werden. Mit diesen Voraussetzungen und der Tatsache, daß man nur eine Kostenfunktion benötigt, müssen trotz der 8 Parameter nur 4 Freiheitsgrade getestet werden.

Warum kann immer ein Parameter auf 1 gewählt werden? Welche Parameter sollten gleich eingestellt werden? Welche Freiheitsgrade verbleiben? Welche Parameter müssen sorgfältig eingestellt werden?

b)Suchen Sie mit den genannten Vorbemerkungen eine möglichst gute Parameter einstellung für das TSP. Editieren Sie dazu eigene (schwierige oder typische) Beispiele. Programmaufruf: **tsp 5**.

Parameter: ____

Versuch 6   Optimale Optimierungsparameter

a) Testen Sie mit dem in 5 b) ermittelten Parametersatz die Beispiele **tsp10.dat** und **tsp11.dat**.

Datei	tsp10.dat	tsp11.dat
Iterationsschritte		
beste Kosten		

b) Manchmal ist es sinnvoll, die Parameter am lebenden Objekt zu verändern (wie beim Element(0/1)-Term in Versuch 2b) gezeigt. Was sind die besten Ergebnisse beim Freistil-Parameter-Setzen für **tsp10.dat** und **tsp11.dat**?

Datei	tsp10.dat	tsp11.dat
Iterationsschritte		
beste Kosten		

5 Lösungen

Aufgabe 1

$$x^T V x = (x^T V x)^T = (Vx)^T (x^T)^T = x^T V^T x$$

Daraus folgt die Behauptung

$$(x^T \frac{1}{2}(V + V^T)x = x^T V x)$$

Aufgabe 2

a)Analog Aufgabe 1a) beim Kapitel über das Hopfield-Modell zeigen wir die Monotonieeigenschaft diesmal in Matrixschreibweise.

$t = (0,...,0,2s_k-1,0,...,0)$ sei die Änderung, wenn ein Neuron s_k schaltet.

$$E(s)\text{-}E(s') = E(s)\text{-}E(s\text{-}t)$$

$$= s^T V s + \omega^T s - (s\text{-}t)^T V (s\text{-}t) - \omega^T (s\text{-}t)$$

$$= 2t^T V s - t^T V t + \omega^T t \qquad\qquad (a^T V b = b^T V a,\ \text{da } V \text{ symm.})$$

$$= t^T (2Vs + \omega) - v_{kk}$$

$$= (2s_k - 1)\cdot\left(2\sum_{j=1}^{N} v_{kj}s_j + w_k\right) - v_{kk}$$

$$= (2s_k - 1) \cdot \frac{\partial E}{\partial s_k}(s) - v_{kk}$$

b) Ein Neuron k schaltet $\leftrightarrow \Theta(net_k + h_k) \neq s_k$

$$\leftrightarrow \Theta(s_k - \Delta\ ) \neq s_k$$

$$\leftrightarrow \left((s_k - \Delta\ \frac{\partial E}{\partial s_k}(s) \geq \frac{1}{2}\right) \neq s_k$$

$$\leftrightarrow (-\Delta\ \frac{\partial E}{\partial s_k}(s) \geq \frac{1}{2} \text{ und } s_k = 0) \quad \text{oder} \quad (1 - \Delta\ \frac{\partial E}{\partial s_k}(s) < \frac{1}{2} \text{ und } s_k = 1)$$

$$\leftrightarrow (-\frac{\partial E}{\partial s_k}(s) \geq \frac{1}{2\Delta} \text{ und } s_k = 0) \qquad \text{oder} \quad (\frac{\partial E}{\partial s_k}(s) > \frac{1}{2\Delta} \text{ und } s_k = 1)$$

$$\rightarrow (2 s_k - 1)\ \frac{\partial E}{\partial s_k}(s) \geq \frac{1}{2\Delta}$$

c) $E(s(t)) - E(s(t+1)) =^{a)} (2s_k - 1)\ \frac{\partial E}{\partial s_k}(s) - v_{kk}$

$$\geq^{b)} \frac{1}{2\Delta} - v_{kk} \geq 0$$

$$\leftrightarrow \qquad v_{kk} \leq \frac{1}{2\Delta}$$

$$\text{bzw.} \quad \Delta \leq \frac{1}{2v_{kk}}$$

Aufgabe 3

a) $f:\mathbf{R}^n \rightarrow \mathbf{R}$ linear, $f(x) = a^T x + b$, $f(x+\lambda(y\text{-}x)) = f(x) + \lambda(f(y) - f(x)) \rightarrow f$ konvex

b) $(f+g)(x+\lambda(y\text{-}x)) = f(x+\lambda(y\text{-}x)) + g(x+\lambda(y\text{-}x))$

$$\leq f(x) + \lambda(f(y) - f(x)) + g(x+\lambda(y\text{-}x)) \qquad (f \text{ konvex})$$

$$\leq f(x) + \lambda(f(y) - f(x)) + g(x) + \lambda(g(y) - g(x)) \qquad (g \text{ konvex})$$

$$= (f+g)(x) + \lambda((f+g)(y) - (f+g)(x)) \rightarrow (f+g) \text{ konvex}$$

c) Vorbemerkung: Wenn für beliebige $\mathbf{x}, \mathbf{y} \in D^N$ die eindimensionalen Funktionen $L_{\mathbf{xy}}(\lambda) = E(\mathbf{x}+\lambda(\mathbf{y}-\mathbf{x}))$ konvex sind, so ist auch die mehrdimensionale Funktion $E: D^N \to \mathbf{R}$ konvex:

$$L_{\mathbf{xy}} \text{ konv} \to E(\mathbf{x}+\lambda(\mathbf{y}-\mathbf{x})) \quad = L_{\mathbf{xy}}(0+\lambda(1-0))$$
$$\leq L_{\mathbf{xy}}(0)+\lambda(L_{\mathbf{xy}}(1)-L_{\mathbf{xy}}(0))$$
$$= E(\mathbf{x})+\lambda(E(\mathbf{y})-E(\mathbf{x}))$$

Sei $f(\mathbf{x}) = (\mathbf{a}^T\mathbf{x} + b)^2$ das Quadrat einer linearen Funktion,

$L_{\mathbf{xy}}(\lambda) = (\mathbf{a}^T(\mathbf{x}+\lambda(\mathbf{y}-\mathbf{x}))+b)^2 = s^2\,\lambda^2+t\,\lambda+u$ mit den Konstanten $s = (\mathbf{a}^T(\mathbf{y}-\mathbf{x}))$,

$t = 2\,\mathbf{a}^T(\mathbf{y}-\mathbf{x})\,(\mathbf{a}^T\mathbf{x}+b)$, $u = (\mathbf{a}^T\mathbf{x}+b)^2$. Da $t\,\lambda+u$ linear, also konvex, bleibt zu zeigen, daß

$g(x) = s^2\,x^2$ konvex ist.

Mit d) folgt dann die Behauptung.

$$s^2\,(x+\lambda(y-x))^2 \quad = s^2\,(x^2+2\lambda xy-2\lambda x^2+\lambda^2 y^2-2\lambda^2 xy+\lambda^2 x^2)$$
$$= s^2\,(x^2+\lambda(y^2-x^2)) - s^2\,(\lambda x^2-2\lambda xy+\lambda y^2 -\lambda^2 x^2+2\lambda^2 xy-\lambda^2 y^2)$$
$$= s^2\,(x^2+\lambda(y^2-x^2)) - (s(x-y))^2\,\lambda\,(1-\lambda)$$
$$\leq s^2\,(x^2+\lambda(y^2-x^2)), \text{ da } (s(x-y))^2\,\lambda\,(1-\lambda) \geq 0 \text{ für } \lambda \in [0,1]$$

d)$f: \mathbf{R} \to \mathbf{R}$, $f(x) = x^2-1$ konvex wegen b) und c). Wir betrachten nun f an den Stellen $1, -1$ und mit $\lambda = \dfrac{1}{2}$ an der Stelle 0:

$$f^2(0) = f^2(1+\tfrac{1}{2}(-1-1)) = (-1)^2 = 1 > f^2(1)+ \tfrac{1}{2}(f^2(-1)- f^2(1)) = 0, \text{ also ist } f^2 \text{ nicht konvex.}$$

Aufgabe 4

In jeder Permutationsmatrix gibt es je Zeile und je Spalte genau eine 1.
$\to$ Bei jeder Lösung ohne Bedingung (*) gibt es genau eine Verbindung zu jeder Stadt und eine von jeder Stadt.
$\to$ Da es also weder Sackgassen, noch Verzweigungen geben kannn, ist jede Stadt in einem Kreis.
$\to$ Die Lösung ist eine Überdeckung der Städte durch Kreise.
Folgendes Beispiel zeigt, daß eine Permutationsmatrix i.d.R. mehrere Kreise repräsentiert:

$$\begin{pmatrix} 0 & 1 & 0 & 0 \\ 1 & 0 & 0 & 0 \\ 0 & 0 & 0 & 1 \\ 0 & 0 & 1 & 0 \end{pmatrix} \qquad \text{repräsentiert die Kreise } 1 \leftrightarrows 2 \text{ und } 3 \leftrightarrows 4.$$

Aufgabe 5

$$PQP^T = P\,(\sum_{k=1}^{n} q_{ik}p_{jk})_{ij=1}^{n} = P\,(p_{j(i-1)})_{ij=1}^{n} = (\sum_{k=1}^{n} p_{ik}p_{j(k-1)})_{ij=1}^{n} \to \text{Beh.}$$

Aufgabe 6

a) $E_x \leftrightarrow i$ stehe für die Aussage E_x minimal gdw. Bedingung i erfüllt,.... Es gilt dann : $E_a \leftrightarrow 3$, $E_b \leftrightarrow 1$, $E_c \leftrightarrow 2$, $(E_c$ und $E_d) \rightarrow 6$, E_b und $E_e) \rightarrow 5$ (Äquivalenzen gelten nicht, da in 5/6 nicht verlangt ist, daß alle anderen Werte Null sind.), $(E_c$ und $E_d) \rightarrow 4$, $(E_b$ und $E_e) \rightarrow 4$.

b) E_a, E_b, E_c und P*C konvex (vgl. Aufgabe 3). E_d, E_e und (PQP^T)*C sind nicht konvex. Die Summe konvexer Funktionen ist zwar konvex, nicht aber die Differenz!

Gegenbeispiel zu $E_{d/e}$: $E_{d/e}\begin{pmatrix} 1 & 0 \\ 0 & 1 \end{pmatrix} = E_{d/e}\begin{pmatrix} 0 & 1 \\ 1 & 0 \end{pmatrix} = 0$, aber $E_{d/e}\begin{pmatrix} \frac{1}{2} & \frac{1}{2} \\ \frac{1}{2} & \frac{1}{2} \end{pmatrix} = 3$

Gegenbeispiel zu (PQP^T)*C: setze $c_{ij} = 1$

$$\left(\begin{pmatrix} 1 & 0 & 0 \\ 0 & 0 & 0 \\ 0 & 0 & 0 \end{pmatrix} Q \begin{pmatrix} 1 & 0 & 0 \\ 0 & 0 & 0 \\ 0 & 0 & 0 \end{pmatrix}\right) *C = \left(\begin{pmatrix} 0 & 0 & 0 \\ 0 & 1 & 0 \\ 0 & 0 & 0 \end{pmatrix} Q \begin{pmatrix} 0 & 0 & 0 \\ 0 & 1 & 0 \\ 0 & 0 & 0 \end{pmatrix}\right) *C = 0.$$

$$\left(\begin{pmatrix} \frac{1}{2} & 0 & 0 \\ 0 & \frac{1}{2} & 0 \\ 0 & 0 & 0 \end{pmatrix} Q \begin{pmatrix} \frac{1}{2} & 0 & 0 \\ 0 & \frac{1}{2} & 0 \\ 0 & 0 & 0 \end{pmatrix}\right) *C = 0{,}25$$

c) $E = \alpha\, E_b + \beta\, E_c + \gamma\, (P*C)$

Aufgabe 7

a) Da es sich bei allen Funktionen um Polynome höchstens 2-ten Grades handelt, folgt die Behauptung mit den Feststellungen und Definitionen aus 2.1.

b) $E_a{'}(s') = (\sum\limits_{i,j=1}^{n} s_{ij} - n)^2 = (\sum\limits_{i=1}^{n} s_i{'} - n)^2 = (\sum\limits_{i=1}^{n} s_i{'})^2 - 2n \sum\limits_{i=1}^{n} s_i{'} + n^2$

$\qquad\qquad = \sum\limits_{i,j=1}^{n} s_i{'} s_j{'} - \sum\limits_{i=1}^{n} 2n\, s_i{'} + n^2$

$\rightarrow v_{ij} = 1,\ \omega_i = -2n$

Aufgabe 8

a) $E(s) := (\sum\limits_{i=1}^{N} \alpha_i s_i - \beta)^2$ \qquad konvex wegen Aufgabe 3

b) $E(s) := \begin{cases} (\sum\limits_{i=1}^{N} \alpha_i s_i - \beta)^2 & \text{für } \sum\limits_{i=1}^{N} \alpha_i s_i > \beta \\ 0 & \text{sonst} \end{cases}$

Aufgabe 9

a) Ein typisches Beispiel wäre die Aufteilung eines Rechnernetzes in zwei Teilnetze, wobei die Kanten die Kommunikationsleistung zwischen den Rechnern darstellen. Ziel ist nun, möglichst wenig Kommunikation zwischen den Netzen, aber möglichst viel in den Netzen zu haben.

b) $(\sum\limits_{i=1}^{N} s_i - \dfrac{N}{2})^2$ evtl mit nicht konvexen Teilen, um $s_i \in \{0,1\}$ zu erzwingen.

c) $\sum\limits_{i,j=1}^{n} s_i(1-s_j)c_{ij}$

Versuch 1   Diskreter Abstieg beim AP

a) $3\,E_b + 3\,E_c$

b) $v_{(ij)(ij)} = 6$, $\Delta \leq 1/12 \approx 0{,}083$, also im Programm auf 83 einzustellen.

c) Nein. $s*C$ hat nur auf den Bias Einfluß, betrifft also **W** gar nicht.

d) optimale Kosten: 856

AP-Kostenparameter	0-2	3-6	20	25	30	> 40
Qualität der Lösung	Zufall	>1000	>1100	≥859	>1200	Zufall
gültige Lösung	60%	90%	90%	90%	80%	50%

e) Weder bei $\Delta = 0{,}05$ noch bei 0,3 werden gültige Ergebnisse erreicht. Bei 0,05 ist die Schrittweite zu klein, das Netz bleibt im Startzustand stecken. Bei 0,3 ist die Schrittweite zu groß, das Netz gerät in Zyklen und terminiert nicht. *Bei Schrittweite $\Delta = 0{,}16$ ist die Qualität am besten, auch wenn die Terminierung nicht mehr garantiert werden kann.*

f) Parametereinstellung: AP-Kosten = Zeilensumme = Spaltensumme = 30. ass2: Qualität der Lösungen: vergleichbar mit ass1, gültige Lösungen: 90 %. ass3: Bei Schrittweite $\Delta = 0{,}083$, ist die Qualität der Lösungen sehr schlecht, die Qualität der Lösung wird bei Schrittweite $\Delta = 0{,}16$ wesentlich besser, wenn auch das Optimum relativ selten gefunden wird.

Folgerung: Die günstigste Schrittweite ist deutlich (etwa Faktor 2) oberhalb der theoretisch maximalen Schrittweite, die die Terminierung garantiert (vgl. Aufgabe 2).

Versuch 2   Eindeutige / mehrdeutige Lösungen beim AP

a)

Datei	ass1.dat	ass2.dat	ass3.dat	ass4.dat	ass5.dat
opt. Kosten	856	839	1340	927	1600
Kosten beim Netz	856	839	1340	≈ 927	1600
eindeutig (%)	100%	0%	100%	0%	0%

Mehrdeutigkeiten, die durch Kreise entstehen, die in zwei Richtungen möglich sind (ass2 und ass5), lassen sich trivial auflösen.

b)

Datei	ass4.dat				ass5.dat			
Fall	von Anfang		erst später		von Anfang		erst später	
Parameter (0,1)-Term	1	3	1	3	1	3	1	3
Kosten	1154	≥11 50	927*	988	≥1800	2000	1600*	1600*
eindeutig	ja	ja	ja	ja	ja	ja	ja	ja

Bei * wurde ein Optimum gefunden. Offensichtlich ist es besonders günstig, den nicht-konvexen Term der Penalty-Funktion, der eindeutige Lösungen erzwingt, mit möglicht kleiner Gewichtung erst später hinzu zu nehmen.

c) Der nicht-konvexe Term erzwingt gültige, aber nicht unbedingt optimale Lösungen. Je später und schwächer eingeschaltet, desto besser das Ergebnis.

Versuch 3   TSP und Kreisüberdeckungen

a) Datei	tsp4.dat	tsp5.dat	tsp6.dat	tsp7.dat
Städte	9	10	10	10
Kreise (AP)	1	2	5	2
AP Kosten	1097	804	1412	1287
TSP Kosten	1097	≥ 1066	≥ 1472	≥ 1357
Iterationen	50	100	300	20

b) Gesucht ist ein sehr gleichmäßiger Kreis mit ungerader Anzahl von Städten.

c) Leicht sind solche mit konvexen Figuren, die auch das AP lösen würde. Oft sind die Probleme schwerer, bei denen es beim AP viele Kreise gibt.

Versuch 4   Parametersuche: Schrittweite und Kosten

a) Schrittweite   AP: 70 - 100   TSP: 6 - 12
Nach Aufgabe 2 ergibt sich 50, d.h. im AP kann sogar etwas schneller iteriert werden, beim TSP muß die Schrittweite deutlich kleiner sein.
Das AP ist sehr stabil in bezug auf die Schrittweite. Bei kleineren Schrittweiten kann es höchstens länger dauern. Nur erheblich zu große Schrittweiten können zu chaotischen Situationen führen.
Beim TSP wirkt sich die Schrittweite auch auf die Qualität der Lösungen aus.
Je feiner die Schrittweite, desto besser werden die Ergebnisse. Trotzdem ist auch hier die Schritweite ein sehr stabiler Parameter.

b) Datei	tsp8.dat			tsp9.dat		
Kostenparameter	5	10	20	5	10	20
erreichte Kosten	>440	>430	>460	>860	>860	>903
gültige Lösungen	100%	100%	0%	100%	100%	0%
Iterationen	100	200		100	200	

Der beobachtete Effekt ist, daß eine Streckung des Problems keine Veränderung mit sich bringt. Eigentlich hätte sich das doppelt so große Problem tsp9 bei Kostenparameter k verhalten sollen wie tsp8 bei 2*k. Ursache für die unerwartete Stabilität ist eine Normierung der

Kosten, die dafür sorgen soll, daß sicherere Werte für den Kostenparameter gefunden werden, die nicht von Skalierungen abhängen. Ziel ist schließlich, einen Parametersatz für möglichst viele Probleme zu finden.

c) Normierung nach Durchschnittswerten oder nach Maximalwerten.

Versuch 5   Parametersuche

a) Da mit Δ immer normiert werden kann, kann ein Parameter auf 1 gesetzt werden. Die Parameter für Zeilen und Spalten sollten jeweils gleich eingestellt werden. Es bleiben: Element(0,1), Zeilen-/Spaltensumme, Kosten, Gesamtsumme und Schrittweite. Da die Gesamtsumme aus der Zeilen- und der Spaltensumme folgt, kann dieser Parameter auf 0 gesetzt werden. Mit einem normierten Parameter bleiben noch drei Freiheitsgrade.

b) Parameterbeispiel: TSP-Kosten 9, Zeilen-/Spaltensumme 10, Element(0,1) 1, Δ 15

Versuch 6   Optimale Optimierungsparameter

a) Kosten bei tsp10.dat: 2034, bei tsp11.dat ca. 2498 mit je 1000 Iterationen.

b) Bei tsp11.dat 2449 mit mehr als 10000 Iterationen erreichbar.

Kapitel 11

Interactive Activation and Competition

1 Einführung

Das Netzmodell *Interactive Activation and Competition* (IAC) geht auf McClelland und Rumelhart zurück. Eine herausragende Anwendung von IAC ist die Modellierung der menschlichen Fähigkeit geschriebene Wörter schneller zu erkennen als einzelne Buchstaben, und bekannte Wörter schneller als unbekannte. IAC-Netze können jedoch nicht aus Beispielen lernen. Die Netztopologie und auch die Verbindungsgewichte zwischen den Neuronen müssen „von Hand" eingestellt werden.

Die Fähigkeit von IAC Modellen aus konkreten Informationen (Buchstaben) Abstraktionen (Wörter) zu bilden, die den Erkennungsprozeß beschleunigen, soll in diesem Versuch anhand einer einfachen Datenbank untersucht werden. Diese Datenbank enthält Sätze mit mehreren Feldern, die Name, Alter, Ausbildung usw. der Mitglieder zweier New Yorker Banden aus der West Side Story enthalten. Im Gegensatz zu konventionellen Datenbanken kann man nicht nur einzelne Sätze mittels vorgegebener Schlüsselinformationen wieder abrufen (Assozativspeicher), sondern auch abstrahierte Informationen, wie zum Beispiel die Merkmale eines typischen Bandenmitglieds (Generalisierung). Außerdem kann man zu verrauschten Teilinformationen wieder das vollständige Original finden und unvollständig gespeicherte Informationen mit „sinnvollen" Defaultwerten ergänzen.

Die Bezeichnung *Interactive Activation and Competition* verweist auf zwei Eigenschaften von IAC-Netzen: Sie sind rückgekoppelt (*interactive*) und die Neuronen werden zu Gruppen zusammengefaßt, in denen sie miteinander konkurrieren (*Competition*). Aktivierte Neuronen einer Gruppe hindern die anderen Neuronen der Gruppe daran, aktiviert zu werden. Dieser Effekt wurde von Grossberg als „the rich get richer effect" bezeichnet.

2 Das IAC-Modell

In den folgenden Abschnitten wird der genaue Modellaufbau beschrieben. Dabei werden Netze betrachtet, die aus N Neuronen bestehen.

2.1 Die Neuronen

Die Neuronen, aus denen ein IAC Netz zusammengesetzt ist, haben zwei Verarbeitungsstufen. Die erste Stufe eines Neurons i berechnet seine Aktivierung a_i. Die zweite Stufe berechnet aus dieser Aktivierung dann das Ausgabesignal s_i des Neurons. Es gilt:

$$s_i = \begin{cases} a_i & \text{für } a_i \geq 0 \\ 0 & \text{sonst} \end{cases}$$

An dieser Stelle hat das Modell eine nichtlineare Komponente.

In der ersten Stufe eines Neurons i gibt es für jedes andere Neuron j des Netzes einen Eingang, an dem dessen Ausgangssignal s_j anliegt. Zu jedem dieser Eingänge gehört ein Gewicht w_{ij}. Gewichte sind ebenfalls reelle Zahlen, sie können insbesondere auch gleich 0 sein (äquivalent zu *keiner Verbindung*). Außerdem hat jedes Neuron noch einen externen Eingang, der mit einem reellwertigen Gewicht θ_i versehen ist. An diesem Eingang liegt stets das Signal 1 an. Dieses Gewicht wird von „außen" vorgegeben. Es dient also zur Eingabe von Daten. Man nennt es deswegen auch $\text{input}_i = -\theta_i$

Aus den Signalen an den Eingängen eines Neurons wird zunächst die Netzeingabe net_i berechnet:

$$\text{net}_i = \sum_j (w_{ij} \cdot s_j) - \theta_i = \sum_j (w_{ij} \cdot s_j) + \text{input}_i$$

Aufgrund der berechneten Netzeingabe wird dann festgelegt, wie sich die Aktivierung des Neurons ändert. Die Änderung der Aktivierung $\Delta a_i(t)$ zu einem Zeitpunkt t wird so berechnet:

Falls $\text{net}_i(t) > 0$ ist, gilt $\Delta a_i(t) = \Delta \cdot ((\text{max} - a_i(t)) \cdot \text{net}_i(t) - \text{decay} \cdot (a_i(t) - \text{rest}))$, sonst setzt man $\Delta a_i(t) = \Delta \cdot ((a_i(t) - \text{min}) \cdot \text{net}_i(t) - \text{decay} \cdot (a_i(t) - \text{rest}))$.
Die Updateregel für die Aktivierungen heißt dann: $a_i(t+1) = a_i(t) + \Delta a_i(t)$.

Dabei sind *max, min, decay* und *rest* reellwertige Parameter, *min* die minimale und *max* die maximale Aktivierung eines Neurons, *rest* die Aktivierung des Neurons im Ruhezustand und *decay* ein Parameter für die Geschwindigkeit, mit der die Aktivierung dem Ruhezustand zustrebt. Mit Δ wird die Größe der jeweiligen Änderung skaliert. Damit diese Interpretation der Parameter Sinn macht, wird gefordert:

$\text{min} \leq \text{rest} \leq \text{max}$,
$0 \leq \text{decay}, \Delta \leq 1$,
a_i und $-\theta_i$ liegen zu Beginn im Intervall [min, max].

In den folgenden Aufgaben und Versuchen interpretieren wir die Aktivierung eines Neurons mit der Wahrscheinlichkeit, daß eine zugehörige Eigenschaft, die das Neuron repräsentiert, zutrifft. Deshalb setzen wir $\text{min} \leq 0$ und $\text{max} = 1$ (=> $s_i \in [0,1]$).

Aufgabe 1   Interpretation der Parameter

Überprüfen Sie die folgenden (falschen?) Behauptungen:

(a) Haben alle Eingangsgewichte eines Neurons i den Wert 0 ($w_{ij} = 0$, $\theta_j = 0$), dann erreicht seine Aktivierung irgendwann den Wert *rest*. Die Größe von *decay* spielt dabei (k)eine Rolle.

(b) Die Aktivierungen a_i bleiben stets im Intervall [min, max], wenn man die Parameter wie oben genannt wählt. Hängt diese Aussage von der Größe der w_{ij} ab ? Welche Rolle spielt Δ?

Aufgabe 2   Verhalten eines isolierten Neurons

Betrachten Sie nochmals ein einzelnes Neuron. Der Einfachheit halber sei die Netzeingabe net_i eine feste positive Größe, *rest* $= 0$, *max* $= 1$, $\Delta = 1$.

(a) Weisen Sie nach, daß ein Neuron seine Aktivierung nicht mehr verändert, wenn gilt:

$$a_i = \frac{net_i}{net_i + decay}$$

(b) Kann die Aktivierung in diesem Gleichgewicht größer als *max*$=1$ werden?

(c) Ist das Neuron in einem stabilen Gleichgewicht? Rechnen Sie nach, in welche Richtung sich die Aktivierung bewegt, wenn das Neuron mit einem hinreichend kleinem Abstand ε startet:

$$a_i = \frac{net_i}{net_i + decay} + \varepsilon$$

Das Gleichgewicht existiert zunächst nur unter der Voraussetzung, daß die Netzeingabe einen festen Wert hat. Im allgemeinen ändert sich die Netzeingabe natürlich ständig. Die Simulationen werden aber zeigen, daß trotzdem oft ein stabiler Gleichgewichtszustand erreicht wird.

2.2 Die Netztopologie

Bei IAC-Netzen ist nicht jedes Neuron mit jedem anderen verbunden. Um das Modell nicht unnötig kompliziert zu machen, setzt man einfach die w_{ij} nicht existierender Verbindungen auf 0. Wie man aus den Formeln für die Netzeingabe ersieht, wird damit der gewünschte Effekt erreicht.

Beim IAC-Modell werden die Neuronen zu Gruppen zusammengefaßt. Zwischen je zwei Neuronen innerhalb einer Gruppe bestehen ausschließlich inhibitorische (hemmende) Verbindungen ($w_{ij} < 0$). Zwischen Neuronen aus verschiedenen Gruppen bestehen ausschließlich exzitatorische (erregende) Verbindungen ($w_{ij} > 0$). Durch die inhibitorischen Verbindungen, die ein Neuron mit allen anderen Neuronen seiner Gruppe verbindet, wird Konkurrenz realisiert. Hat sich ein Neuron durchgesetzt, ist es also aktiviert, dann hemmt es gleichzeitig die anderen Gruppenmitglieder. Bei der Verbindung der Neuronen durch Gewichte betrachten wir symmetrische Verbindungen, d.h. $w_{ij}=w_{ji}$ und $w_{ii}=0$.

Aktivierende Einflüsse können nur von Neuronen aus anderen Gruppen ausgeübt werden. Die Verbindungen zwischen den Neuronen (auch innerhalb einer Gruppe) sind dabei stets symmetrisch.

2.3 Eigenschaften von IAC-Netzen

Competition

Ein einfaches IAC-Netz soll zeigen, wie *Competition* funktioniert. Gegeben sei ein IAC-Netz, das aus einer einzigen Gruppe mit genau zwei Neuronen (Neuron a und Neuron b) besteht (Abb. 1). Beide Neuronen erhalten eine kleine positive externe Eingabe mit $input_a$ > $input_b$. Zu Beginn sei die Aktivierung gleich der externen Eingabe, d.h. a_i = $input_i$. Die Gewichte zwischen den Neuronen seien gleich $-\gamma = w_{ab} = w_{ba} < 0$. Weil die Gewichte negativ sind, hemmen sich a und b gegenseitig.

Im Beispielnetz gilt immer min = rest = 0 und max = 1.

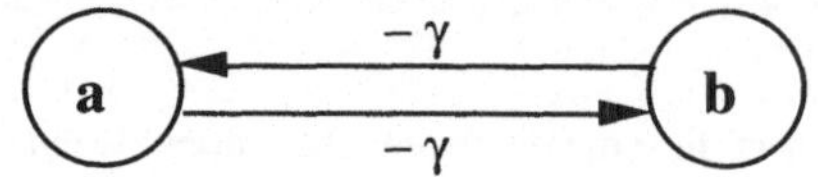

Abb. 1. Ein einfaches Netz mit zwei Neuronen

Daraus ergibt sich
$$net_a = -\gamma\, s_b + input_a$$
$$net_b = -\gamma\, s_a + input_b,$$

und solange die Aktivierungen positiv sind, gilt wegen $s_i = a_i$
$$net_a = -\gamma\, a_b + input_a$$
$$net_b = -\gamma\, a_a + input_b.$$

Aufgabe 3

Diskutieren Sie den Verlauf der Aktivierungen der beiden Neuronen, solange beide positiv sind (Grossbergs „the rich get richer effect", s.o., Einführung).

Resonanz

Während sich Neuronen innerhalb einer Gruppe gegenseitig hemmen, tritt zwischen Neuronen aus verschiedenen Gruppen der gegenteilige Effekt auf. Betrachten wir dazu ein IAC Netz, das aus zwei Gruppen mit jeweils einem Neuron besteht. Die Gewichte zwischen den Neuronen seien exzitatorisch mit $w_{ab} = w_{ba} = \gamma > 0$. Jedes der beiden Neuronen wird nun versuchen, die Aktivierung des anderen zu erhöhen. Halten sich Neuronen gegenseitig hoch, nennt man das Resonanz. Dieser Resonanzeffekt wird natürlich nur dann auftreten, wenn die gegenseitige Aktivierung den Aktivierungsabbau durch den Parameter decay überwindet. Dann können externe Eingabemuster als Aktivierung im Netz erhalten bleiben, auch wenn die externe Eingabe wegfällt (d.h. $input_i = 0$ wird).

Im Beispielnetz (Abb. 2) sei min = rest = 0 und max = 1.

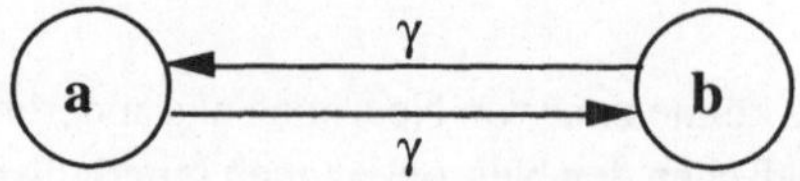

Abb. 2. Einfaches Netz mit zwei Neuronen und exzitatorischen Gewichten

Aufgabe 4

(a) Geben Sie die Updateregel für obiges Beispielnetz an, solange $net_i > 0$ und $s_i > 0$.

(b) Zeigen Sie, daß aus $s_a(0) = s_b(0)$ folgt:

$$\forall\, t > 0 \quad s_a(t) = s_b(t)$$

(c) Ersetzen sie in der Updateregel s_i durch s. Sei ferner decay $\leq \gamma$. Wir wollen nun zeigen, daß $s(t)$ bei hinreichend kleiner Schrittweite Δ gegen

$$\rho = 1 - \frac{\text{decay}}{\gamma}$$

strebt. Zeigen Sie hierzu:

(i) $s(t) = \rho \;\Rightarrow\; s(t+1) = \rho$

(ii) $0 \leq s(t) < \rho \;\Rightarrow\; s(t+1) > s(t)$

(iii) $s(t) > \rho \;\Rightarrow\; s(t+1) < s(t)$

(d) Wie verhält sich das Modell, wenn man decay $> \gamma$ wählt?

3   Die Datenbank

Im folgenden soll ein IAC-Netz als kleine Datenbank eingesetzt werden. Die „Datenbank" enthält Informationen aus der folgenden Tabelle 1.

Name	Gang	Age	Edu	Mar	Occupation
Art	Jets	40s	J.H.	Sing	Pusher
Al	Jets	30s	J.H	Mar.	Burglar
Sam	Jets	20s	COL.	Sing.	Bookie
Clyde	Jets	40s	J.H.	Sing.	Bookie
Mike	Jets	30s	J.H.	Sing.	Bookie
Jim	Jets	20s	J.H	Div.	Burglar
Greg	Jets	20s	H.S.	Mar.	Pusher
John	Jets	20s	J.H.	Mar.	Burglar
Doug	Jets	30s	H.S.	Sing.	Bookie
Lance	Jets	20s	J.H.	Mar.	Burglar
George	Jets	20s	J.H.	Div.	Burglar
Pete	Jets	20s	H.S.	Sing.	Bookie
Fred	Jets	20s	H.S.	Sing.	Pusher
Gene	Jets	20s	COL.	Sing.	Pusher
Ralph	Jets	30s	J.H.	Sing	Pusher
Phil	Sharks	30s	COL.	Mar.	Pusher
Ike	Sharks	30s	J.H.	Sing.	Bookie
Nick	Sharks	30s	H.S.	Sing.	Pusher
Don	Sharks	30s	COL.	Mar.	Burglar
Ned	Sharks	30s	COL.	Mar.	Bookie
Karl	Sharks	40s	H.S.	Mar.	Bookie
Ken	Sharks	20s	H.S.	Sing.	Burglar
Earl	Sharks	40s	H.S.	Mar.	Burglar
Rick	Sharks	30s	H.S.	Div.	Burglar
Ol	Sharks	30s	COL.	Mar.	Pusher
Neal	Sharks	30s	H.S.	Sing.	Bookie
Dave	Sharks	30s	H.S.	Div.	Pusher

Tabelle 1. Die Eigenschaften der Bandenmitglieder

Jede Zeile der Tabelle entspricht einem Bandenmitglied. Das Feld *Name* identifiziert jede Person eindeutig. Das Feld *Gang* (Bande) enthält den Namen der Bande, zu der die Person gehört. Es handelt sich um die berühmt berüchtigten Jets und die noch berühmteren und ebenfalls äußerst berüchtigten Sharks (bitte halten Sie während des Versuchs den gebotenen Sicherheitsabstand zum Rechner ein!). Unter *Age* (Alter) findet man eine Angabe über das Lebensalter auf das Jahrzehnt genau. Die Einträge bei *Edu*cation (Ausbildung) bedeuten Junior High School (J.H., entspricht etwa der Mittleren Reife), College (COL., Universität), High School (H.S., gymnasiale Oberstufe). Bei *Marital Status* (Familienstand) steht entweder Single (ledig), Married (verheiratet) oder Divorced (geschieden). Unabhängig von ihrer Berufsausbildung gehen die Bandenmitglieder einer festen Beschäftigung nach, die unter *Occupation* als Pusher (Drogenhändler), Burglar (Einbrecher) oder Bookie (Buchmacher) ausgewiesen ist.

Wie die Datenbank als IAC-Netz dargestellt wurde, zeigt ausschnittsweise Abb. 3. Jedem Feld der Datenbank wurde eine Gruppe von Neuronen zugeordnet. Für jeden möglichen Wert eines Feldes gibt es in seiner Gruppe genau ein Neuron. In der Occupation-Gruppe gibt es z.B. ein Pusher-Neuron, ein Burglar-Neuron und ein Bookie-Neuron. Außerdem gibt es die Instanzengruppe, die für jeden Datensatz der Datenbank genau ein Neuron enthält.

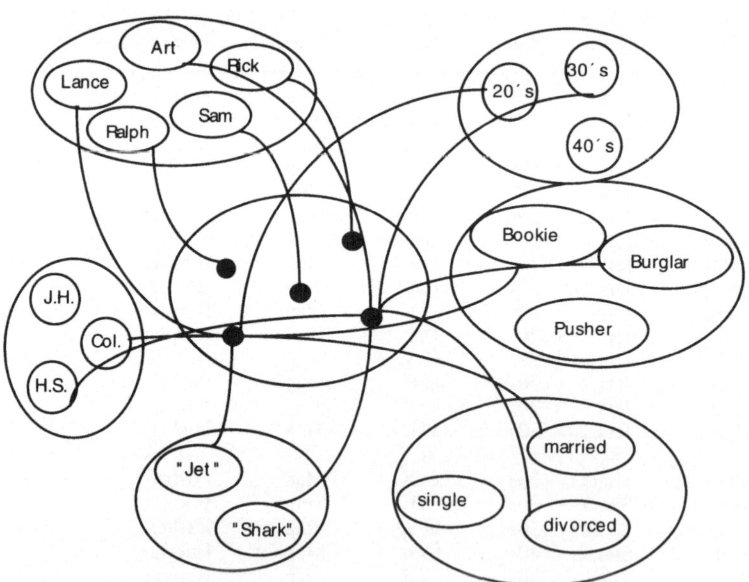

Abb. 3. Graphische Darstellung eines Teils des IAC-Netzes für die Datenbank

Die Neuronen innerhalb der Gruppen sind durch inhibitorische Verbindungen vollständig miteinander verbunden. Die Verbindungen zwischen Neuronen aus der Instanzengruppe und Neuronen aus den Feldgruppen sind exzitatorisch. Sie bestehen so, daß ein Instanzneuron mit genau allen Neuronen, die seinen Feldwerten entsprechen, verbunden ist.

4 Relaxation der IAC-Netze

Man könnte zunächst vermuten, daß IAC-Netze auf Grund der symmetrischen Gewichte analog zum Hopfield-Netz (vgl. Kapitel über Optimieren mit neuronalen Netzen) einen Gradientenabstieg bezüglich einer sogenannten Energiefunktion ausführen. Ein Gleichgewichtszustand entspräche dann einem lokalen Minimum dieser Energiefunktion.

Um zu zeigen, daß IAC-Netze keinen Gradientenabstieg ausführen, betrachten wir eine leichte Vereinfachung des Modells. Wir entfernen die nichtlineare Komponente (die lediglich den Lösungsraum für die s_i beschränkt) und setzen

$$s_i = a_i.$$

Aufgabe 5   IAC ist kein Gradientenabstieg

(a) Zeigen Sie nun, daß keine Energiefunktion $E(s_1, ..., s_N)$ existiert mit

$$\frac{\partial E}{\partial s_i} = (\text{max} - s_i) \cdot \text{net}_i - \text{decay} \cdot (s_i - \text{rest}) \qquad \text{für net}_i > 0$$

Hinweis: Es müßte dann gelten $\dfrac{\partial E}{\partial s_j \partial s_i} = \dfrac{\partial E}{\partial s_j \partial s_i}$.

(b) Bei der Updateregel hat die Multiplikation von net_i mit $(\text{max} - a_i)$ bei $\text{net}_i \geq 0$ bzw. $(a_i - \text{min})$ bei $\text{net}_i < 0$ den Zweck, die Aktivierung a_i und damit im wesentlichen auch die Ausgabe s_i im Bereich von $[\text{min}, \text{max}]$ zu halten (vgl. Aufgabe 1 b)) .

Zur Vereinfachung sei $\text{min} = \text{rest} = 0$, $\text{max} = 1$. Die obige Nebenbedingung läßt sich auch durch eine stückweise lineare Ausgabefunktion

$$f_{\text{lin}}(x) = \begin{cases} 1 & x > 1 \\ x & 0 \leq x \leq 1 \\ 0 & x < 0 \end{cases}$$

erzwingen mit der Updateregel

$$s_i(t+1) = f_{\text{lin}}(\ s_i(t) + \ \Delta \cdot (\text{net}_i - \text{decay} \ s_i)) \ .$$

Zeigen Sie, daß es eine Energiefunktion $E(s_1, ..., s_N)$ mit

$$\frac{\partial E}{\partial s_i} = \text{net}_i - \text{decay} \cdot s_i$$

gibt. Welcher Bedingung müssen die Gewichte w_{ij} genügen?

Die obige Updateregel realisiert einen sogenannten projizierten Gradientenabstieg für E im Hypercubus $[0, 1]^N$, d.h. trifft man beim Gradientenabstieg auf eine begrenzende

Seitenfläche des Hypercubus, so wird der Gradient auf die Seitenfläche projiziert. Der nächste Schritt wird dann entgegen der Richtung dieses projizierten Gradienten ausgeführt. Das zugehörige Modell haben wir bereits im Kapitel über Optimieren mit neuronalen Netzen kennengelernt.

5 Optimierungsproblem: Unscharfe (Fuzzy) Datenbank

Im folgenden wollen wir näher untersuchen, inwieweit der Aktivierungszustand s_i die Wahrscheinlichkeit repräsentiert, daß Attributwert i zutrifft. Wahrscheinlichkeiten liegen im Intervall [0,1], deshalb muß die maximale Aktivierung max=1 sein. Die minimale Aktivierung ist wegen der Nichtllinearität von s stets ≥ 0, sie kann 0 werden, sofern min ≤ 0. Im folgenden setzen wir deshalb min≤ 0 und max=1 voraus.

Gemäß obigen Bemerkungen führen IAC-Netze näherungsweise einen Gradientenabstieg bezüglich der Energiefunktion E durch und lösen in diesem Sinne das Optimierungsproblem, E zu minimieren. Wenn wir nun fordern, daß die s_i Wahrscheinlichkeiten repräsentieren, dann liegt es nahe, folgendes Optimierungsproblem zu formulieren.

Definition des Optimierungsproblems

Minimiere die Widersprüche, d.h. die Summe der Wahrscheinlichkeiten, daß eine Instanz zutrifft, nicht aber jedes ihrer zugehörigen Attributwerte. Betrachten wir beispielsweise das Bandenmitglied Art mit seinen sechs Eigenschaften (Art, Jets, 40s, J.H., Sing., Pusher), dann hätten wir folgende Wahrscheinlichkeiten zu minimieren:

$s_{(Art)} \cdot (1 - s_{Art})$ Instanz Art akiv, aber nicht Name „Art"

$s_{(Art)} \cdot (1 - s_{Jets})$ Instanz Art akiv, aber nicht Name „Jets"

$s_{(Art)} \cdot (1 - s_{40s})$ Instanz Art akiv, aber nicht Alter „40s"

$s_{(Art)} \cdot (1 - s_{J.H})$ Instanz Art akiv, aber nicht Abschluß „J.H."

$s_{(Art)} \cdot (1 - s_{Sing})$ Instanz Art akiv, aber nicht Status „Single"

$s_{(Art)} \cdot (1 - s_{Pusher})$ Instanz Art akiv, aber nicht Beruf „Pusher"

Insgesamt erhalten wir folgen zu minimierende Funktion:

$s_{(Art)} \cdot (6 - (s_{Art} + s_{Jets} + s_{40s} + s_{J.H.} + s_{Sing} + s_{Pusher}))$

$+ s_{(Al)} \cdot (6 - (s_{Al} + s_{Jets} + s_{30s} + s_{J.H.} + s_{Mar.} + s_{Burglar}))$

$+ s_{(Sam)} \cdot \ldots \ldots \ldots \ldots \ldots \ldots \ldots \ldots$

Um die Interpretation der s_i als Wahrscheinlichkeiten zu gewährleisten, muß ferner gelten, daß die Summe der Wahrscheinlichkeiten der Attributwerte eines Attributs jeweils gleich 1 ist, d.h. folgende Gleichungen sind als lineare Nebenbedingungen zu berücksichtigen:

$1 = s_{20s} + s_{30s} + s_{40s}$

$1 = s_{J.H.} + s_{H.S.} + s_{COL.}$

$1 = s_{Jets} + s_{Sharks}$

$1 = s_{Burglar} + s_{Bookie} + s_{Pusher}$

$1 = s_{Sing.} + s_{Mar.} + s_{Div.}$

$1 = s_{Art} + s_{Al} + s_{Sam} + s_{Clyde} + \cdots$

Die Summe der Wahrscheinlichkeiten der Instanzen ist jeweils gleich 1

$$1 = s_{(Art)} + s_{(Al)} + s_{(Sam)} + s_{(Clyde)} + \dots$$

Entsprechend den Ausführungen im Kapitel über Optimieren mit neuronalen Netzen verwenden wir hierfür „penalty-Terme", die das Verletzen obiger Gleichungen graduell bestrafen. Beispielsweise verwenden wir für die erste Gleichung:

$$(1 - s_{20s} + s_{30s} + s_{40s})^2$$

Insgesamt erhalten wir folgende Energiefunktion E:

$$E = \frac{1}{2}(\alpha(\sum_{g \in G} (\sum_{j \in g} s_j - 1)^2 + \gamma(\sum_{i \in I} s_i \cdot (6 - \sum_{j \in A_i} s_j)))$$

mit G = {Name, Gang, Age, Edu, Mar, Occupation}

I = {(Art), (Al), (Sam), ...} = Menge der Instanzneuronen

A_i = Attribute von Instanz i

z.B. i = (Art) => A_i = {Art, Jets, 40s, J.H., Sing., Pusher}

Zusätzlich können wir noch berücksichtigen, daß die Wahrheitswerte s_i vorzugsweise nahe bei ihrem default-Wert *rest* liegen sollten:

$$E = \frac{1}{2}(\alpha \cdot (\sum_{g \in G} (\sum_{j \in g} s_j - 1)^2 + \gamma \cdot \sum_{i \in I} s_i \cdot (6 - \sum_{j \in A_i} s_j) + decay \cdot \sum_i (s_i - rest)^2))$$

Damit erhalten wir folgende Ableitungen.

Falls s_i ein Instanzneuron ist:

$$\frac{\partial E}{\partial s_i} = \alpha \cdot (\sum_{j \in I} s_j - 1) + \gamma \cdot (6 - \sum_{j \in A_i} s_j) + decay \cdot (s_i - rest)$$

Falls s_k ein Attributneuron der Gruppe g ist:

$$\frac{\partial E}{\partial s_k} = \alpha \cdot (\sum_{j \in g} s_j - 1) - \gamma \cdot \sum_{i \in I, k \in A_i} s_i \cdot + decay(s_k - rest)$$

Damit erhalten wir beim Gradientenabstieg die gleiche Gewichtsmatrix wie beim IAC-Netz:

– inhibitorische Gewichte $-\alpha$ zwischen Neuronen einer Gruppe
– exzitatorische Gewichte γ jeweils zwischen einem Instanzneuron und seinen zugehörigen Attributneuronen

Es fehlen jedoch beim IAC-Netz die konstanten Glieder des Gradienten (alias Schwellwerte, thresholds, etc.), und zwar α-6γ beim Instanzneuron und α beim Attributneuron. Das ist auch der Grund, warum in den Versuchen die Summe der Aktivierung der Instanzneuronen größer 1 (Verschiebung des negativen Gradienten um $-(\alpha$-6$\gamma) > 0$) und die der Attributneuronen einer Gruppe jeweils kleiner als 1 (Verschiebung um $-\alpha < 0$) ist.

Daraus können wir schließen, daß die IAC-Netze einen Gradientenabstieg (im Sinne obiger Betrachtung zur Relaxation der IAC-Netze) „fälschlicherweise" bezüglich der Funktion

$$E' = \frac{1}{2}(\alpha \cdot (\sum_{g \in G} (\sum_{j \in g} s_j)^2 + \gamma \cdot \sum_{i \in I} s_i \cdot (\sum_{j \in A_i} s_j) + \text{decay} \cdot \sum_i (s_i - \text{rest})^2))$$

durchführen.

Zusammenfassend kann man sagen, daß die IAC-Netze zum einen auf Grund der Faktoren (max - s_i) bzw. (s_i - min) keinen echten Gradientenabstieg durchführen und, wenn man diesen kleinen Fehler vernachlässigt, zum anderen nur näherungsweise das oben definierte Optimierungsproblem lösen.

Eine weitere Ungereimtheit besteht in der Art und Weise, wie das IAC-Netz Eingaben verarbeitet.Wenn wir beispielsweise die Anfrage betrachten:

Gib mir die Wahrscheinlichkeiten der Instanzneuronen, wenn das Attributneuron Alter mit 50% Wahrscheinlichkeit den Wert „40s" und das Attributneuron Beruf mit 70% Wahrscheinlichkeit den Wert „Pusher" hat,

würde man dies in der Sprache der Optimierungsprobleme so formulieren, daß man ein Minimum sucht unter der Voraussetzung, daß $s_{Alter} = 0{,}5$ und $s_{Pusher} = 0{,}6$, d.h. die Attributneurone s_{Alter} und s_{Pusher} werden auf 0,5 bzw. 0,6 fixiert und die restlichen Neurone relaxiert. Beim IAC-Netz hingegen werden nur die Schwellwerte (alias threshold etc.) $input_{Alter}$ und $input_{Pusher}$ fixiert, während die Aktivierungen s_{Alter} und s_{Pusher} sich bei der Relaxierung ändern. Deshalb relaxieren die mit Eingaben belegten Neurone bei den Versuchen auch nicht auf die vorgegebenen Werte.

Trotzdem werden wir in den folgenden Versuchen aus historischen Gründen das Originalmodell betrachten. Obige Verbesserungen würden hier keine wesentlichen Änderungen bewirken. Über kleinere Ungereimtheiten wie z.B. Wahrscheinlichkeiten, die sich nicht zu 1 aufsummieren, sollte man jedoch hinwegsehen.

6 Versuchsumgebung

Starten Sie das Modell mit **iac 1** (für alle Versuche wird dasselbe Programm verwendet).

Auf dem Bildschirm werden die Namen der einzelnen Neuronen angezeigt. Jedes Neuron wird von zwei Zahlen flankiert. Links davon die Größe des zugehörigen Inputs und rechts die Größe der Aktivierung. Diese Angaben sind jeweils als Hundertstel zu lesen. Invertierte Zahlen bedeuten wieder negative Werte. In der ersten Spalte finden sich die Neuronen aus den Feldgruppen, in der zweite und dritte Spalte die Neuronen der Namen für die Jets und die Sharks und in den letzten beiden Gruppen die Instanzneuronen, deren Namen mit einem ´_´ beginnen. Diese Benennung mit Hilfe der Namen ist möglich, weil in unserer Datenbank der Name eine Schlüsselattribut ist. Ganz rechts oben steht noch der Eintrag *epoch*. Dieser Wert gibt an, wie oft für alle Neuronen das Δa_i ausgerechnet und zur Aktivierung dazugerechnet wurde.

Bei der Implementierung des Netzes wurden einige Vereinfachungen vorgenommen, um nicht durch unnötig viele Freiheitsgrade die Übersicht zu verlieren. Alle inhibitorischen Gewichte haben den gleichen Wert *-alpha*. Der Parameter *alpha* kann im Programm eingestellt werden. Ebenso wurde mit den exzitatorischen Gewichten verfahren. Sie haben alle den einstellbaren Wert *gamma*. Die externen Eingaben $input_i$ können mit dem Parameter *estr* skaliert werden. Diese Werte können über das Menü set/param/ eingestellt werden.

Das gilt auch für die übrigen Modellparameter. Beim Start des Programmes ist folgendes voreingestellt:

$$decay = 0,1$$
$$alpha = 0,1$$
$$gamma = 0,1$$
$$estr = 0,4$$
$$max = 1,0$$
$$min = -0,2$$
$$rest = -0,1$$

Mit dem Befehl *input* können die $input_i$ verändert werden. *Reset* stellt den Ausgangszustand des Modells beim Programmstart wieder her. *Epoch* hat *#epochs* Updateschritte zur Folge.

Der Simulator verwendet folgende Gleichung für die Berechnung der Netzeingabe:

$$net_i = \sum_j (w_{ij} \cdot s_j) + \mathbf{estr} \cdot input_i \quad mit \quad w_{ij} \in \{-alpha, gamma\}$$

Die Schrittweite Δ beträgt dafür konstant 1.

Aufgabe 6

Zeigen Sie, wie man mit alpha, gamma, decay und estr die Wirkung des Schrittweitenparameters Δ simulieren kann. Ziehen Sie dazu die Definition von Δa_i zu Rate.

7   Versuche

Versuch 1   Einfache Datenabfrage

In dieser Aufgabe sollen Sie untersuchen, wie man mit einem IAC Netz die Standardaufgabe der Informationssuche mit Hilfe eines Suchschlüssels durchführen kann. Als Schlüssel dient der Name von Ken. Gesucht werden die Eigenschaften von Ken.
Probieren Sie folgendes aus. Benutzen Sie die Funktion **input,** um alle bisherigen Eingaben zu löschen, und geben Sie als Neuronname **Ken** ein mit einem Wert von **1.0.** Beenden Sie dann mit **cancel** die Eingabe.
Beim Neuron für den Namen von Ken sollte jetzt „******" zu sehen sein. Das bedeutet $input_{Ken}$ = 1,0. Jetzt können Sie mit **cycle** die Simulation starten. Am Bildschirm kann man den Verlauf der Aktivierungen für **ncycles** Updates verfolgen. Mit **set ncycles <value>** kann die

Anzahl der Updates eingestellt werden. Möchten Sie nach jedem Schritt eine Pause machen, dann setzen Sie **set single 1.**
Machen Sie 100 Updateschritte und beantworten Sie dann die Fragen.

(a) Warum sind einige Eigenschaften von Ken stärker aktiviert als andere ?

(b) Warum sind mehrere Instanzneuronen aktiviert, aber kein anderes Namensneuron außer dem von Ken ? Erklären Sie diesen Unterschied!

(c) Warum sind manche Instanzneuronen stärker aktiviert als andere? Kann man eine „Regel" angeben?

(d) Mit **set excitation <neuron>** können Sie für ein Neuron (z.B. in20s) den Anteil der Netzeingabe anzeigen lassen, der von exzitatorischen Verbindungen herrührt (*netinput = excitation + inhibition + extinput*).
Überzeugen Sie sich davon, daß das **in30s**-Neuron nahezu die gleiche Erregung wie das **in20s**-Neuron erhält. Warum ist letzteres trotzdem so viel stärker aktiviert?

Versuch 2   Suche mit verschiedenen Suchschlüsseln

Während konventionelle Datenbanken oft nur die Suche mit wenigen vordefinierten Schlüsseln erlauben, kann man in IAC-Netzen beliebige Merkmale als Schlüssel verwenden. Versuchen Sie es nochmals mit Ken. Setzen Sie zuerst mit *input* alle Eingaben zurück, und belegen Sie dann **Shark** und **in20s** mit **1.0**. Lassen dann **cycle** für 100 Runden laufen.

(a) Wie unterscheidet sich die Ausgabe von der beim vorhergehenden Versuch? Schließlich haben wir in beiden Fällen nach den Eigenschaften von Ken gesucht!

(b) In der Datenbanksprache SQL könnte man die Anfrage

```
from GANG_DATABASE
select *
where GANG="Shark" and AGE="in20s"
```

machen. Ist diese Anfrage mit der Aufgabenstellung „äquivalent"? Wo liegen die Unterschiede? Hätte man so auch nach Lance suchen können (mit beiden Ansätzen?)

(c) Ken ist ein Burglar von Beruf. Warum sind auch noch andere Berufsneuronen aktiviert? Versuchen Sie, das so weit wie möglich zu erklären.

Versuch 3   Fehlerhafte Daten

Ken hat als Ausbildung H.S. gespeichert. Haben wir einer konventionellen Datenbank alles über Ken richtig mitgeteilt, aber versehentlich seine Ausbildung mit J.H. angeben, wird sie Ken nicht finden. In diesem Versuch soll gezeigt werden, daß IAC-Netze bei kleinen Fehlern in der Eingabe nicht vollständig versagen, sondern lediglich mit abnehmender Qualität reagieren (graceful degradation).

Setzen Sie dazu alle Eigenschaften von Ken aktiv, die richtig sind mit Ausnahme seines Namens. Wiederholen Sie das, setzen Sie allerdings (fälschlich) das Ausbildungsneuron HS auf 0 und JH auf 1.

(a) Wie kommt das IAC Netz mit der verrauschten Version von Ken zurecht?

(b) Machen Sie den gleichen Versuch mit einer anderen Person.

Versuch 4   Defaultwerte

Bisher waren alle Informationen aus der Datenbank im IAC Netz dargestellt. Sie sollen jetzt selektiv einzelne Informationen löschen und dann beobachten, wie das IAC-Netz für fehlende Informationen Defaultwerte einsetzt.

Führen Sie folgende Befehle aus:

```
set weight Burglar _Lance 0
set weight _Lance Burglar 0
```

Dadurch wird die Verbindung zwischen dem Instanzneuron von Lance und seinem Berufsneuron gekappt. Setzen Sie das Netzwerk nun zurück (reset) und geben Sie Lance einen input von 1.0. Lassen Sie dann das Netz für 100 Runden laufen (cycle).

(a) Kann man von einem sinnvollen Defaultwert für den Beruf von Lance sprechen?

(b) Warum wird sowohl das Divorced-Neuron als auch das Married-Neuron aktiviert?

Versuch 5   Generalisierung

Setzen Sie das Gewicht, das in Aufgabe 4 gelöscht wurde wieder auf 1. Setzen Sie nun alle input_i auf 0 bis auf das Jets-Neuron. Lassen sie dann nach einem Reset das Netz für 100 Runden laufen.

(a) Gibt der Netzwerkzustand jetzt eine Antwort auf die Frage, was ein typischer Jet ist?

(b) Kann man sagen, daß das Netz generalisiert? Warum (nicht)?

Versuch 6   Modellparameter

Bisher waren bei allen Versuchen die Modellparameter konstant. Ändern Sie nun jeweils die Parameter estr, alpha, gamma und decay gleichzeitig um den Faktor 2 nach beiden Richtungen. Setzen Sie alle input_i bis auf Shark und in20s auf 0 (Suche nach Ken). Wie Sie aus einer anderen Aufgabe bereits wissen, simulieren Sie dadurch verschiedene Schrittweiten Δ.

(a) Welche Unterschiede ergeben sich dabei? Welche der beiden Richtungen ist unkritisch?

(b) Wie ändert sich das Verhalten, wenn Sie nur den Parameter gamma verändern? Testen Sie Änderungsfaktoren zwischen 2 und 10 nach beiden Richtungen. Was schließen Sie daraus für die Brauchbarkeit des Modells als Alternative zu Datenbanken?

Versuch 7   Repräsentation

Die einzelnen Gruppen repräsentieren unterschiedliche Eigenschaften. Im Beispiel waren alle Eigenschaften aber so gewählt, daß es nur wenige Attributwerte gibt, von denen jeweils genau einer zutrifft. Das erlaubte auch die einheitliche Einstellung der Gewichte im Netz.

Machen Sie Vorschläge, wie man folgende Probleme lösen kann:

(a) geordnete Attributmengen
Beispiel: Das Lebensalter auf das Jahr genau statt nur in Dekaden.
Bei solchen Attributen gibt es Werte, die näher beieinander liegen als andere. Ist jemand 30 Jahre, so liegt die Angabe 31 weniger daneben als 85. Dem sollte das Netz bei einer fehlerhaften Eingabe Rechnung tragen können.

(b) unendliche Attributmengen
Beispiel: Das Einkommen der Bandenmitglieder auf den Dollar genau, für beliebig große Summen.
Netze mit unendlich vielen Neuronen sind für den praktischen Einsatz natürlich völlig ungeeignet. Prüfen Sie den Ansatz, die Dollarbeträge durch die Größe der Aktivierung eines Neurons zu implementieren.

(c) Mehrfachattribute
Beispiel: Jemand ist geschieden und wiederverheiratet. In einem solchen Fall sollten beide Neuronen aktiv sein.
Verträgt sich diese Forderung mit der gegenseitigen Inhibition innerhalb der Gruppen?

8 Lösungen

Aufgabe 1

(a) Wegen $w_{ij} = 0$, $\theta_j = 0$ folgt $net_i = 0$. Die Aktivierung strebt rest zu. decay und Δ bestimmen die Geschwindigkeit.

(b) Die Aktivierungen bleiben im Intervall, wenn die w_{ij} hinreichend klein sind, bzw. Δ genügend klein gewählt wird. Es muß gelten $|net_i \cdot \Delta| < 1$, andernfalls kann das Intervall [min,max] verlassen werden.

Aufgabe 2

(a) Einfaches Nachrechnen.

(b) Nach Voraussetzung ist $0 < net_i$ und $0 < decay$. Damit gilt $net_i < net_i + decay$, und damit bleibt die Aktivierung im Gleichgewichtspunkt (s. (a)) stets im Intervall $[0,1] \leq [min, max]$.

c) $\Delta a_i = \Delta((1 - a_i)net_i - decay \cdot a_i)$. Setzt man $a_i = \dfrac{net_i}{net_i + decay} + e$, erhält man

$$\Delta a_i = \Delta\left(net_i - \frac{net_i}{net_i + decay}\, net_i \; - \; \frac{net_i}{net_i + decay}\, decay \; - \; \varepsilon\, net_i \; - \; \varepsilon\, decay\right)$$

$$= \Delta(0 - \varepsilon(net_i + decay)) = -\varepsilon \cdot \Delta(net_i + decay)$$

Also wird a_i für $\varepsilon > 0$ in Richtung des Gleichgewichtes fallen und für $\varepsilon < 0$ in Richtung des Gleichgewichtes steigen. Ist $|\Delta\,(net_i + decay)| > 1$, kann man auch über den Gleichgewichtspunkt hinausschießen.

Aufgabe 3

Weil a anfänglich stärker aktiviert ist als b, wird es b stärker inhibieren, als b a inhibiert. Dies setzt sich von Updateschritt zu Updateschritt fort. a wird immer stärker werden, b immer schwächer. „The rich get richer".

Hinweis: Der Absolutwert von s_a kann auch schwächer werden, z.B. wenn decay $> net_a$, relativ zu s_b vergrößert sich jedoch der Abstand stets.

Aufgabe 4

(a) $s_i(t+1) = s_i(t) + ((1-s_i)\gamma s_j - decay\ s_i)\ \Delta$

(b) Klar aus symmetrischen Formeln bei (a) für a und b.

(c) $s(t+1) = s(t) + (\gamma\,(s - s^2) - decay\ s) \cdot \Delta = s(t) + s\,(\gamma - \gamma s - decay) \cdot \Delta$

Ob s fällt oder steigt, hängt vom Vorzeichen des letzten Summanden in (c) ab. Nach Voraussetzung sind s, $\Delta > 0$, damit gelten folgende Äquivalenzen:

$$s(\gamma - \gamma s - decay)\,\Delta > 0$$
$$\Leftrightarrow\quad (\gamma - \gamma s - decay) > 0$$
$$\Leftrightarrow\quad \gamma - decay > \gamma s$$
$$\Leftrightarrow\quad s < 1 - \frac{decay}{\gamma}$$

(d) Die Aktivierungen gehen Richtung 0. Der Schwellwert schneidet den Weg zu $\rho < 0$ ab.

Aufgabe 5

(a) $\dfrac{\partial E}{\partial s_i \partial s_j} = (max - s_i)\,w_{ij} \neq (max - s_j)\,w_{ji} = \dfrac{\partial E}{\partial s_i \partial s_j}$

(b) $E = \dfrac{1}{2}(\sum\limits_{i,j} w_{ij}s_i s_j - decay \sum\limits_{i} s_i^2)$, wobei $w_{ii} = 0$ und $w_{ij} = w_{ji}$

Aufgabe 6

$\Delta = x$ simuliert man durch par := par $\cdot$ x für par $\in$ {estr, decay, alpha, gamma}.

Versuch 1

(a) Je mehr der anderen Bandenmitglieder die gleichen Eigenschaften haben, desto stärker sind sie bei Ken aktiviert.

(b) Instanzneuronen mit teilweise gleichen Eigenschaften wie Ken sind ebenfalls aktiviert, jedoch schwächer als Ken. Dieser kleine Vorteil wird durch die gegenseitige Inhibition der Namensneuronen überspielt.

(c) Je mehr gemeinsame Eigenschaften mit Ken, desto stärker aktiviert.

(d) Zu Beginn wird (Kens input ist geklemmt) das in20s-Neuron stärker aktiviert. Diesen Vorsprung kann es beibehalten (The rich get richer!).

Versuch 2

(a) Es werden mehr andere Personen aktiviert, und zwar solche mit den Eigenschaften sharks oder in20s.

(b) Bei SQL kommt eine feste Menge heraus, nicht einige Datensätze mehr, andere weniger stark. Das „and" in der Anfrage müßte wohl wenigstens ein „or" sein. Nach Lance hätte man so nicht suchen können, weil *jets* und *in20s* Lance nicht eindeutig identifiziert (im Gegensatz zu Ken).

(c) Die anderen Berufe werden durch die merkmalsverwandten Bandenmitglieder, die andere Berufe haben, aktiviert.

Versuch 3

(a) Trotz der Fehler wird Ken gut angezeigt.

(b) Geht weniger gut, weil für Ken sharks und *in20s* eindeutiger Schlüssel ist. Bei anderen Personen werden in der Regel mehrere „ähnliche" aktiviert.

Versuch 4

(a) Der Defaultwert *burglar* ist richtig eingestellt, jedoch zufällig richtig, weil andere bei den übrigen Eigenschaften ähnliche Bandenmitglieder zufällig ebenfalls Burglar sind.

(b) Einige der ähnlichen sind *divorced*, darum ist auch das Divorced-neuron aktiviert.

Versuch 5

(a) Ja, alle Eigenschaften, die die meisten Jets haben, sind aktiviert.

(b) Nein, das Netz setzt einfach alle die Eigenschaften aktiv, die genügend häufig vorkommen. Es findet nur eine Spezialfallunterdrückung statt.

Wären bei den Jets die Jungen alle Pusher (*in20s - pusher*) und würden mit zunehmendem Alter zu Burglar (*in40s - burglar* oder *in30s - burglar*) so wären alle *in20s, in30s, pusher* und *burglar* zusammen aktiviert. Eine richtige Generalisierung wäre aber die Einteilung in zwei Gruppen. Das können IAC-Netze nicht.

Versuch 6

(a) Beim Dividieren wird die Simulation einfach langsamer (kleinere Schrittweite) beim Multiplizieren treten Überläufe auf. Die Grenzen für min und max werden andauernd erreicht.

(b) Bei großem gamma haben wir nur noch Ken allein gefunden. Die anfänglich stärkere Aktivierung seiner Eigenschaften setzt sich durch (The rich get richer).

Bei kleinem gamma haben auch andere Neuronen eine Chance. Mehr ähnliche werden aktiviert.

Mit gamma kann man also die Suchschärfe steuern.

Versuch 7

(a) Man könnte die Inhibitionen zwischen den Neuronen für jedes Jahr verschieden stark machen. Die Stärke wäre umgekehrt proportional zur Differenz der Werte zu wählen.

(b) Dies widerspricht der Interpretation als Wahrscheinlichkeitswert.

Wenn man jedoch abweichend hiervon z.B. festlegt, daß die Gewichte zwischen den Instanzneuronen und dem Einkommensneuron gerade gleich dem Einkommen der jeweiligen Instanz sind (z.B. wenn Ken 10 000 \$ verdient, dann ist das Gewicht zwischen $s_{(Ken)}$ und $s_{Einkommen}$ gleich 10 000), dann berechnet $net_{Einkommen}$ gerade den Erwartungswert der Einkommen, wobei die Einkommen der Instanzen jeweils mit ihrer Wahrscheinlichkeit gewichtet sind. Ob dies sinnvoll ist oder nicht, muß der Anwender entscheiden.

(c) Die Lösung für (a) geht nicht, weil je nach Person verschiedene Attributwerte benachbart sind. Das widerspricht dem Prinzip der Inhibition innerhalb von Gruppen!

Literatur

Aus der Vielzahl der Einführungen in das Gebiet der neuronalen Netze seien zwei
exemplarisch genannt, ohne den Wert anderer Veröffentlichungen schmälern zu wollen:

Rojas, R., Theorie der neuronalen Netze, Springer-Verlag, Berlin, 1993

Hertz, J., Krogh, A., Palmer, R.G., Introduction to the Theory of Neural
Computation, Addison-Wesley, Redwood City, 1993

Einen guten Überblick über die Ursprünge der neuronalen Netzwerkmodelle erhält man
mit dem Sammelband von Anderson und Rosenberg, die alle grundlegenden Arbeiten in
einem Gesamtwerk zusammengestellt haben:

Anderson, J.A., Rosenfeld, E. (eds.), Neurocomputing: Foundations of Research,
MIT Press, Cambridge, 1988.

Empfehlenswerte Klassiker sind auch die beiden Bände von Rumelhart und McClelland,
die die Renaissance der Neuronale-Netzwerke-Forschung Mitte der achtziger Jahre ent-
fachten:

Rumelhart, D.E, McClelland, J.L., Parallel Distributed Processing, Vol.1 und 2,
MIT Press, Cambridge, 1986

Im folgenden werden Verweise auf die grundlegenden Artikel und Bücher zu den in den
einzelnen Kapiteln vorgestellten Modellen aufgeführt.

Perzeptron

Minsky, M.L., Papert, S.A., Perceptrons, MIT Press, Cambridge, 1969

Rosenblatt, F., Principles of Neurodynamics, Spartan, New York, 1962

Assoziative Speicher – Palm-Netze

Steinbuch, K., Die Lernmatrix, *Kybernetik* **1**, 36-45, 1961

Palm, G., Neural Assemblies, Springer-Verlag, Berlin, 1982

Palm, G., Assoziatives Gedächtnis und Gehirntheorie, *Spektrum der Wissenschaft,* Juni
1988, 54 ff.

Klassifikatoren – ART

Stephen Grossberg, The Adaptive Brain I, Elsevier, Amsterdam, 1987.

Lippmann, R.P., An Introduction to Computing with Neural Nets, IEEE ASSP Magazine, April 1987, 4-22

Klassifikatoren – Kohonen-Netz

Kohonen, T., Self-Organized Formation of Topologically Correct Feature Maps. *Biological Cybernetics* 43, 59-69. Reprinted in Anderson/Rosenfeld 1988

Kohonen, T., Self-Organization and Associative Memory, Springer-Verlag, Berlin, 1989

Ritter, H., Martinetz, T., Schulten, K., Neuronale Netze, Addison-Wesley, Bonn, 1992

Backpropagation I und II

Bryson, A.E., Ho, Y.-C., Applied Optimal Control, Blaisdell, New York, 1969

Werbos, P.J., Beyond Regression: New Tools for Prediction and Analysis in the Behavioral Sciences, PhD Thesis Harvard University, 1974

Rumelhart, D.E., Hinton, G.E., Williams, R.J., Learning Internal Representations by Error Propagation, in: Rumelhart/McClelland 1986, Vol.1 (chap. 8)

Riedmiller, M., Braun, H., A Direct Adaptive Method for Faster Backpropagation Learning: The RPROP Algorithm, Proceedings of the ICNN 93, San Francisco, 1993

Hopfield-Netze

Hopfield, J.J., Neural and Physical Systems with Emergent Collective Computational Abilities, *Proceedings of the National Academy of Sciences, USA* 79, 1982, 2554-2558. Reprinted in Anderson/Rosenfeld 1988

Boltzmann-Maschine

Ackley, D.H., Hinton, G.E., Sejnowski, T.J., A Learning Algorithm for the Boltzmann Machines, *Cognitive Science* 9, 147-169, 1985. Reprinted in Anderson/Rosenberg 1988

Hinton, G.E., Sejnowski, T.J., Learning and Relearning in Boltzmann Machines, in: Rumelhart/McClelland 1986, Vol.1 (chap. 7)

Optimieren mit neuronalen Netzen

Anderson, J.A., Neural Models with Cognitive Implications, in: LaBerge, D., Samuelson, S.J. (ed.), Basic Processes in Reading Perception and Comprehension, Erlbaum, Hillsdale, NJ, 1977

Hopfield, J.J., Tank, D.W., „Neural" Computation of Decisions in Optimization Problems, *Biological Cybernetics* **52**, 141-152, 1985

Hopfield, J.J., Tank, D.W., Computing with Neural Circuits: A Model, *Science* **233**, 625-633, 1986.

Hopfield, J.J., Tank, D.W., Kollektives Rechnen mit neuronenähnlichen Schaltkreisen, *Spektrum der Wissenschaft*, Februar 1988, S.46 ff.

Interactive Activation and Competition – eine neuronale Datenbank

Rumelhart, D.E, Smolensky, P., McClelland, J.L., Hinton, G.E., Schemata and Sequential Thought Processes in PDP Models, in: Rumelhart/McClelland 1986, Vol.2 (chap.14)

Notationen

Vektoren werden **fett** gedruckt.

N   Anzahl der Neuronen

n   Eingabedimension

m   Ausgabedimension

R   reelle Zahlen

$*$ Skalarprodukt: $\mathbf{a}*\mathbf{b} = \sum_i a_i b_i$, $\mathbf{A}*\mathbf{B} := \sum_{i,j} a_{ij} b_{ij}$

$\| . \|$ euklidische Metrik: $\|\mathbf{a}\| = \mathbf{a}*\mathbf{a}$

$\mathbf{A}^T$ Matrix $\mathbf{A}$ transponiert

$\wedge$ Boolesche Funktion „Und"

$\vee$ Boolesche Funktion „Oder"

$\neg$ Boolesche Funktion „Negation"

$>, \geq$ Boolesche Funktion „Größer" bzw. „Größer-oder-Gleich"

$<, \leq$ Boolesche Funktion „Kleiner" bzw. „Kleiner-oder-Gleich"

s_i Zustand bzw. Aktivierung bzw. Ausgabe des Neurons i

θ_i Schwellwert des Neurons i

w_{ij} Gewicht (Verbindung zwischen Neuron i und j)

Δw_{ij} Änderung des Gewichts w_{ij}

Δ Schrittweite bei Gradientenabstiegsverfahren

net_i $= \sum_j w_{ij} s_j + \Theta_i$, gewichtete Eingabe aus dem Netz an Neuron i

sign   Signum-Funktion bzw. Vorzeichen-Funktion: $\mathrm{sign}(x) = 2 \cdot (x \geq 0) - 1$

f_{step} Stufen-Funktion: $\quad f_{step}(x) = (x \geq 0)$

Θ Schwellen-Funktion: $\quad \Theta(x) = (x \geq 0{,}5)$

f_{sig} Sigmoid-Funktion: $\quad f_{sig}(x) = 1/(1+e^{-x})$

f_{lin} Linear-Funktion: $\quad f_{lin}(x) = \max(\min(x,b),a)$

σ identisch mit f_{step}

$\delta_{\mu\nu}$ Kroneckersymbol: $\quad \delta_{\mu\mu} = 1$ und $\delta_{\mu\nu} = 0$ für $\mu \neq \nu$

$<.>$ Mittelwert bei stochastischen Netzen, z.B. $<E(t)>$

Springer-Verlag und Umwelt

Als internationaler wissenschaftlicher Verlag sind wir uns unserer besonderen Verpflichtung der Umwelt gegenüber bewußt und beziehen umweltorientierte Grundsätze in Unternehmensentscheidungen mit ein.

Von unseren Geschäftspartnern (Druckereien, Papierfabriken, Verpackungsherstellern usw.) verlangen wir, daß sie sowohl beim Herstellungsprozeß selbst als auch beim Einsatz der zur Verwendung kommenden Materialien ökologische Gesichtspunkte berücksichtigen.

Das für dieses Buch verwendete Papier ist aus chlorfrei bzw. chlorarm hergestelltem Zellstoff gefertigt und im pH-Wert neutral.

Wie können wir unsere Lehrbücher noch besser machen?

Diese Frage können wir nur mit Ihrer Hilfe beantworten. Zu den unten angesprochenen Themen interessiert uns Ihre Meinung ganz besonders. Natürlich sind wir auch für weitergehende Kommentare und Anregungen dankbar.

Unter allen Einsendern der ausgefüllten Karten aus **Springer-Lehrbüchern** verlosen wir pro Semester **Überraschungspreise** im Wert von insgesamt **DM 5000.-!**

(Der Rechtsweg ist ausgeschlossen)　　　　　　　　　　Springer-Verlag

Damit wir noch besser auf Ihre Wünsche eingehen können, bitten wir Sie, uns Ihre persönliche Meinung zu diesem Springer-Lehrbuch mitzuteilen.

Bitte kreuzen Sie an:	sgt.		bfr.		mgh.
Didaktische Gestaltung	❏	❏	❏	❏	❏
Qualität der Abbildungen	❏	❏	❏	❏	❏
Erläuterung der Formeln	❏	❏	❏	❏	❏
Übungen	❏	❏	❏	❏	❏

	mehr		gerade richtig		weniger
Abbildungen	❏	❏	❏	❏	❏
Tabellen	❏	❏	❏	❏	❏
Formeln	❏	❏	❏	❏	❏
Literaturliste	❏	❏	❏	❏	❏
Übungen	❏	❏	❏	❏	❏

Zu welchem Zweck haben Sie dieses Buch gekauft?

❏ zur Prüfungsvorbereitung im Prüfungsfach ____________

❏ Verwendung neben einer Vorlesung

❏ zur Nachbereitung einer Vorlesung

❏ zum Selbststudium

❏ ____________

Anregungen:

____

____

____

____